도면을 그리는 법과 해석을 알기쉽게 설명한

최신 기계도면 보는 법

이 국 환 저

 기전연구사

머리말

최근에 정보통신제품(IT기기), 사물인터넷(IoT)을 갖춘 가전제품, 로봇, 드론(무인비행기) 등 첨단기술이 우리의 실생활에 활용되고 있으며, 이 분야에 관심도 많아지고 있다.

이런 첨단기술이 적용된 제품이나 시스템을 개발하는 데 있어 기본이자 필수적인 분야가 바로 기계기술분야이다. 또한 기계기술 분야의 설계에 있어 가장 기본이 되는 것은 설계 도면(Drawing)이다. 이러한 도면은 제품이나 시스템을 만들기 위해 기본적이며 필수적으로 사용되는 도식적 언어이다. 그러므로 기계부품이나 제품을 설계하고 제작하려면 가장 먼저 도면을 이해하고 해석해야만 한다.

기계도면을 이해한다는 것은 설계자의 설계도면을 통하여 의도하고자 하는 형상 및 상세부를 정확히 파악하여 가공하는 제품에 잘 반영하는 것이다. 이러한 훈련은 도면을 그리기 전에 도면이 그려지는 규칙을 잘 파악한 후 설계를 하고 또 설계 후 가공되어져 나온 실제 제품과의 비교를 통한 반복적인 습득으로부터 나오는 것이다.

선진국을 비롯하여 국내의 여러 전문대학, 대학교에서도 도면해석, 도면작성, 기계제도연습 등의 여러 교과목을 개설하여 도면 이해와 도면설계를 위한 기초능력을 배양하고 있다. 다시 말하자면 도면을 보는 법, 즉 도면을 해독할 수 있는 능력을 기르기 위하여 현장에서 실제 적용되고 있는 실례를 들어 제도이론을 숙지하고 투상법, 도형의 표시, 치수기입법, 공차 등 도면실습을 통하여 산업현장에서 실제로 도면을 작성하는 설계에 적응하는 능력을 키우도록 하고 있다.

최신 기계도면 보는 법은 다음의 특징을 가지고 있다.

1. 기계도면을 알기 쉽게 이해할 수 있도록 다양한 도면과 도면의 내용에 대하여 상세히 설명하고 있다.
2. 도면을 그리는 법과 해석을 알기 쉽게 설명하였다.
3. 실무 경험을 토대로 저술하여 기계관련 분야의 실무에 적용될 수 있도록 저술하였다.
4. 최신제품의 사례연구를 부록으로 제시하였다. 기계도면 보는 법을 기반으로 하여 설계현장에서 사용되고 있는 2D CAD(AutoCAD)와 3D CAD의 사례를 통하여 독자들에게 최신 설계기술의 흐름을 보여주도록 하였다.

아무쪼록 저자가 오랫동안의 실무 및 대학에서의 교육 경험을 기반으로 저술한 본 저서가 기계 기술 분야의 설계자, 기술자를 비롯한 이공계 학생들에게 도움을 주었으면 한다. 또한 실무에 적용하는데 좋은 가이드가 되어지길 바라는 바이다.

끝으로 이 책을 출간하는 데 수고를 해 주신 기전연구사의 나영찬 사장님을 비롯한 직원들에게 진심으로 감사를 드린다.

2017년 3월

저자 이국환(李國煥)

차 례

CHAPTER 11 · 도면의 치수기입법 연습 ··· 181

CHAPTER 12 · 축과 축이음 ··· 211

CHAPTER 01 기계제도의 기본

1.1 설계와 제도

어떤 기계나 구조물 등을 제작하려고 하면 먼저 세밀히 검토하여 확실히 제작계획을 세워야 한다. 따라서 이 계획을 실제로 종합하는 기술을 설계(design)라고 한다. 설계된 기계가 설계대로 제작되자면 설계자의 요구사항이 도면에 의하여 각 부서 및 제작자에게 빈틈없이 전달되어야 한다. 그래서 기계의 모양이나 구조 등은 정해진 도법에 따라 선으로서 제도지상에 도형으로 표시되고, 치수는 숫자로, 재료 다듬질정도 및 공정은 기호나 문자로 도형에 표시된다.

이와 같이 2차원의 제도지상에 3차원의 기계를 도형 및 기호로 표시하여 도면으로 나타내는 것을 제도(drawing)라 한다. 또한 도면은 제작, 취급, 판매, 구조의 설명, 재료와 공구의 준비, 공정관리 등에까지 널리 사용되기 때문에 설계자나 제도자는 실제로 제작하는 사람의 입장에서 제품의 모양(형상), 크기, 재질, 가공법 등을 극히 알기 쉽고, 간단하고, 깨끗하고, 정확하게 일정한 규정에 따라 제도하여야 한다.

1.2 제도의 표준규격

제작자가 도면에 따라 작업을 할 때, 설계자가 직접 설명하지 않더라도 의문을 일으킴이 없이 설계자의 의도를 정확히 이해하려면 도면을 그리는데 일정한 규격이 필요하다. 이것이 곧 제도의 규격이다. 또, 일정한 규격에 맞게 제품을 생산하면 생산을 능률화할 수 있고, 제품의 균일화와 품질의 향상, 제품 상호간의 호환성 등이 확보된다. 따라서 나라마다의 사정에 알맞은 공업표준규격이 제정되어 있으며 각국의 공업규격을 보면 표 1.1과 같다.

표 1.1 각국의 공업규격

나라명	규격기호	제정년도
한국 공업규격	KS[Korean (Industrial) Standards]	1966
영국 공업규격	BS[British Standards]	1901
독일 공업규격	DIN[Deutsche Industrie Normen]	1917
미국 공업규격	ANSI[American National Standards Institute]	1918
스위스 공업규격	VSM[Normen des Vereins Schweizerischer Machinen-industrieller]	1918
일본 공업규격	JES-JIS[Japanese Industrial Standards]	1921(1952)
국제표준화기구	ISA-ISO[International Organization for Standardization]	1928(1947)

한편 우리나라는 일반공업에 적용되는 공통적이고 기본적인 제도통칙이 1966년에 KS A 0005로 제정되었으며, 기계제도도 KS B 0001로 1967년에 제정, 공포되었다. KS규격에서 규정한 분야별 분류 및 기계부문별 분류를 보면 다음 표 1.2와 1.3과 같다.

표 1.2 KS 규격에 의한 부문별 분류

분류 기호	KS A	KS B	KS C	KS D	KS E	KS F	KS G	KS H	KS K	KS L	KS M
부문	기본	기계	전기	금속	광산	토건	일용품	식료품	섬유	요업	화학

표 1.3 KS 규격에 의한 기계부문의 분류

KS 규격번호	분류
B 0001 ~ 0905	기계기본
B 1001 ~ 2809	기계요소
B 3001 ~ 4000	공구
B 4001 ~ 4920	공작기계
B 5201 ~ 5361	측정계산용 기계기구, 물리기계
B 6003 ~ 6831	일반기계
B 7001 ~ 7916	산업기계, 농업기계
B 8101 ~ 8161	철도용품

1.3 도면의 크기

도면의 크기는 A열과 B열의 두 종류가 있으나 우리나라는(KS A 5201 또는 KS A 0106) 표 1.4와 같이 A열의 A0~A6에 따르며, 도면의 길이방향을 좌우방향으로 놓아서 그리는 것을 원칙으로 하며 A4 이하의 도면은 예외로 한다. 그림 1.1은 도면의 크기와 윤곽선을 나타낸다.

표 1.4 도면의 크기

호칭 크기	A	B	C	D 철할 경우	D 철하지 않을 경우
A0	1,189	841	10	25	10
A1	841	594	10	25	10
A2	594	420	10	25	10
A3	420	297	5	25	5
A4	297	210	5	25	5
A5	210	148	5	25	5
A6	148	105	5	25	5

비고 : 1. A, B, C, D는 그림 1.1에 따르며 단위는 mm이다.
2. 도면을 접을 때에는 그 접음의 크기를 A4로 기준한다.
3. 도면을 접을 때에는 표제란이 겉으로 나오게 한다.
4. 도면의 나비와 길이의 비(B : A)는 $1 : \sqrt{2}$ 이다.

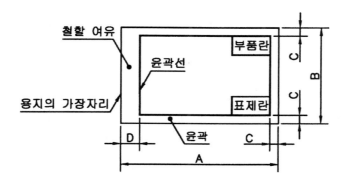

그림 1.1 도면의 크기 및 윤곽선

1.4 도면의 종류

공업용 도면을 용도 및 내용에 따라서 분류하면 그 종류가 대단히 많다. 그중에서도 가장 많이 사용되는 것이 제작도인데, 그것에는 부품도와 조립도가 있다.

1) 용도에 따른 분류

① 계획도(Scheme drawing) : 계획을 나타내는 도면(제작도의 기초가 됨)
② 제작도(Working drawing) : 제작에 사용되는 도면(manufacturing drawing)
③ 주문도(Drawing for order) : 주문서에 첨부하는 도면
④ 견적도(Drawing for estimate) : 견적서에 첨부하여 제출하는 도면
⑤ 설명도(Explanatory drawing) : 기계의 구조, 기능, 원리 등 설명에 사용되는 그림 또는 도면(카타로그, 사용설명서 등에 사용)

2) 내용에 따른 분류

① 조립도(Assembly drawing) : 조립상태를 나타내는 도면
② 부분조립도(Sub-assembly drawing, Partial assembly drawing) : 일부분의 조립을 나타내는 도면(그림 1.2 참조)
③ 부품도(Part drawing) : 부품의 상세한 것을 나타내는 도면
④ 상세도(Detail drawing) : 특정부분의 상세한 사항을 나타내는 도면
⑤ 배선도(Wiring diagram) : 배선의 연결상태를 나타내는 도면
⑥ 검사도(Drawing for inspection) : 검사에 필요한 사항이 기입된 도면
⑦ 전개도(Development drawing) : 물체의 표면을 평면에 펼친 상태로 나타낸 도면
⑧ 디자인도(Design drawing) : 전체적인 외관형상 및 색상 등을 보기 위한 도면
⑨ 기타 : 배관도, 공정도, 계통도, 설치도, 구조도 등

3) 제도용어

① 그림(Drawing, view) : 평면 위에 점과 선을 사용하여 물체의 형태, 위치, 크기 등을 그린 것. 여기에 기호, 부호, 문자 등을 붙여놓은 것을 공업용 그림이라 한다. 또한, 도면을 그림이라 하는 경우도 있다.
② 도면(Drawing) : 그림을 필요사항과 함께 소정의 양식으로 그린 것.

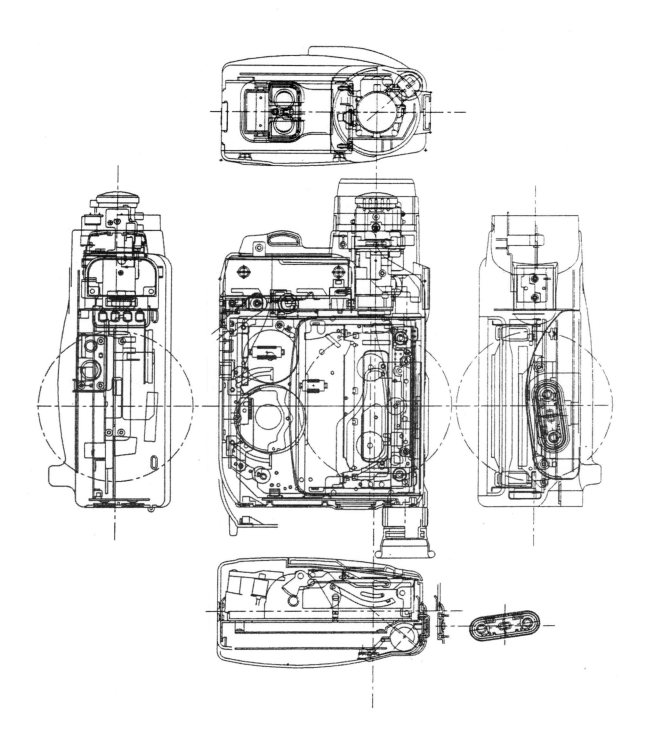

그림 1.2 캠코더(비디오 카메라)의 부분조립도의 예

③ 제도방식(Drafting practice) : 물품, 건조물 등을 그림 또는 도면에 나타내는 방식.

④ 제도(Drawing) : 제작을 목적으로 물품, 건조물 등을 그림으로 나타내는 것, 또는 그림으로 나타내어 놓은 것.

⑤ 사도(Tracing) : 그림 또는 도면 위에 트레이싱지나 트레스천을 대고 베끼는 것.

⑥ 기본도(Original drawing) : 원도의 기본이 되는 그림 또는 도면

⑦ 원도(Traced drawing, Original drawing) : 연필이나 먹, 잉크 등으로 그린 것으로 복사의 원지가 되는 그림 또는 도면.

⑧ 제2원도 : 복사기에 의해서 만들어진 부원도.

⑨ 청사진(Blue print) : 감광지에 옮겨진 도면으로서, 청색바탕에 선이나 문자를 백색으로 나타낸 것.

⑩ 백사진(Positive print, White print) : 감광지에 옮겨진 도면으로서, 백색바탕에 선이나 문자를 자색, 흑색 등으로 나타낸 것.

1.5 도면의 형식

1) 도면의 윤곽

제도용지의 테두리에 윤곽을 그어주는 윤곽선은 표 1.4와 그림 1.1과 같이 약 0.8~1mm의 두께로 긋는다.

2) 표제란(Title block)

그림 1.3과 같이 도면번호, 명칭 등을 쓰는 난으로서 형식은 사용하고 있는 회사, 또는 학교마다 일정하지 않으며, 도면의 우측하단의 윤곽선에 붙여서 그리고 표제란에는 도면번호, 명칭, 척도, 투상법, 소속명(회사명), 작성년월일, 설계자, 검도자 및 승인란 등을 기입한다.

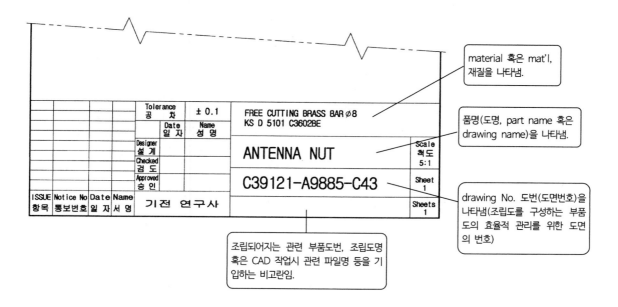

그림 1.3 표제란의 예(1)

소속 (所屬)		성명 (姓名)		설계(設計)	제도(製圖)	사도(寫圖)	검도(檢圖)
도명 (圖名)				척도(尺度)		투상(投像)	
				도번(圖番)			

그림 1.3 표제란의 예(2)

3) 부품란

부품란에는 반드시 도면에 그려진 전 부품의 번호 혹은 사양(specification)과 명칭, 재질, 수량, 공정, 중량, 비고 등을 기입한다. 부품란의 위치는 우측하단의 표제란 위에 연결하여 그리고(그림 1.4) 도면 내의 공간이 부족시에는 우측상단의 윤곽선에 연결하여 그리며(그림 1.5), 이때의 부품기입은 표제란에 연결할 때에는 아래에서 위로, 우측상단에 연결하여 그릴 때에는 위에서 아래로 써 내려간다. 또한 부품란은 회사의 특색에 따라 다르게 사용할 수 있으며 별도의 부품표(partlist)를 사용하기도 한다(그림 1.6). 그림 1.7은 여러 가지 형식의 표제란과 부품란의 위치를 나타낸 것이다.

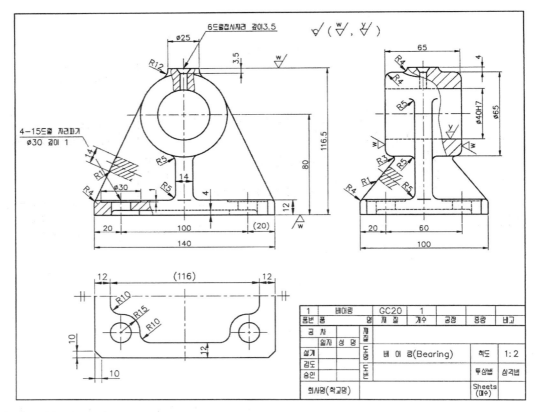

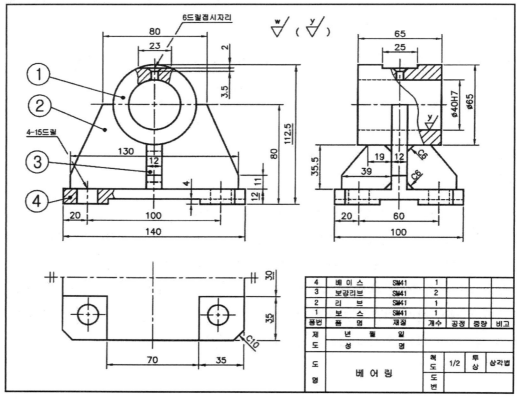

그림 1.4 부품란의 예

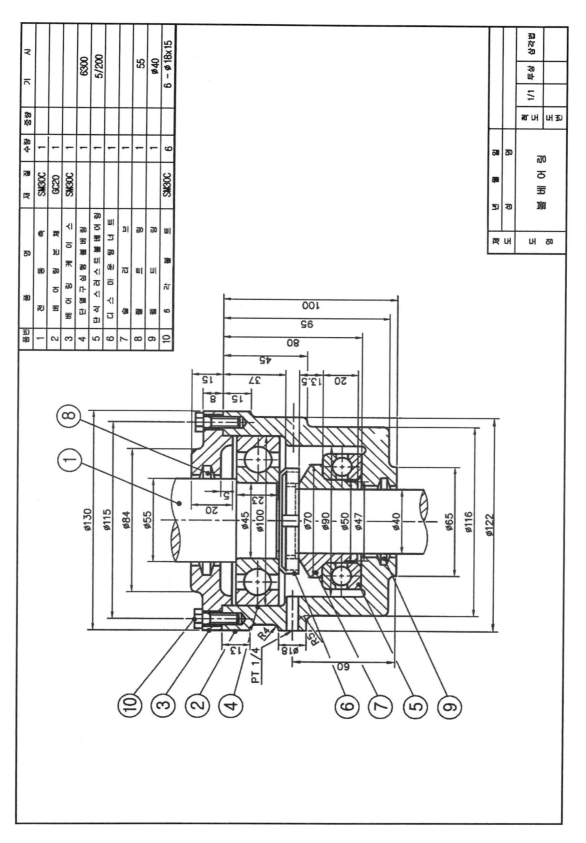

품번	명칭	재질	수량	중량	비고
1	전동축	SM30C	1		
2	베어링 본체	GC20	1		
3	베어링 커버	SM30C	1		
4	단식 앵귤러 볼 베어링		1		6300
5	테이퍼 롤러 베어링		1		5/200
6	더스트 씨일 링		1		
7	롤러		1		55
8	볼트		1		⌀40
9	볼트		1		
10	각 볼트	SM30C	6		6 − ⌀18×15

그림 1.5 조립도의 예

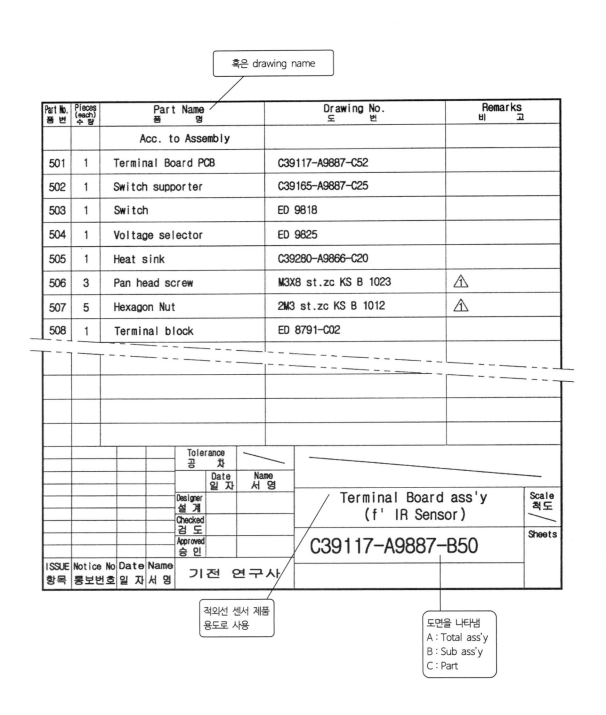

혹은 drawing name

Part No. 품 번	Pieces (each) 수량	Part Name 품 명	Drawing No. 도 번	Remarks 비 고
		Acc. to Assembly		
501	1	Terminal Board PCB	C39117-A9887-C52	
502	1	Switch supporter	C39165-A9887-C25	
503	1	Switch	ED 9818	
504	1	Voltage selector	ED 9825	
505	1	Heat sink	C39280-A9866-C20	
506	3	Pan head screw	M3X8 st.zc KS B 1023	⚠
507	5	Hexagon Nut	2M3 st.zc KS B 1012	⚠
508	1	Terminal block	ED 8791-C02	

Tolerance
공 차

	Date 일 자	Name 서 명
Designer 설 계		
Checked 검 도		
Approved 승 인		

Terminal Board ass'y
(f' IR Sensor)

C39117-A9887-B50

Scale
척도

Sheets

ISSUE 항목	Notice No 통보번호	Date 일 자	Name 서 명

기전 연구사

적외선 센서 제품
용도로 사용

도면을 나타냄
A : Total ass'y
B : Sub ass'y
C : Part

그림 1.6 별도 부품표(partlist)의 예

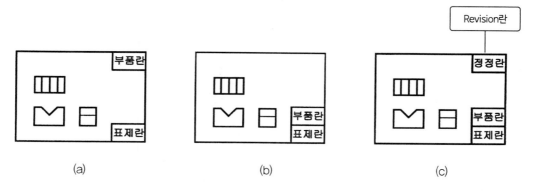

그림 1.7 표제란과 부품란의 위치

1.6 제도용 문자의 기입

도면에 기입하는 문자는 되도록 간결하게 쓰고 가로쓰기를 원칙으로 하며, 크기에 따른 사용부위는 다음의 표 1.5와 같다.

표 1.5 문자의 크기 및 사용부위

크 기	사용부위
2.0 ∼ 2.5	한계치수, 공차기호
3.2 ∼ 4.0	일반치수, 주, 명세기입
5.0 ∼ 6.3	부품번호, 명칭
8.0 ∼ 10	도면번호, 도명
12.5 ∼ 20	기타 명시사항

1.7 선(Line)

한국공업규격(KS)에 따르면 실선, 파선(은선), 쇄선의 3종이 있다. 또한 선의 굵기는 1호, 2호, 3호의 3종이 있는데 형상을 표시하는 실선 또는 외형선의 폭이 0.8, 0.6, 0.4mm의 3종이 있으며, 다른 종류의 선의 나비도 이것에 준하여 결정된다(그림 1.8 참조).

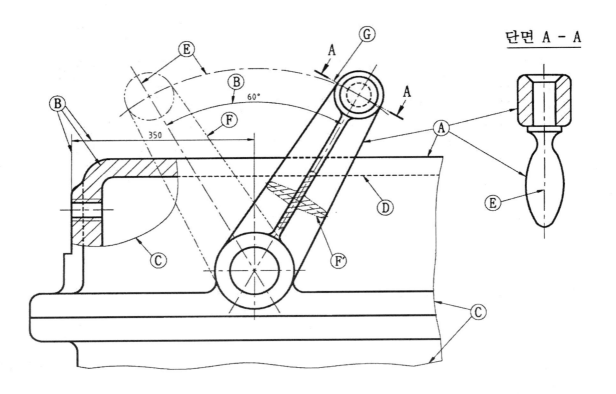

그림 1.8 선의 종류 및 굵기의 사용예

1) 선의 종류 및 굵기

① 실선 : 물체의 보이는 부분의 모양을 표시하는 선[외형선(A), 파단선(C) 등]에 사용하며, 치수선 (B), 치수보조선(B), 인출선(B), 해칭선(B)은 가는 실선에 포함된다.

② 파선(은선) : 보이지 않는 부분의 모양을 표시하는 선에 사용하며 실선굵기의 1/2로 한다. 파선의 건너뜀은 도형의 크기와 알맞게 조화를 이루어야 한다.

③ 쇄선 : 중심선(E), 인접외형선(F), 회전단면의 외형선(F′), 절단부쇄선(G), 경계선, 기준선 등에 사용하며 1점쇄선과 2점쇄선이 있다.

표 1.6은 선의 용도에 의한 종류와 굵기를 나타낸 것이고, 표 1.7은 선의 길이와 등급을 표시한 것이다.

표 1.6 선의 용도에 의한 종류와 굵기

용도에 의한 명칭	보기	종류와 굵기	용도
외형선 (Visible outline)	————————	실선으로 0.3~0.8mm	물체의 보이는 부분의 형상을 나타내는 선
은선(숨은선) (Hidden line)	- - - - - - - - - -	파선으로 외형선 굵기의 1/2 또는 1	물체의 보이지 않는 부분의 형상을 나타내는 선
절단선 (Cutting plane line)	—·— ·—·—· ——	절단부의 쇄선으로 양끝은 굵은 쇄선에 중간은 가는 쇄선	단면도를 그릴 경우에 그 절단 위치를 표시하는 선
가상선 (Imaginary line, Fictitious outline)	—·—·—·—·—·—	1점 쇄선으로 선의 굵기 0.2mm 이하 특히 1점쇄선과 뚜렷하게 구별할 필요가 있을 경우에는 같은 굵기의 2점 쇄선을 사용한다.	1. 도시된 물체의 앞면에 있는 부분을 표시하는 선 2. 물체의 일부의 형태를 실제와 다른 위치에 나타내는 선 3. 인접부분을 참고로 나타내는 선 4. 가공 전 또는 가공 후의 형상을 나타내는 선 5. 동일 그림을 이용하여 부분적으로 다른 두 종류의 물체를 나타내는 선 6. 도형 내에 그 부분의 단면형을 90° 회전하여 표시하는 선 7. 이동하는 부분의 가동위치를 표시하는 선
중심선 (Center line)	—·—·—·—·—·—	1점 쇄선으로 0.2mm 이하의 굵기이며, 선의 길이를 가상선이나 절단선보다 길게 한다. 같은 굵기의 실선을 사용할 수 있다.	1. 도형의 중심을 표시하는 선 2. 도형의 대칭선
피치선 (Pitch line)	—·—·—·—·—	1점쇄선으로 0.2mm 이하 굵기	체인, 치차 등의 이(齒) 부분에 기입하는 피치원의 선에 사용
치수선 (Dimension line)	⊢◄————►⊣	실선으로 0.2mm 이하의 굵기	물체의 치수를 기입하는데 쓰이는 선
치수보조선 (Extension line, Projection line)	⊢◄————►⊣ ↗ 치수보조선	실선으로 0.2mm 이하의 굵기	치수선을 긋기 위하여 도형에서 인출해낸 선
지시선 (Leader line)	↙ ↘	실선으로 0.2mm 이하의 굵기	치수나 각종 기호 및 지시사항을 기입하기 위하여 도형에서 빼내는 선

용도에 의한 명칭	보기	종류와 굵기	용도
파단선 (Break line)		불규칙한 자유선으로서 가는 실선을 사용하며 자를 사용하지 않고 그린다.	부분생략 또는 부분단면의 경계를 나타내는 선 또는 중간을 생략하는 선
표면처리표시선		굵은 1점쇄선으로 실선 두께와 같다.	물체의 표면처리 부분을 표시하는 선

표 1.7 선의 길이와 등급

(단위 : ㎜)

선의 종류	큰 도면		보통 도면		작은 도면	
	굵기	길 이	굵기	길 이	굵기	길 이
외 형 선	0.8		0.6		0.4	
파 선	0.5		0.4		0.3	
중 심 선	0.3		0.2		0.1	
치 수 선 치수보조선	0.3		0.2		0.1	
절 단 선 가 상 선	0.3		0.2		0.1	

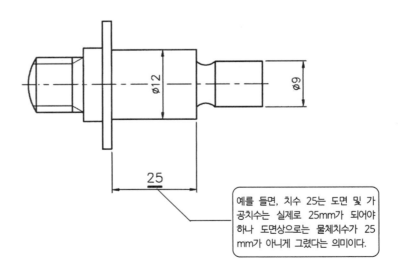

$\varnothing 12$

$\varnothing 9$

25

예를 들면, 치수 25는 도면 및 가공치수는 실제로 25mm가 되어야 하나 도면상으로는 물체치수가 25mm가 아니게 그렸다는 의미이다.

그림 1.9 도형과 치수가 비례하지 않는 경우의 치수기입

1.8 척도(Scale)

도형은 보통 실물의 크기에 의하여 축소 또는 확대하여 그려야 할 때가 있는데 도형상의 축소 또는 확대하여 그리는 길이의 비율을 척도라고 한다. 척도의 종류는 실척, 축척, 배척으로 구별하며 그 내용은 다음과 같다(표 1.8 참조).

(1) 실척(현척 : Full scale, Full size)

실물과 같은 크기로 그릴 경우의 척도이며, 읽지 않더라도 치수나 모양에 착오가 적다.

(2) 축척(Contraction scale)

실물보다 작게 그릴 경우의 척도이며, 크기, 모양 및 구조에 따라 도형이나 치수를 명확히 할 수 있는 축척을 선택하여야 한다.

(3) 배척(Enlarged scale)

실물보다 크게 그릴 경우의 척도이며, 작고 복잡한 부품을 그릴 때 사용한다.

동일도면에서 서로 다른 척도를 사용하였을 경우 각 그림마다 부품번호 옆이나 표제란의 일부에 척도를 기입하여야 한다. 그림의 형태가 치수에 비례하지 않을 때에는 치수밑에 밑줄을 긋거나 "비례가 아님" 또는 NS(None Scale)로 표시해야 한다. 사진으로 축소 또는 확대하는 도면에는 그 척도에 의해서 자의 눈금 일부를 기입하여야 한다.

표 1.8 척도의 종류

분 류	척 도
실 척	$\frac{1}{1}$[1]
축 척	$\frac{1}{2}$[2] $\cdot$ $\frac{1}{2.5}$ $\cdot$ $\frac{1}{5}$ $\cdot$ $\frac{1}{10}$ $\cdot$ $\frac{1}{20}$ $\cdot$ $(\frac{1}{25})$ $\cdot$ $\frac{1}{50}$ $\cdot$ $\frac{1}{100}$ $\cdot$ $\frac{1}{200}$ $\cdot$ $(\frac{1}{250})$
배 척	$\frac{2}{1}$ $\cdot$ $\frac{5}{1}$ $\cdot$ $\frac{10}{1}$

비고 : 1) 1 : 1, 1/1이라고도 사용한다.
　　　 2) 1 : 2, 1/2으로도 사용하며 이러한 척도는 A : B로 표시하며, A는 도형의 크기(길이), B는 실물의 크기(길이)로 한다. 치수에 있어서도 치수수치와 물체(도형)의 길이가 일치하지 않을 때에는 치수 숫자 밑에 굵은 실선을 그어 표시한다(그림 1.9 참조).

2.1 투상도의 명칭

시선의 방향에 따른 투상도의 명칭은 그림 2.1과 같다.

투상도의 명칭

시선의 방향		투상도의 명칭
a	전방	정 면 도(F) (front view)
b	우방	우측면도(SR) (right side view)
c	후방	배 면 도(R) (rear view)
d	좌방	좌측면도(SL) (left side view)
e	상방	평 면 도(T) (top view)
f	하방	저 면 도(B) (bottom view)

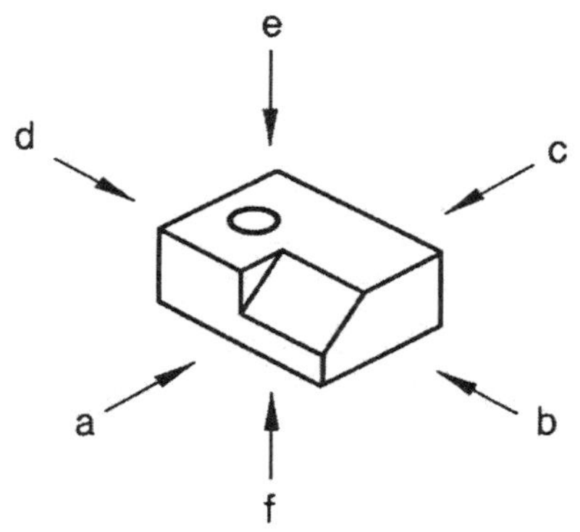

시선의 방향

그림 2.1 시선의 방향 및 투상도의 명칭

2.2 제1각법(First angle projection)

물품을 제1각(제1상한) 내에 두고 투상하는 방식으로서 투상면의 앞쪽에 물품을 둘 경우이며, 그림 2.2와 같이 각 그림의 배열은 정면도를 중심으로 하여 아래쪽에 평면도, 왼쪽에 우측면도를 배열한다.

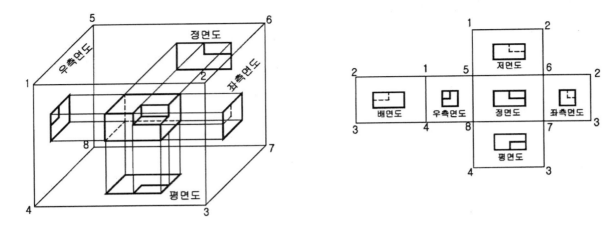

그림 2.2 제1각법의 배치(도면배열)

2.3 제3각법(Third angle projection)

물품을 제3각(제3상한) 내에 두고 투상하는 방법으로서 투상면의 뒤쪽에 물품을 둔다. 그림 2.3과 같이 각 그림의 배열은 정면도를 중심으로 하여 위쪽에 평면도, 우측에 우측면도를 배열하고, 이때 투상면은 유리와 같은 투명체라 생각한다.

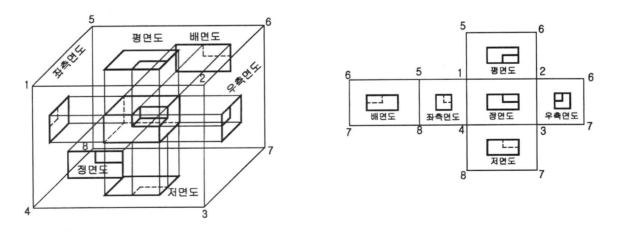

그림 2.3 제3각법의 배치(도면배열)

2.4 제1각법과 제3각법의 비교

제1각법은 도면을 대조하는데 있어서 가늘고 긴 물체를 나타낼 경우 관련된 투상도가 멀리 떨어져 있고 눈을 좌우로 크게 움직여서 읽어야 하며, 관련된 치수는 한쪽 치수를 읽고 다른 투상도 치수를 읽어야 하기 때문에 잘못을 일으키는 원인이 된다. 그러므로 특히 긴 것과 경사면을 갖는 물체는 제3각법에 따르는 편이 그리기 쉽고 도면을 읽는데도 쉽다(그림 2.4 참조).

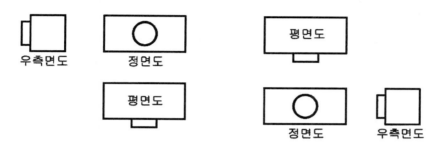

그림 2.4 제1각법과 제3각법에서의 3개 기본투상도 배치

2.5 투상도의 혼용(KS B 0001의 8항)

원칙적으로 같은 도면 내에서 1각법과 3각법을 혼용하지 않도록 되어 있지만 필요한 경우에는 일부분에 혼용하고 그 부분에 투상방향을 표시해야 한다. 주요 공업국의 투상법 사용을 보면 한국, 미국, 캐나다 등은 3각법, 독일은 1각법을 사용하며, 일본, 영국 및 국제규격은 1각법과 3각법을 혼용하고 있다.

2.6 투상도법의 명시

1각법에 의해 그린 도면인가, 아니면 3각법에 의해 그린 도면인가를 명시하여 둘 필요가 있을 때에는 도면 내의 적당한 위치(보통 표제란 속)에 "1각법" 또는 "3각법"이라 기입한다. 또 필요에 따라서는 투상법의 기호를 기입하는 위에 문자와 병용해서 표시해도 무방하며, 표제란에는 넣지 않고 그림의 적당한 위치부분에 그림으로서 나타낸다(그림 2.5 참조).

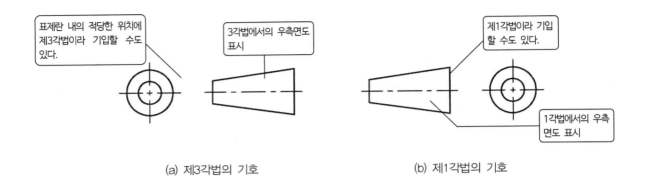

(a) 제3각법의 기호   (b) 제1각법의 기호

그림 2.5 투상법의 구별기호

CHAPTER 03

투상도의 연습

3.1 투상법칙 및 투상도의 정리

1) 투상법칙

도 명	투상법칙	내 용 정 리 및 연 습
내 용	주어진 점·선·면의 투상을 예(1)과 같이 표시한다. F=정면도, T=평면도, S=측면도	
① 점 : 보이는 점 : •, 보이지 않는 점 : ∘		② 수직선·평행선

① 점 : 보이는 점 : •, 보이지 않는 점 : ∘	② 수직선·평행선
(1) 점 1 (2) 점 2 (3) 점 3	(1) 직선 1,2 (2) 직선 3,4 (3) 직선 5,6

도 명	투상법칙	내 용 정 리 및 연 습
내 용	주어진 점·선·면의 투상을 예(1)과 같이 표시한다. F=정면도, T=평면도, S=측면도	

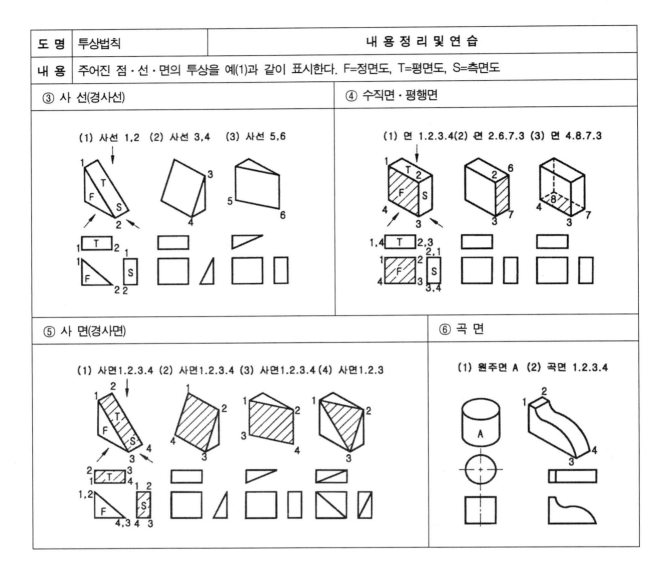

③ 사 선(경사선)

(1) 사선 1,2 (2) 사선 3,4 (3) 사선 5,6

④ 수직면·평행면

(1) 면 1.2.3.4 (2) 면 2.6.7.3 (3) 면 4.8.7.3

⑤ 사 면(경사면)

(1) 사면1.2.3.4 (2) 사면1.2.3.4 (3) 사면1.2.3.4 (4) 사면1.2.3

⑥ 곡 면

(1) 원주면 A (2) 곡면 1.2.3.4

2) 투상도의 정리

도 명	투상도	내 용 정 리 및 연 습
내 용	투상도의 관계를 이해하고 2도가 주어졌을 때 남은 1도를 그린다.	

① 제3각법 투상도의 정리

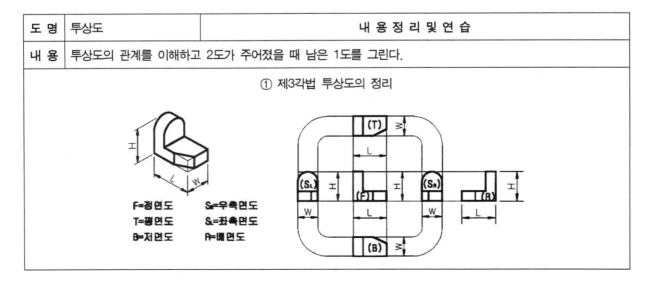

F=정면도   S₀=우측면도
T=평면도   S₄=좌측면도
B=저면도   R=배면도

도 명	투상도	내 용 정 리 및 연 습
내 용	투상도의 관계를 이해하고 2도가 주어졌을 때 남은 1도를 그린다.	

② 정면도를 그린다.

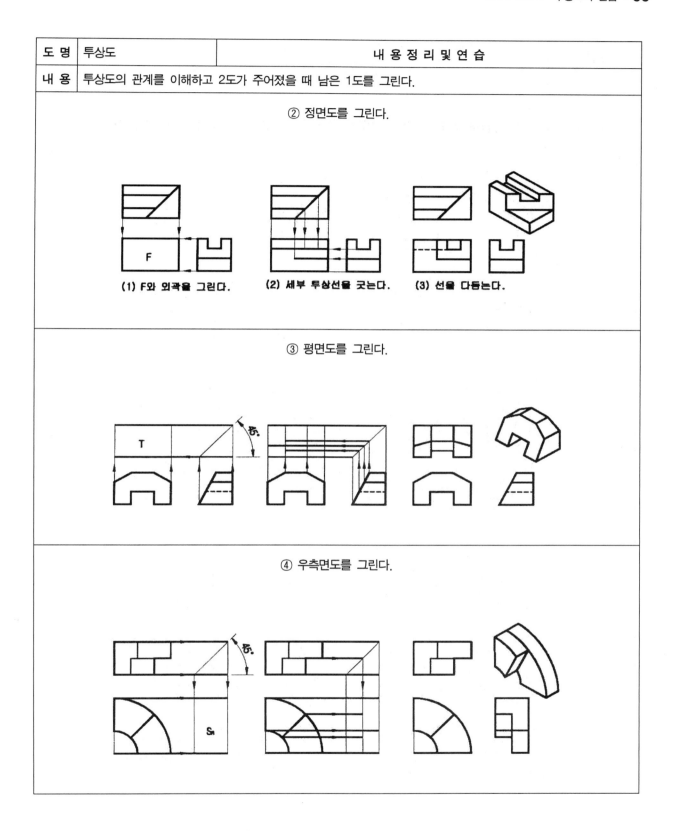

(1) F와 외곽을 그린다.　(2) 세부 투상선을 긋는다.　(3) 선을 다듬는다.

③ 평면도를 그린다.

④ 우측면도를 그린다.

3.2 투상도 연습(I~VI)

1) 투상도 연습 I (3각법에 의한 기본 3면도인 정면도, 평면도, 우측면도를 완성하라.)

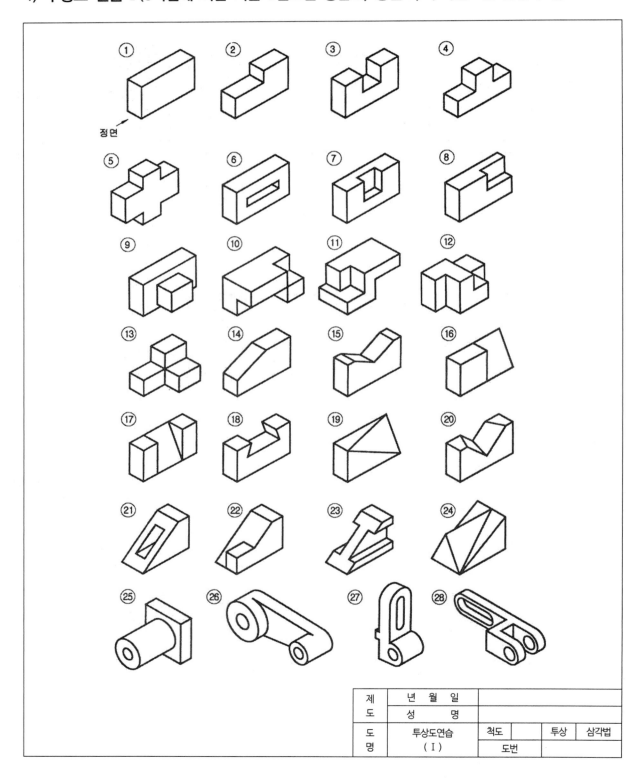

투상도 연습 I 모범답안

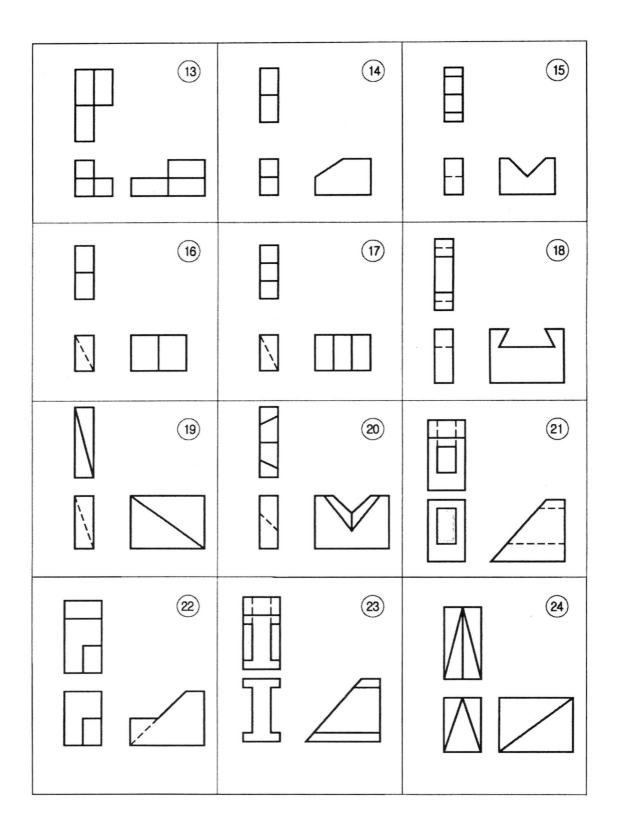

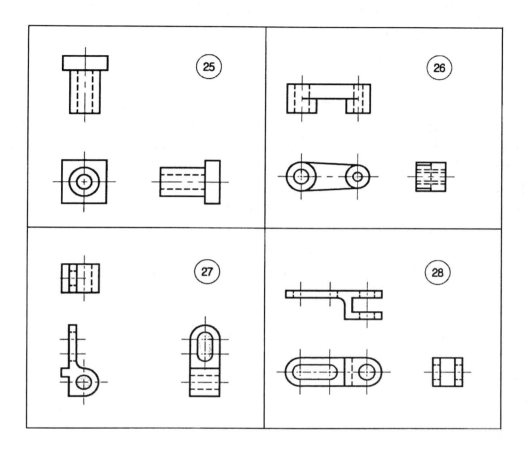

2) 투상도 연습 II (입체의 투상도인 정면도, 평면도, 우측면도 가운데 빠진 그림을 보충하여 완성하라.)

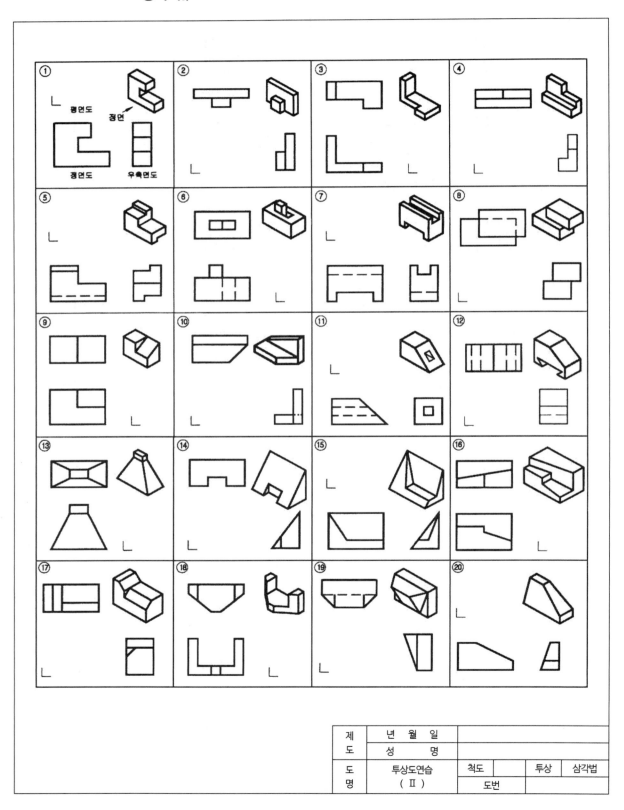

제 도	년 월 일	
	성 명	
도 명	투상도연습 (II)	척도

투상 | 삼각법

도번

투상도 연습 II 모범답안

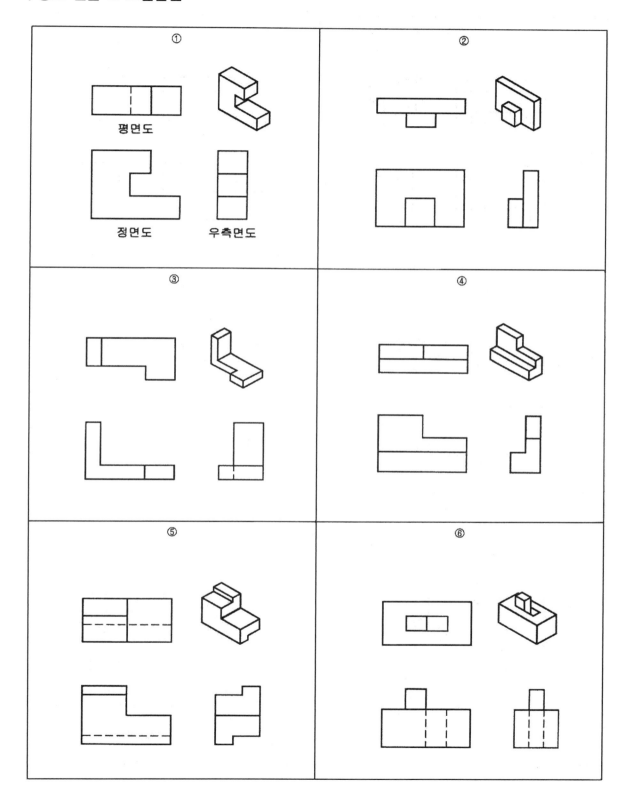

①
평면도
정면도　우측면도

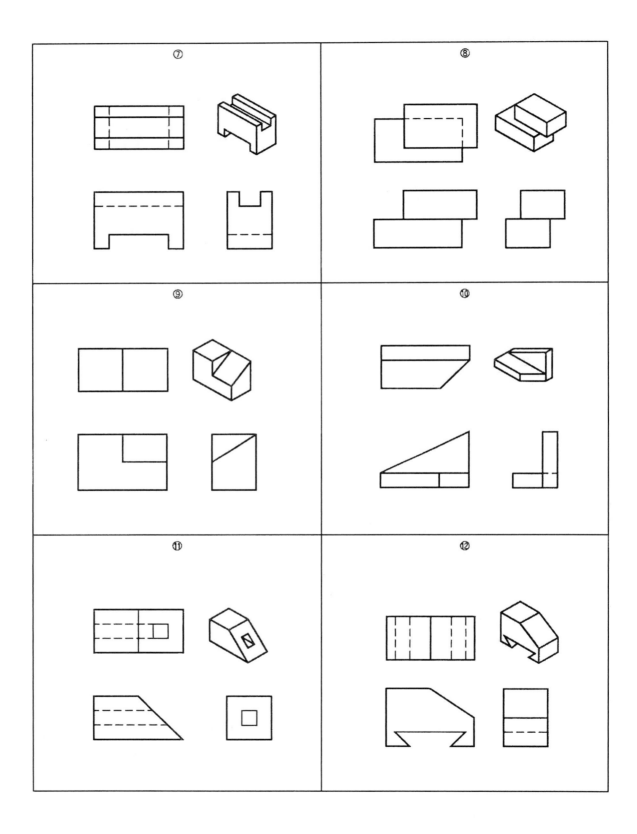

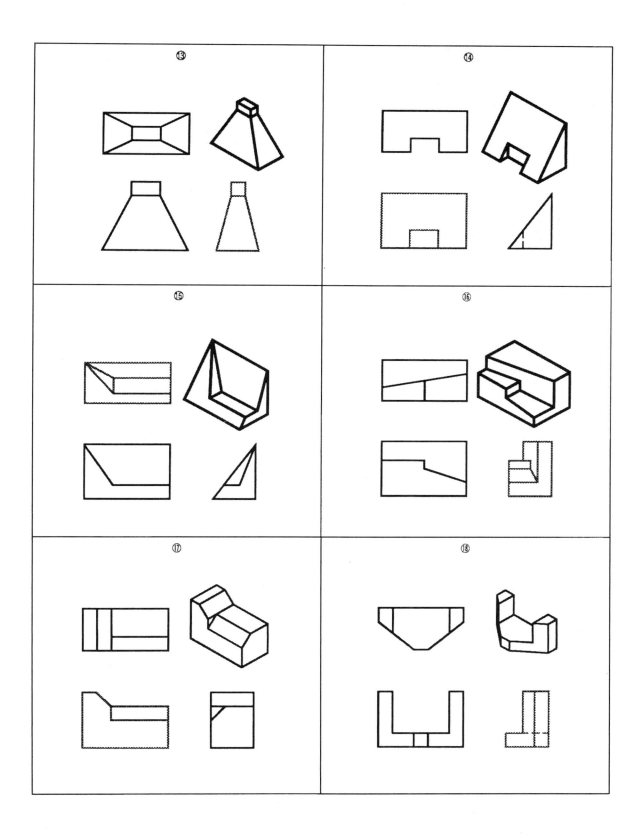

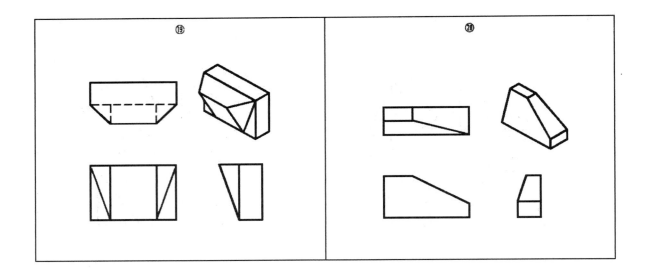

3) 투상도 연습 III (3각법에 의한 기본 3면도를 검토하여 모자라는 외형선, 은선을 그려넣어 완전한 투상도를 그려라.)

제 도	년 월 일	
	성 명	
도 명	투상도연습 (III)	척도 / 투상 삼각법 / 도번

투상도 연습 III 모범답안

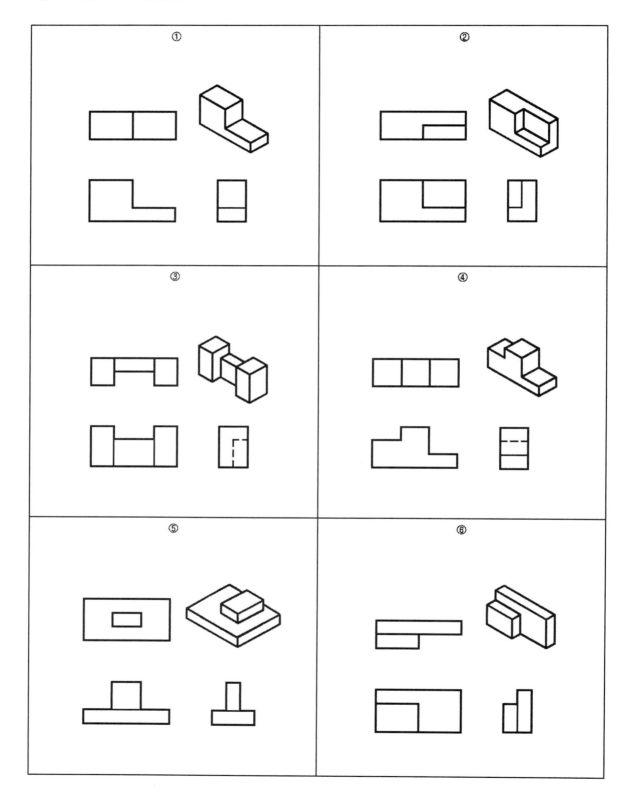

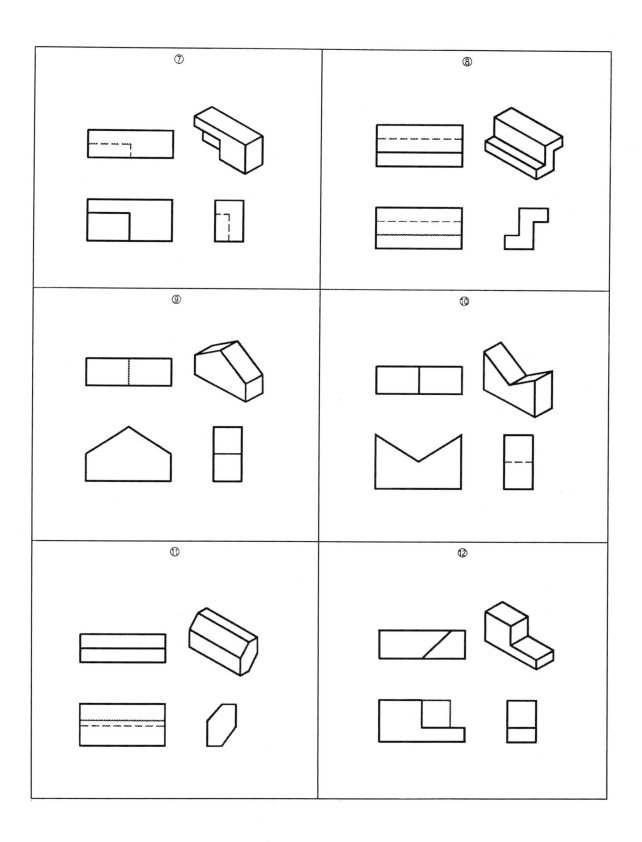

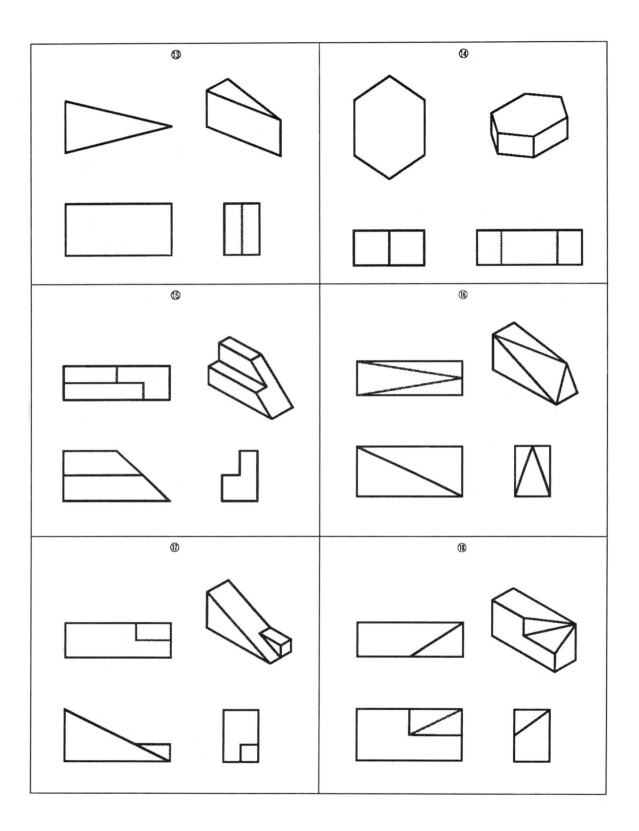

4) 투상도 연습 Ⅳ(주어진 입체도를 보고 3각법에 의한 기본 3면도가 올바르게 투상된 도면을 고르시오.)

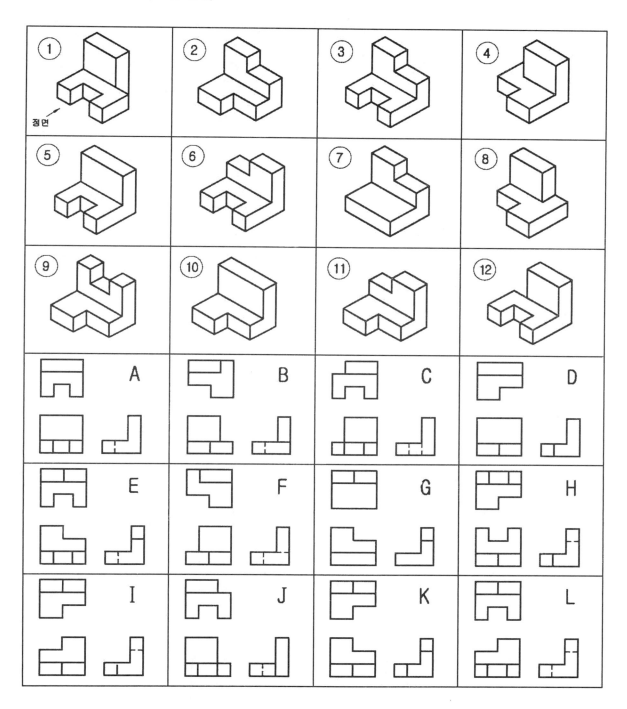

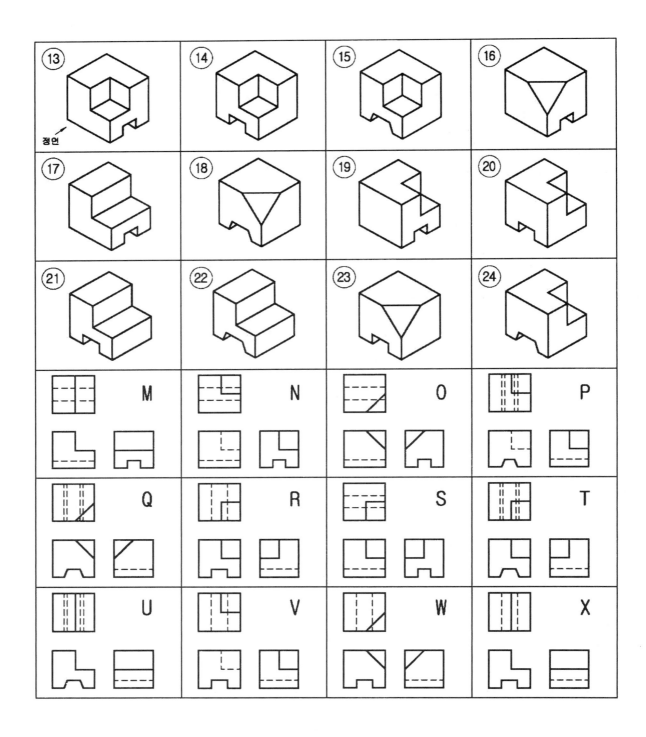

투상도 연습 Ⅳ 모범답안

①-J, ②-K, ③-E, ④-F, ⑤-A, ⑥-L, ⑦-G, ⑧-B, ⑨-H, ⑩-D, ⑪-I, ⑫-C, ⑬-S,
⑭-R, ⑮-T, ⑯-O, ⑰-M, ⑱-Q, ⑲-N, ⑳-V, ㉑-X, ㉒-U, ㉓-W, ㉔-P

5) 투상도 연습 Ⅴ(3각법에 의한 기본 3면도인 정면도, 평면도, 우측면도 중에서 빠진 그림을 보충하여 완성하시오.)

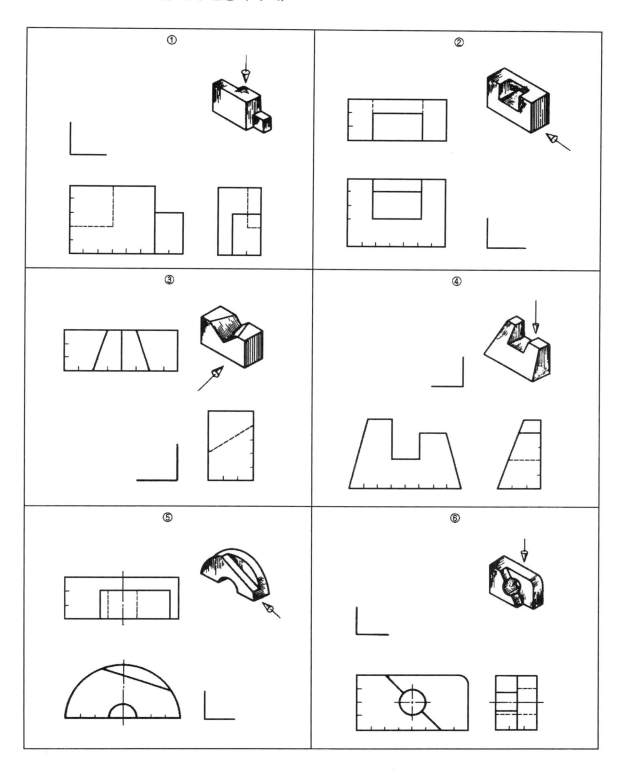

투상도 연습 V 모범답안

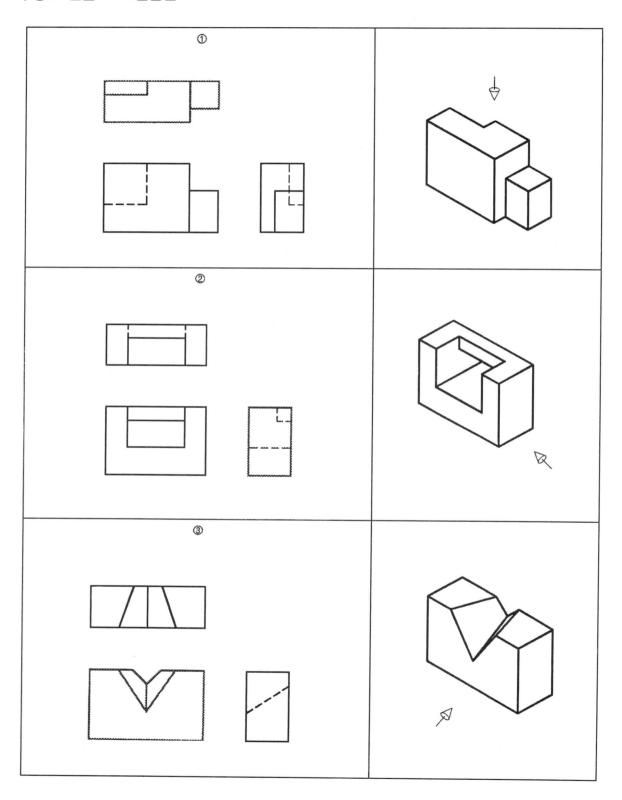

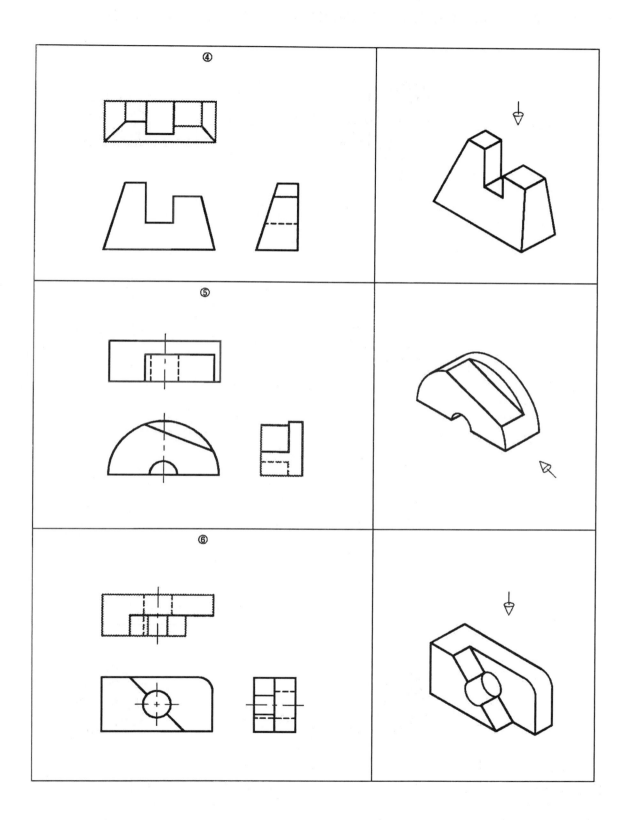

6) 투상도 연습 Ⅵ (3각법에 의해 기본 3도면인 정면도, 평면도, 우측면도를 그리시오.)

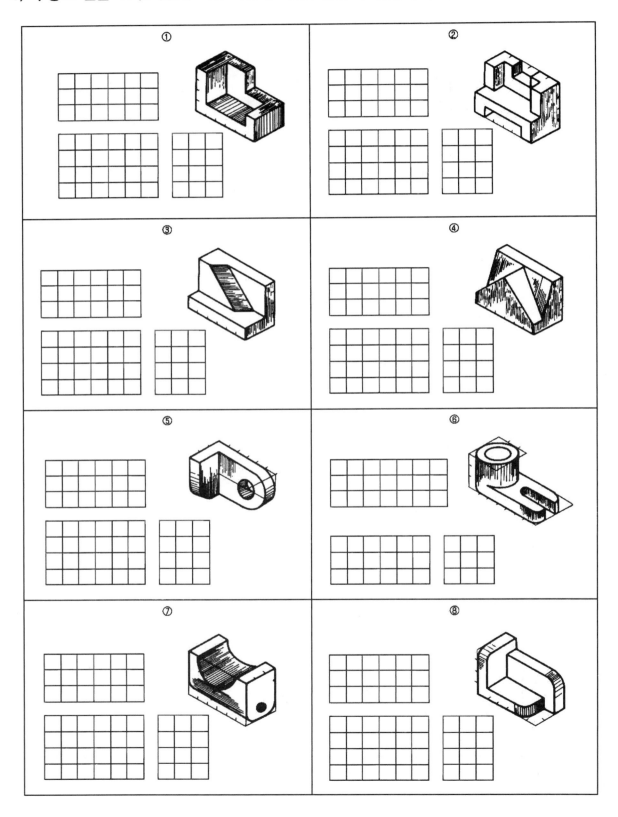

투상도 연습 Ⅵ 모범답안

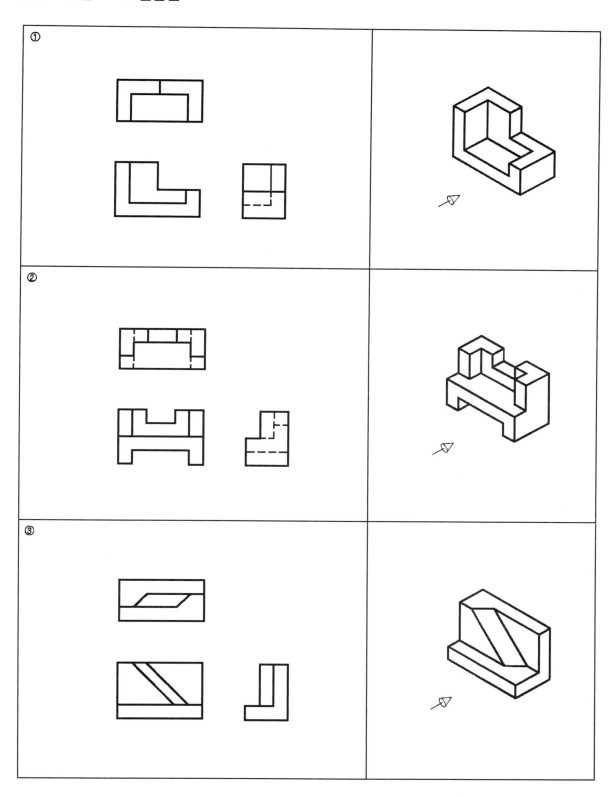

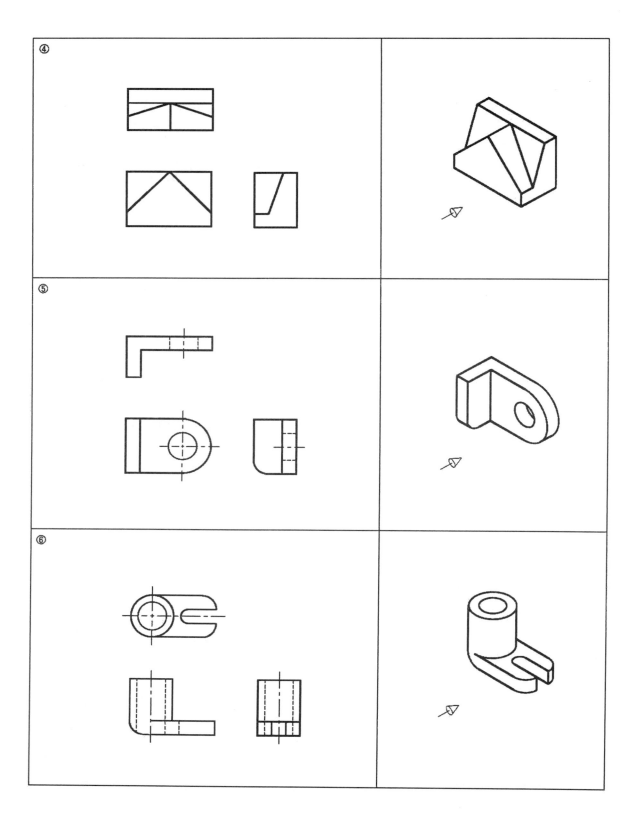

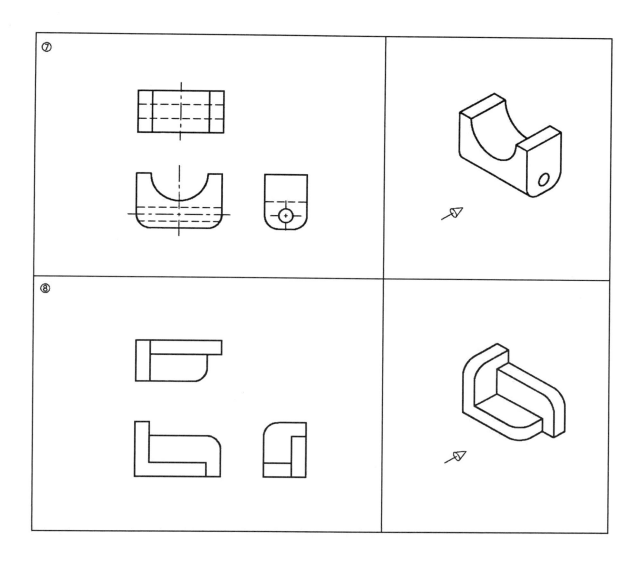

CHAPTER 04 치수공차와 끼워맞춤

4.1 용어

① 구멍 : 주로 원통형 부분의 안쪽 윤곽(내측 형체)을 말하나 원형단면이 아닌 부분도 포함된다.

② 축 : 주로 원통형 부분의 바깥 윤곽(외측 형체)을 말하나 원형단면이 아닌 부분도 포함된다.

③ 치수 : 밀리미터(mm)를 단위로 하여 2점사이의 거리를 나타내는 수치

④ 실치수 : 부품의 어떤 부분에 대하여 실제로 측정한 치수

⑤ 허용한계치수 : 실치수가 그 사이에 들어가도록 정한 대·소 2개의 허용되는 치수의 한계를 표시한 치수

⑥ 최대허용치수 : 실치수에 대하여 허용되는 최대치수(그림 4.1)

⑦ 최소허용치수 : 실치수에 대하여 허용되는 최소치수(그림 4.1)

  ㉠ 최대허용치수 : A=50.025mm, a=49.975mm

    최소허용치수 : B=50.000mm, b=49.950mm

    치 수 공 차 : T=A−B=0.025mm, t=a−b=0.025mm

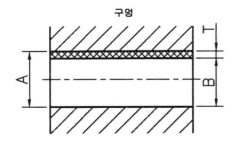
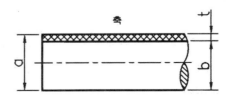

그림 4.1 최대허용치수와 최소허용치수

⑧ 기준치수 : 허용한계치수의 기준이 되는 치수

⑨ 치수허용차 : 허용한계치수에서 그 기준치수를 뺀 값으로 혼동될 염려가 없는 경우는 단지 허용차 라고 하여도 좋다.

⑩ 위 치수허용차 : 최대허용치수에서 기준치수를 뺀 값

⑪ 아래 치수허용차 : 최소허용치수에서 기준치수를 뺀 값

⑫ 기준선 : 허용한계치수와 끼워맞춤과를 도시할 때 치수허용차의 기준이 되는 선. 기준선은 치수허 용차가 0인 직선으로 기준치수를 나타내는 데에 사용한다(그림 4.2).

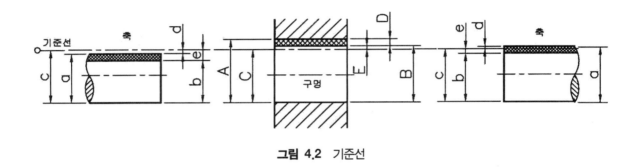

그림 4.2 기준선

㉑ 기준치수 50.000mm(또는 치수 50mm)의 경우

	축	구멍	축
기준치수	c=50.000mm	C=50.000mm	c=50.000mm
최대허용치수	a=49.975mm	A=50.034mm	a=50.015mm
최소허용치수	b=49.950mm	B=50.009mm	b=49.990mm
위치 수허용차	d=−0.025mm	D=+0.034mm	c=+0.015mm
아래 치수허용차	e=−0.050mm	E=+0.009mm	e=−0.010mm

⑬ 치수공차 : 최대허용치수와 최소허용치수와의 차, 즉 위 치수허용차와 아래 치수허용차와의 차를 의미하며, 이것을 공차(tolerance)라고도 한다.

⑭ 허용범위 : 기준선과 치수공차와의 관계를 도시할 때 위 치수허용차와 아래 치수허용차를 나타내 는 2개의 선 사이에 들어있는 구역으로 치수공차와 기준선에 대한 위치에 따라 결정한다(그림 4.3).

⑮ 기초가 되는 치수허용차 : 허용한계치수와 기준치수와의 관계를 결정하는 기초가 되는 치수의 차 이며, 구멍, 축의 종류에 의하여 위 치수허용차 또는 아래 치수허용차가 된다(그림 4.3).

⑯ 치수공차의 등급 : 정밀도가 같은 수준에 있다고 생각되는 치수공차군에 붙인 정밀도의 단계

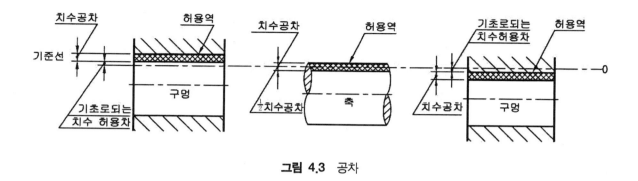

그림 4.3 공차

⑰ IT 기본공차(ISO Tolerance) : 공차의 대소에 따라 치수의 구분에 대응하여 각각 IT01~IT16의 18 등급으로 나누며, 그 값은 표 4.1과 같다.

표 4.1 IT 기본공차의 값 (단위 : μ=0.001mm)

치수의 구분(mm) 이상	이하	IT 01 (01급)	IT 0 (0급)	IT 1 (1급)	IT 2 (2급)	IT 3 (3급)	IT 4 (4급)	IT 5 (5급)	IT 6 (6급)	IT 7 (7급)	IT 8 (8급)	IT 9 (9급)	IT 10 (10급)	IT 11 (11급)	IT 12 (12급)	IT 13 (13급)	IT 14 (14급)	IT 15 (15급)	IT 16 (16급)
-	3	0.3	0.5	0.8	1.2	2	3	4	6	10	14	25	40	60	100	140	250	400	600
3	6	0.4	0.6	1	1.5	2.5	4	5	8	12	18	30	48	75	120	180	300	480	750
6	10	0.4	0.6	1	1.5	2.5	4	6	9	15	22	36	58	90	150	220	360	540	900
10	18	0.5	0.8	1.2	2	3	5	8	11	18	27	43	70	110	180	270	430	700	1100
18	30	0.6	1	1.5	2.5	4	6	9	13	21	33	52	84	130	210	330	520	840	1300
30	50	0.6	1	1.5	2.5	4	7	11	16	25	39	62	100	160	250	390	620	1000	1600
50	80	0.8	1.2	2	3	5	8	13	19	30	46	74	120	190	300	460	740	1200	1900
80	120	1	1.5	2.5	4	6	10	15	22	35	54	87	140	220	350	540	870	1400	2200
120	180	1.2	2	3.5	5	8	12	18	25	40	63	100	160	250	400	630	1000	1600	2500
180	250	2	3	4.5	7	10	14	20	29	46	72	115	185	290	460	720	1150	1850	2900
250	315	2.5	4	6	8	12	16	23	32	52	81	130	210	320	520	810	1300	2100	3200
315	400	3	5	7	9	13	18	25	36	57	89	140	230	360	570	890	1400	2300	3600
400	500	4	6	8	10	15	20	27	40	63	97	155	250	400	630	970	1550	2500	4000

비고 : IT01~IT4는 주로 게이지류, IT5~IT10은 주로 끼워맞춤부분, IT11~IT16은 주로 끼워맞출 수 없는 부분의 치수공차로 적용한다.

⑱ 끼워맞춤(Fit) : 2개의 기계부품이 서로 끼워맞추기 전의 치수차에 의하여 생기는 관계

⑲ 틈새(Clearance) : 구멍의 치수가 축의 치수보다 클 때의 치수의 차(그림 4.4)

⑳ 죔새(Interference) : 구멍의 치수가 축의 치수보다 작을 때의 치수의 차(그림 4.5)

㉑ 끼워맞춤의 변동량 : 끼워맞춤의 변동하는 범위로 2종류의 기계부품이 서로 끼워 맞춤구멍과 축과 의 치수공차의 합을 말한다.

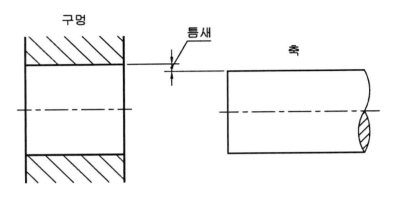

그림 4.4 틈새

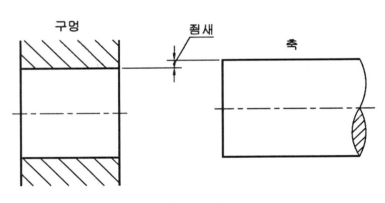

그림 4.5 죔새

㉒ 헐거운 끼워맞춤(Running fit) : 항상 틈새가 생기는 끼워맞춤, 축의 허용구역은 완전히 구멍의 허용구역보다 아래에 있다(그림 4.6).

㉓ 억지끼워맞춤(Tight fit) : 항상 죔새가 생기는 끼워맞춤. 축의 허용구역은 완전히 구멍의 허용구역보다 위에 있다(그림 4.7).

㉔ 중간끼워맞춤(Sliding fit) : 각각 허용한계치수 안에 다듬질한 구멍과 축과를 끼워맞추었을 때 그치수에 따라 틈새가 생기는 것도 있고 죔새가 생기는 것도 있는 끼워맞춤. 축의 허용구역은 구멍의 허용구역과 겹친다.

㉕ 최대틈새 : 헐거운 끼워맞춤 또는 중간끼워맞춤에서 구멍의 최대허용치수에서 축의 최대허용치수를 뺀 값(그림 4.6).

㉖ 최소틈새 : 헐거운 끼워맞춤에서 구멍의 최소허용치수에서 축의 최대허용치수를 뺀 값(그림 4.6).

㉗ 최대죔새 :억지끼워맞춤 또는 중간끼워맞춤에서 조립하기 전에 축의 최대허용치수에서 구멍의 최
소허용치수를 뺀 값(그림 4.7).

㉘ 최소죔새 : 억지끼워맞춤에서 조립하기 전에 축의 최소허용치수에서 구멍의 최대허용치수를 뺀 값
(그림 4.7).

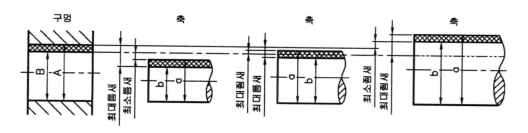

그림 4.6 헐거운 끼워맞춤과 중간끼워맞춤   **그림 4.7** 억지끼워맞춤

㉠ 헐거운 끼워맞춤

	구멍	축
최대허용치수	A=50.025mm	a=49.975mm
최소허용치수	B=50.000mm	b=49.950mm
최대죔새	A−b=0.075mm	
최소죔새	B−a=0.025mm	

㉠ 억지 끼워맞춤

	구멍	축
최대허용치수	A=50.025mm	a=50.050mm
최소허용치수	B=50.000mm	b=50.034mm
최대죔새	a−B=0.050mm	
최소죔새	b−A=0.009mm	

㉠ 중간 끼워맞춤

	구멍	축
최대허용치수	A=50.025mm	a=50.011mm
최소허용치수	B=50.000mm	b=49.995mm
최대죔새	a−B=0.011mm	
최소죔새	A−b=0.030mm	

4.2 패킹 누르개(Ⅰ)의 도면해석

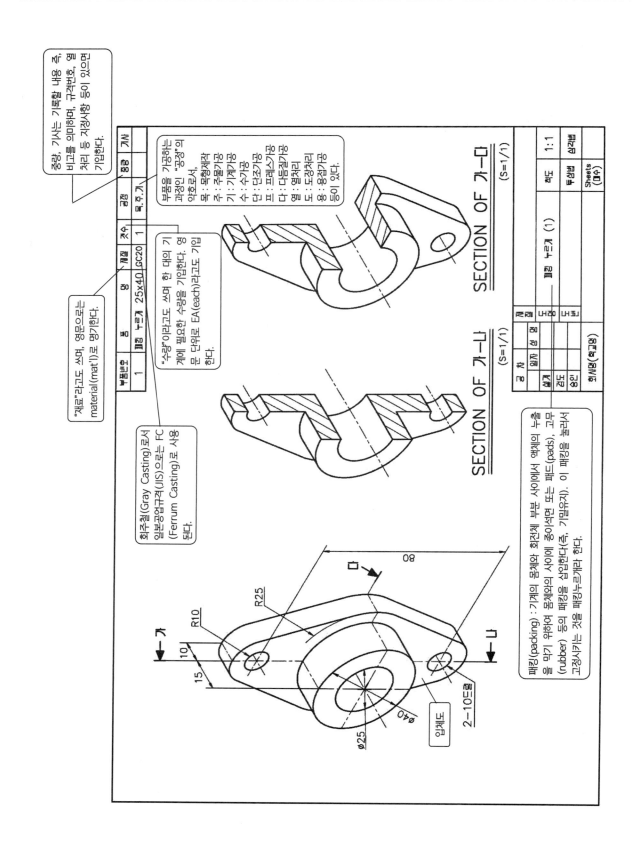

중량, 기사는 기록할 내용 축, 비고를 의미하며, 규격번호 열처리 등 지정사항 등이 있으면 기입한다.

부품을 가공하는 과정인 "공정"의 약호로서,
목 : 목형제작,
주 : 주물가공,
기 : 기계가공,
수 : 수가공,
단 : 단조가공,
프 : 프레스가공,
다 : 다듬질가공,
열 : 열처리,
도 : 도장처리,
용 : 용접가공
등이 있다.

"재료"라고도 쓰며, 영문으로는 material(mat')로 명기한다.

"수량"이라고도 쓰며 한 대의 기계에 필요한 수량을 기입한다. 영문 단위로 EA(each)라고도 기입한다.

부품번호	품명	명	재질	갯수	공정	열처리	기사
1	패킹 누르개	25×40	GC20	1	목,주,기		

회주철(Gray Casting)로서 일본공업규격(JIS)으로는 FC (Ferrum Casting)로 사용된다.

SECTION OF 가-나 (S=1/1)

SECTION OF 가-다 (S=1/1)

패킹(packing) : 기계의 몸체와 회전체 부분 사이에서 액체나 누출을 막기 위하여 몸체와의 사이에 종이석면 또는 패드(pads), 고무(rubber) 등의 패킹을 삽입한다(축, 기밀유지). 이 패킹을 눌러서 고정시키는 것을 패킹누르개라 한다.

공차			척도	1:1
설계	일자 성 명 검 도	도본	투상법	삼각법
제도		도번		
검도				
승인				
회사명(학교명)				Sheets (매수)

패킹 누르개 (1)

80

R25

R10

가

10

15

Φ25

Φ40

다

나

2-10드릴

입체도

4.3 패킹 누르개(Ⅱ)의 도면해석

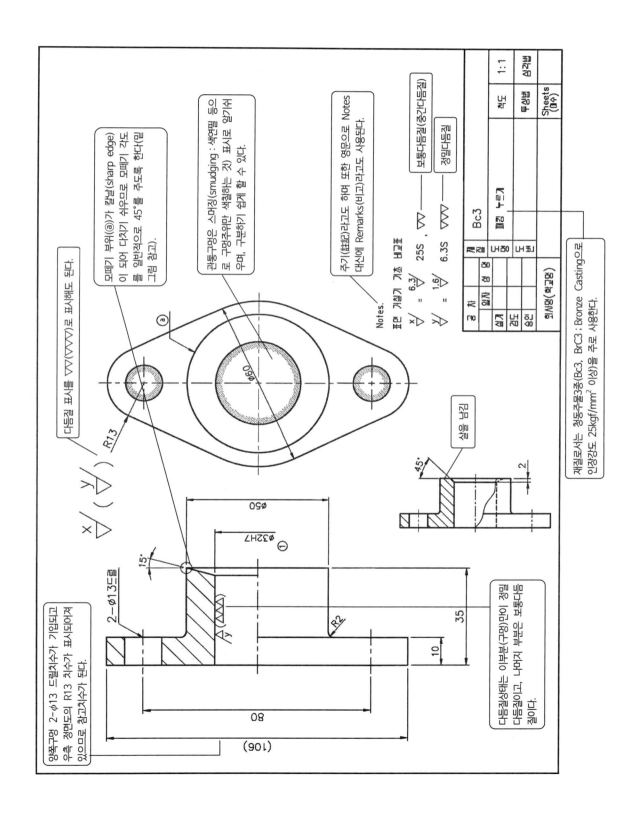

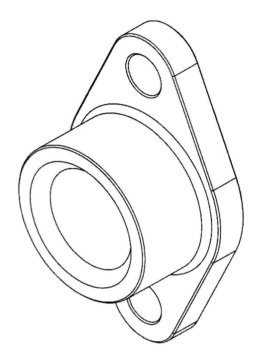

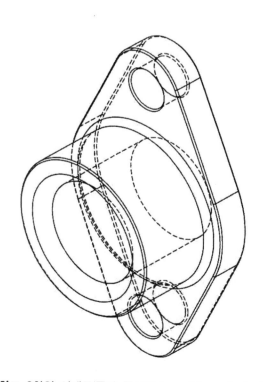

참고 3차원 입체도(등각 투상도 Isometric projection)

① $\phi 32\text{H7}$

상용하는 끼워맞춤에서 사용하는 구멍(hole)의 치수 허용차로 알파벳 대문자를 공차 등급으로 사용하며, 구멍의 안지름 $\phi 32\text{mm}$에서의 H7 등급 공차는 $0 \sim +25\mu\text{m}$이므로(표 4.2 참조)

$\phi 32\text{H7} = \phi 32^{+0.025}_{0} (\phi 32 \sim \phi 32.025)$

$(\because 1\mu\text{m} = 1 \times 10^{-6} \times 10^{3}\text{mm} = 1/1,000\text{mm})$

따라서 이를 다시 정리하면 구멍의 기준치수 : 32.000mm

일반공차표시 : $\phi 32\text{H7}$

치수차를 부가한 공차표시 : $\phi 32^{+0.025}_{0}$

최대 허용치수 : $32 + 0.025 = 32.025\text{mm}$

최소 허용치수 : $32 - 0 = 32.000\text{mm}$

(치수)공차 : $32.025 - 32.000 = 0.025\text{mm}$

② 그러면 이 구멍에 끼워지는 축(shaft)의 지름은 어떻게 표시되는가?

상용하는 끼워맞춤에서 사용되는 축(shaft)의 치수 허용차는 알파벳 소문자를 공차 등급으로 사용하고 있으며, 이 경우 구멍의 최소 안지름 $\phi 32$보다도 작아야 하므로 $\phi 32\text{f7}$ 등급을 사용하면 가능하다. $\phi 32\text{mm}$에 있어서 f7 등급의 공차는 $-50\mu\text{m} \sim -25\mu\text{m}$이므로(표 4.3 참조)

$\phi 32\text{f7} = \phi 32^{-0.025}_{-0.050} (\phi 31.95 \sim \phi 31.975)$가 된다.

따라서 끼워지는 축의 기준치수 : 32.000mm

일반공차표시 : $\phi 32\text{f7}$

치수차를 부가한 공차표시 : $\phi 32^{-0.025}_{-0.050}$

최대 허용치수 : $32 - 0.025 = 31.975\text{mm}$

최소 허용치수 : $32 - 0.050 = 31.950\text{mm}$

(치수)공차 : $31.975 - 31.950 = 0.025\text{mm}$

표 4.2 상용하는 끼워맞춤에서의

기준치수의 구분 (mm)		___												구 멍 의
초과	이하	B10	C9	C10	D8	D9	D10	E7	E8	E9	F6	F7	F8	G6	G7
–	3	+180 / +140	+85 / +60	+100 / +60	+34 / +20	+45 / +20	+60 / +20	+24 / +14	+28 / +14	+39 / +14	+12 / +6	+16 / +6	+20 / +6	+8 / +2	+12 / +2
3	6	+188 / +140	+100 / +70	+118 / +70	+48 / +40	+60 / +30	+78 / +30	+32 / +20	+38 / +20	+50 / +20	+18 / +10	+22 / +10	+28 / +10	+12 / +4	+16 / +4
6	10	+208 / +150	+116 / +80	+138 / +80	+62 / +40	+76 / +40	+98 / +40	+40 / +25	+47 / +25	+61 / +25	+22 / +13	+28 / +13	+35 / +13	+14 / +5	+20 / +5
10	14	+220 / +150	+138 / +95	+165 / +95	+77 / +50	+93 / +50	+120 / +50	+50 / +32	+59 / +32	+75 / +32	+27 / +16	+34 / +16	+43 / +16	+17 / +6	+24 / +6
14	18														
18	24	+244 / +160	+162 / +110	+194 / +110	+98 / +65	+117 / +65	+149 / +65	+61 / +40	+73 / +40	+92 / +40	+33 / +20	+41 / +20	+53 / +20	+20 / +7	+28 / +7
24	30														
30	40	+270 / +170	+182 / +120	+220 / +120	+119 / +80	+142 / +80	+180 / +80	+75 / +50	+89 / +50	+112 / +50	+41 / +25	+50 / +25	+64 / +25	+25 / +9	+34 / +9
40	50	+280 / +180	+192 / +130	+230 / +130											
50	65	+310 / +190	+214 / +140	+260 / +140	+146 / +146	+174 / +100	+220 / +146	+90 / +60	+106 / +60	+134 / +60	+49 / +30	+60 / +30	+76 / +30	+29 / +10	+40 / +10
65	80	+320 / +200	+224 / +150	+270 / +150											
80	100	+360 / +220	+257 / +170	+310 / +170	+174 / +120	+207 / +120	+260 / +120	+107 / +72	+126 / +72	+159 / +72	+58 / +36	+71 / +36	+90 / +36	+34 / +12	+47 / +12
100	120	+380 / +240	+267 / +180	+320 / +180											
120	140	+420 / +260	+300 / +200	+360 / +200	+208 / +145	+245 / +145	+305 / +145	+125 / +85	+148 / +85	+185 / +85	+68 / +43	+83 / +43	+106 / +43	+39 / +14	+54 / +14
140	160	+440 / +280	+310 / +210	+370 / +210											
160	180	+470 / +310	+330 / +230	+390 / +230											
180	200	+525 / +340	+355 / +240	+425 / +240	+242 / +170	+285 / +170	+355 / +170	+146 / +100	+172 / +100	+215 / +100	+79 / +50	+96 / +50	+122 / +50	+44 / +15	+61 / +15
200	225	+565 / +380	+375 / +260	+445 / +260											
225	250	+605 / +420	+395 / +280	+465 / +280											
250	280	+690 / +480	+430 / +300	+510 / +300	+271 / +190	+320 / +190	+400 / +190	+162 / +110	+191 / +110	+240 / +110	+88 / +56	+108 / +56	+137 / +56	+49 / +17	+69 / +17
280	315	+750 / +540	+460 / +330	+540 / +330											
315	355	+830 / +600	+500 / +360	+590 / +360	+299 / +210	+350 / +210	+440 / +210	+182 / +125	+214 / +125	+265 / +125	+98 / +62	+119 / +62	+151 / +62	+54 / +18	+75 / +18
355	400	+910 / +680	+540 / +400	+630 / +400											
400	450	+1010 / +760	+595 / +440	+690 / +440	+327 / +230	+385 / +230	+480 / +230	+198 / +135	+232 / +135	+290 / +135	+108 / +68	+131 / +68	+165 / +68	+60 / +20	+83 / +20
450	500	+1090 / +840	+635 / +480	+730 / +480											

※주 : 표 중의 각 단에서 위쪽의 수치는 위치수허용차, 아래쪽의 수치는 아래치수허용차를 표시한다.

구멍(hole)의 치수허용차

(단위 : μm)

공차역클래스

H6	H7	H8	H9	H10	IS6	IS7	K6	K7	M6	M7	N6	N7	P6	P7	R7	S7	T7	U7	X7
+6 / 0	+10 / 0	+14 / 0	+25 / 0	+40 / 0	±3	±5	0 / −6	0 / −10	−2 / −8	−2 / −12	−4 / −10	−4 / −14	−6 / −12	−6 / −16	−10 / −20	−14 / −24	−	−18 / −28	−20 / −30
+8 / 0	+12 / 0	+18 / 0	+30 / 0	+48 / 0	±4	±6	+2 / −6	+3 / −9	−1 / −9	0 / −12	−5 / −13	−4 / −16	−9 / −17	−8 / −20	−11 / −23	−15 / −27	−	−19 / −31	−24 / −36
+9 / 0	+15 / 0	+22 / 0	+36 / 0	+58 / 0	±4.5	±7	+2 / −7	+5 / −10	−3 / −12	0 / −15	−7 / −16	−4 / −19	−12 / −21	−9 / −24	−13 / −28	−17 / −32	−	−22 / −37	−28 / −43
+11 / 0	+18 / 0	+27 / 0	+43 / 0	+70 / 0	±5.5	±9	+2 / −9	+6 / −12	−4 / −15	0 / −18	−9 / −20	−5 / −23	−15 / −26	−11 / −29	−16 / −34	−21 / −39	−	−26 / −44	−33 / −51 −38 / −56
+13 / 0	+21 / 0	+33 / 0	+52 / 0	+84 / 0	±6.5	±10	+2 / −11	+6 / −15	−4 / −17	0 / −21	−11 / −24	−7 / −28	−18 / −31	−14 / −35	−20 / −41	−27 / −48	− −33 / −54	−33 / −54 −40 / −61	−46 / −67 −56 / −77
+16 / 0	+25 / 0	+39 / 0	+62 / 0	+100 / 0	±8	±12	+3 / −13	+7 / −18	−4 / −20	0 / −25	−12 / −28	−8 / −33	−21 / −37	−17 / −42	−25 / −50	−34 / −59	−39 / −64 −45 / −70	−51 / −76 −61 / −86	−
+19 / 0	+30 / 0	+46 / 0	+74 / 0	+120 / 0	±9.5	±15	+4 / −15	+9 / −21	−5 / −24	0 / −30	−14 / −33	−9 / −39	−26 / −45	−21 / −51	−30 / −60 −32 / −62	−42 / −72 −48 / −78	−55 / −85 −64 / −94	−76 / −106 −91 / −121	−
+22 / 0	+35 / 0	+54 / 0	+87 / 0	+140 / 0	±11	±17	+4 / −18	+10 / −25	−6 / −28	0 / −35	−16 / −38	−10 / −45	−30 / −52	−24 / −59	−38 / −73 −41 / −76	−58 / −93 −66 / −101	−78 / −113 −91 / −126	−111 / −146 −131 / −166	
+25 / 0	+40 / 0	+63 / 0	+100 / 0	+160 / 0	±12.5	±20	+14 / −21	+12 / −28	−8 / −33	0 / −40	−20 / −45	−12 / −52	−36 / −61	−28 / −68	−48 / −88 −50 / −90 −53 / −93	−77 / −117 −85 / −125 −93 / −133	−107 / −147 −119 / −159 −131 / −171	−	−
+29 / 0	+46 / 0	+72 / 0	+115 / 0	+185 / 0	±14.5	±23	+5 / −24	+13 / −33	−8 / −37	0 / −46	−22 / −51	−14 / −60	−41 / −70	−33 / −79	−60 / −106 −63 / −109 −67 / −113	−105 / −151 −113 / −159 −123 / −169	−	−	−
+32 / 0	+52 / 0	+81 / 0	+130 / 0	+210 / 0	±16	±26	+5 / −27	+16 / −36	−9 / −41	0 / −52	−25 / −57	−14 / −66	−47 / −79	−36 / −88	−74 / −126 −78 / −130	−	−	−	−
+36 / 0	+57 / 0	+89 / 0	+140 / 0	+230 / 0	±18	±28	+7 / −29	+17 / −40	−10 / −46	0 / −57	−26 / −62	−16 / −73	−51 / −87	−41 / −98	−87 / −144 −93 / −150	−	−	−	−
+40 / 0	+63 / 0	+97 / 0	+155 / 0	+250 / 0	±20	±31	+8 / −32	+18 / −45	−10 / −50	0 / −63	−27 / −67	−17 / −80	−55 / −95	−45 / −108	−103 / −166 −109 / −172	−	−	−	−

표 4.3 상용하는 끼워맞춤에서의 · 축 의

기준치수의 구분 (mm) 초과	이하	b9	c9	d8	d9	e7	e8	e9	f6	f7	f8	g5	g6
−	3	−140 −165	−60 −85	−20 −34	−20 −45	−14 −24	−14 −28	−14 −39	−6 −12	−6 −16	−6 −20	−2 −6	−2 −8
3	6	−140 −170	−70 −100	−30 −48	−30 −60	−20 −32	−20 −38	−20 −50	−10 −18	−10 −22	−10 −28	−4 −9	−4 −12
6	10	−150 −186	−80 −116	−40 −62	−40 −76	−25 −40	−25 −47	−25 −61	−13 −22	−13 −28	−13 −35	−5 −11	−5 −14
10	14	−150 −193	−95 −138	−50 −77	−50 −93	−32 −50	−32 −59	−32 −75	−16 −27	−16 −34	−16 −43	−6 −14	−6 −17
14	18												
18	24	−160 −212	−110 −162	−65 −98	−65 −117	−40 −61	−40 −73	−40 −92	−20 −33	−20 −41	−20 −53	−7 −16	−7 −20
24	30												
30	40	−170 −232	−120 −182	−80 −119	−80 −142	−50 −75	−50 −89	−50 −112	−25 −41	−25 −50	−25 −64	−9 −20	−9 −25
40	50	−180 −242	−130 −192										
50	65	−190 −264	−140 −214	−100 −146	−100 −174	−60 −90	−60 −106	−60 −134	−30 −49	−30 −60	−30 −76	−10 −23	−10 −29
65	80	−200 −274	−150 −224										
80	100	−220 −307	−170 −257	−120 −174	−120 −207	−72 −107	−72 −126	−72 −159	−36 −58	−36 −71	−36 −90	−12 −27	−12 −34
100	120	−240 −327	−180 −267										
120	140	−260 −360	−200 −300	−145 −208	−145 −245	−85 −125	−85 −148	−85 −185	−43 −68	−43 −83	−43 −106	−14 −32	−14 −39
140	160	−280 −380	−210 −310										
160	180	−310 −410	−230 −330										
180	200	−340 −455	−240 −355	−170 −242	−170 −285	−100 −146	−100 −172	−100 −215	−50 −79	−50 −96	−50 −122	−15 −35	−15 −44
200	225	−380 −495	−260 −375										
225	250	−420 −535	−280 −395										
250	280	−480 −610	−300 −430	−190 −271	−190 −320	−110 −162	−110 −191	−110 −240	−56 −88	−56 −108	−56 −137	−17 −40	−17 −49
280	315	−540 −670	−330 −430										
315	355	−600 −740	−360 −500	−210 −299	−210 −350	−125 −182	−125 −214	−125 −265	−62 −98	−62 −119	−62 −151	−18 −43	−18 −54
355	400	−680 −820	−400 −540										
400	450	−760 −915	−440 −595	−230 −327	−230 −385	−135 −198	−135 −232	−135 −290	−68 −108	−68 −131	−68 −165	−20 −47	−20 −60
450	500	−840 −995	−480 −635										

※주 : 표 중의 각 단에서 위쪽의 수치는 위치수허용차, 아래쪽의 수치는 아래치수허용차를 표시한다.

축(shaft)의 치수허용차

(단위 : μm)

공 차 역 클 래 스

h5	h6	h7	h8	h9	is5	is6	is7	k5	k6	m5	m6	n6	p6	r6	s6	t6	u6	x6
0 −4	0 −6	0 −10	0 −14	0 −25	±2	±3	±5	+4 0	+6 0	+6 +2	+8 +2	+10 +4	+12 +6	+16 +10	+20 +14	−	+24 +18	+26 +20
0 −5	0 −8	0 −12	0 −18	0 −30	±2.5	±4	±6	+6 +1	+9 +1	+9 +4	+12 +4	+16 +8	+20 +12	+23 +15	+27 +19	−	+31 +23	+36 +28
0 −6	0 −9	0 −15	0 −22	0 −36	±3	±4.5	±7	+7 +1	+10 +1	+12 +6	+15 +6	+19 +10	+24 +15	+28 +19	+32 +23	−	+37 +28	+43 +34
0 −8	0 −111	0 −18	0 −27	0 −43	±4	±5.5	±9	+9 +1	+12 +1	+15 +7	+19 +7	+23 +12	+29 +18	+34 +23	+39 +28	−	+44 +33	+51 +40 +56 +45
0 −9	0 −13	0 −21	0 −33	0 −52	±4.5	±6.5	±10	+11 +2	+15 +2	+17 +8	+21 +8	+28 +15	+35 +22	+41 +28	+48 +35	− +54 +41	+54 +41 +61 +48	+67 +54 +77 +64
0 −11	0 −16	0 −25	0 −39	0 −62	±5.5	±8	±12	+13 +2	+19 +2	+20 +9	+25 +9	+33 +17	+42 +26	+50 +34	+59 +43	+64 +48 +70 +54	+76 +60 +86 +70	−
0 −13	0 −19	0 −30	0 −46	0 −74	±6.5	±9.5	±15	+15 +2	+21 +2	+24 +11	+30 +11	+39 +20	+51 +32	+60 +41 +62 +43	+72 +53 +78 +59	+85 +66 +94 +75	+106 +87 +121 +102	−
0 −15	0 −22	0 −35	0 −54	0 −87	±7.5	±11	±17	+18 +3	+25 +3	+28 +13	+35 +13	+45 +23	+59 +37	+73 +51 +76 +54	+93 +71 +101 +79	+113 +91 +126 +104	+146 +124 +166 +144	−
0 −18	0 −25	0 −40	0 −63	0 −100	±9	±12.5	±20	+21 +3	+28 +3	+33 +15	+40 +15	+52 +27	+68 +43	+88 +63 +90 +65 +93 +68	+117 +92 +125 +100 +133 +108	+147 +122 +159 +134 +171 +146	−	−
0 −20	0 −29	0 −46	0 −72	0 −115	±10	±14.5	±23	+24 +4	+33 +4	+37 +17	+46 +17	+60 +31	+79 +50	+106 +77 +109 +80 +113 +84	+151 +122 +159 +130 +169 +140	−	−	−
0 −23	0 −32	0 −52	0 −81	0 −130	±11.5	±16	±26	+27 +4	+36 +4	+43 +20	+52 +20	+66 +34	+88 +56	+126 +94 +130 +98	−	−	−	−
0 −25	0 −36	0 −57	0 −89	0 −140	±12.5	±18	±28	+29 +4	+40 +4	+46 +21	+57 +21	+73 +37	+98 +62	+144 +108 +150 +114	−	−	−	−
0 −27	0 −40	0 −63	0 −97	0 −156	±13.5	±20	±31	+32 +5	+45 +5	+50 +23	+63 +23	+80 +40	+108 +68	+166 +126 +172 +132	−	−	−	−

CHAPTER

05 표면거칠기와 다듬질 기호

5.1 표면기호와 다듬질 기호의 개요

1) 표면거칠기의 표시방법

표면거칠기를 기호로 표시하는 데는 표면기호 또는 다듬질 기호에 따른다.

2) 표면기호의 구성

표면의 상태를 기호로 표시하기 위한 표면기호는 원칙으로 표면거칠기의 구분값, 기준길이 또는 컷 오프값, 가공방법의 약호 및 가공모양의 기호로 되어 있고 그 배치는 그림 5.1에 따른다.

그림 5.2는 표면기호의 구성에 따른 기입의 예를 보여준다.

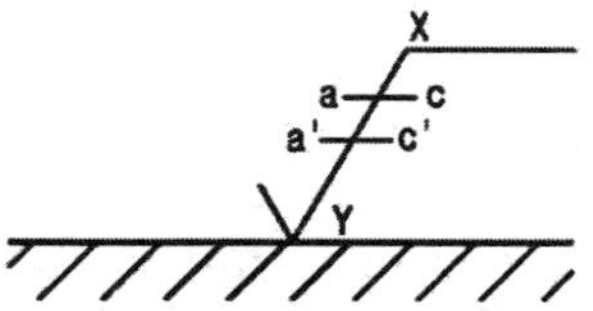

a : 표면 거칠기의 구분값(상한)
a' : 표면 거칠기의 구분값(하한)
c : a에 대한 기준 길이 또는 컷 오프 값
c' : a'에 대한 기준 길이 또는 컷 오프 값
X : 가공 방법의 약호
Y : 가공 모양의 기호

그림 5.1 표면기호의 구성

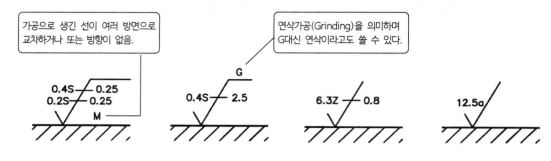

그림 5.2 표면기호와 기입보기의 예

3) 가공방법의 약호

가공방법의 기호에는 원칙으로 KS B 0107(가공방법기호)의 규정에 의하든가 또는 표 5.1의 약호 II를 사용할 수 있다. 이 기호는 주로 금속에 대하여 일반적으로 사용되는 2차가공 이후 가공방법을 도면, 공정표 등에 표시할 때 쓰이는 기호이다.

표 5.1 가공방법의 약호

가공방법	약 호		가공방법	약 호	
	I	II		I	II
선반가공	L	선반	호우닝 가공	GH	호우닝
드릴가공	D	드릴	액체호우닝다듬질	SPL	액체호우닝
보링머신가공	B	보링	배럴연마 가공	SPBR	배럴
밀링가공	M	밀링	버프다듬질	FB	버프
플레이닝 가공	P	평삭	블라스트다듬질	SB	블라스트
셰이핑 가공	SH	형삭	래핑다듬질	FL	래핑
브로우치 가공	BR	브로우치	줄다듬질	FF	줄
리머 가공	FR	리머	스크레이퍼다듬질	FS	스크레이퍼
연삭가공	G	연삭	페이퍼 다듬질	FCA	페이퍼
벨트 샌딩 가공	GB	포연	주조	C	주조

비고 : 표 중의 기호 I은 KS B 0107에 의한다.

4) 가공모양의 기호

가공모양의 지정에는 표 5.2에 나타낸 바와 같은 기호를 사용한다.

표 5.2 가공모양의 기호

기호	의 미	설명도
=	가공으로 생긴 앞줄의 방향이 기호를 기입한 그림의 투상면에 평행	
⊥	가공으로 생긴 앞줄의 방향이 기호를 기입한 그림의 투상면에 직각	
×	가공으로 생긴 선이 다방면으로 교차	
M	가공으로 생긴 선이 다방면으로 교차 또는 무방향	
C	가공으로 생긴 선이 거의 동심원	
R	가공으로 생긴 선이 거의 방사선	

5) 다듬질 기호(Finishing mark)

다듬질 기호는 (역)삼각기호(▽) 및 파형기호(∼)로 한다. 삼각기호는 제거가공을 한 면에 사용하고, 파형기호는 제거가공을 하지 않은 면에 사용한다. 다듬질 기호의 표면거칠기 구분은 표 5.3과 같다. 표 5.4는 다듬질 기호의 종류를 나타낸다.

표 5.3 다듬질기호의 표면거칠기 구분

다듬질 기호	R_{max}	R_z	R_a
연마 다듬질 ▽▽▽▽	0.8S	0.8Z	0.2a
정밀 다듬질 ▽▽▽	6.3S	6.3Z	1.6a
보통 다듬질 ▽▽	25S	25Z	6.3a
거친 다듬질 ▽	100S	100Z	25a
다듬질 안 함. 표면 그대로 상태, 기호는 (~) 대신 (-)로 사용해도 된다. ～	특별히 규정하지 않는다.		

비고 : 1. 다듬질기호의 삼각형은 정삼각형으로 한다.

　　　 2. 표의 구분값 이외의 값을 특히 지시할 필요가 있을 경우에는 다듬질 기호로 그 값을 부기한다.

표 5.4 다듬질 기호의 종류

기 호	다듬질	거칠기	적 용
⟋⟋⟋⟋	주조, 압연, 단조의 자연면		일반으로 가공은 피하고, 특히 내압력을 요하는 곳에 적용
～⟋⟋⟋	주물의 요철을 따내는 정도의 면		스패너의 자루, 핸들의 암(arm) 주조, 플랜지의 측면
▽⟋⟋⟋⟋	줄가공, 플레이너, 선반 또는 그라인딩에 의한 가공으로, 그 흔적이 남을 정도의 거친 가공면	35S	베어링의 저면, 펌프 등의 밑판의 절삭면, 축 핀의 단면, 다른 부품과의 접착하지 않는 다듬면
		50S	베어링의 저면, 축의 단면, 다른 부품과 접착하지 않는 거친면
		70S	중요하지 않는 독립의 거친 다듬면
		100S	간단히, 흑피를 제거하는 정도의 거친면
▽▽⟋⟋⟋⟋	줄가공, 선삭, 또는 그라인딩에 의한 가공으로, 그 흔적이 남지 않을 정도의 보통 가공면	12S	커플링 등의 플랜지면, 플랜지축, 커플링의 접합면, 키이로 고정하는 구멍과 축의 접촉면, 베어링의 본체와 케이스의 접촉면, 리머 볼트의 취부, 패킹 접촉면, 기어의 보스 단면, 리머의 단면, 이끝면, 키이의 외면 및 키이 홈면, 중요하지 않은 기어의 맞물림면, 웜의 이, 나사산, 핀의 외형면 및 이의 면, 기타 서로 회전 또는 활동하지 않는 접촉면 아니면 접착면

기 호	다듬질	거칠기	적 용
▽	줄가공, 선삭, 또는 그라인딩에 의한 가공으로, 그 흔적이 남지 않을 정도의 보통 가공면	18S	스톱 밸브 등의 밸브 로드, 핸들의 사각 구멍의 내면, 패킹의 접촉면, 기어의 림부 양단면, 보스의 단면, 부시의 단면, 키이 또는 테이퍼 핀으로 고정하는 구멍과 축의 접촉면, 핀의 외형면, 볼트로 고정하는 접착면, 스패너의 구경면, 스패너의 구경에 접합한 부분의 평면
		25S	플랜지 축 커플링이나 밸브 등의 보스 단면, 림 단면, 핸들의 사각 구멍 내면, 풀리의 홈면, 블레이드(blade)의 외형면, 접합봉의 선삭면, 피스톤의 상, 하면, 차륜의 외형면
▽▽	줄가공 선삭 그라인딩 또는 래핑 등의 가공으로 그 흔적이 전혀 남지 않는 극히 평활한 상등 가공면	15S	크로스 헤드형, 디젤 기관의 피스톤 로드, 피스톤 핀, 크로스 핀, 크랭크 핀과 그 저널, 실린더 내면, 베어링면, 정밀기어의 이의 맞물림면, 캠 표면 기타 윤이 나는 외관을 갖는 정밀 다듬면
		3S	크랭크 핀, 크랭크 저널, 보통의 휨 베어링면, 기어의 이의 맞물림면, 실린더 내면, 정밀 나사산의 면
		6S	보울의 외면, 중요하지 않은 휨 베어링 면, 밸브, 와셔의 접착면, 기어의 이의 맞물림, 수압 실린더의 내면 및 램(ram) 외면, 콕의 스토퍼(stopper) 접촉면
▽▽▽	래핑, 버핑 등의 작업으로 광택이 나는 고급 다듬면	0.1S 0.2S	정밀 다듬 래핑(lapping), 버핑(buffing)에 의한 특수 용도의 고급 플랜지면
		0.4S	연료 펌프의 플랜지, 피스톤 핀, 크로스 헤드핀, 고속 정밀 베어링 면
		0.85S	크로스 헤드형 디젤 기관의 피스톤 로드, 피스톤 핀, 크로스 헤드핀, 실린더 내면, 피스톤 링의 외면, 고속 베어링 면, 연료 펌프의 플랜지

비고 : 다듬질 기호 중 ～표의 크기는 보통 폭이 약 4~6mm, 높이 2~3mm정도며 ▽표는 높이가 약 3~5mm의 정삼각형을 표준으로 하고 선의 굵기는 외형선의 1/2로 하며 프리핸드(freehand)로 그리기도 한다.

5.2 마무리 치수(완성 치수)

마지막 다듬질을 한 완성품으로서의 치수로서 다듬질 살(다듬질 여유)은 포함되지 않는다. 도면에 기입되는 치수는 이들 중 마무리 치수이다. 다른 치수를 기입할 때에는 특별히 명시해야 한다. 그림 5.3

은 마무리 치수의 기입 보기를 든 것으로 가상선은 다듬질 여유를 붙일 때의 크기를 나타내고 있다. 표 5.5는 다듬질기호와 표면거칠기의 관계를 나타낸다.

표 5.5 다듬질 기호와 표면거칠기

다듬질명	다듬질 기호	표면거칠기			적용예
		R_{max} (최대높이)	R_z (10점 평균 거칠기)	R_a (중심선 평균 거칠기)	
안함	∼	특별한 규정 없음			주조의 경우, 주조 버(burr)를 제거하는 정도 환강 등은 흑피 그대로
거친다듬질	▽	100S	100Z	25a	일정한 형상, 치수를 보증하는 개소(個所) 축의 단면, 릴리프, 가대(架台)의 평활면
보통다듬질	▽▽	25S	25Z	6.3a	끼워맞춤 개소로, 일정한 틈새를 보증하는 축과 베어링 등
정밀다듬질	▽▽▽	6.3S	6.3Z	1.6a	고속, 고하중, 충격을 받는 끼워맞춤부 볼베어링의 축, 왕복동축 등
연마다듬질	▽▽▽▽	0.8S	0.8Z	0.2a	특히 정밀한 면으로, 연마 또는 버프 다듬질을 한 뒤에 핏팅(fitting, 형합)을 함. 유압기계의 로드, 압축기 피스톤의 로드 등

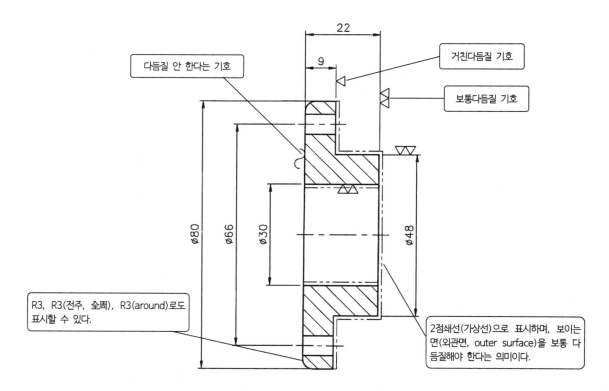

그림 5.3 마무리 치수(완성치수)

5.3 V블록(V-block)의 도면해석

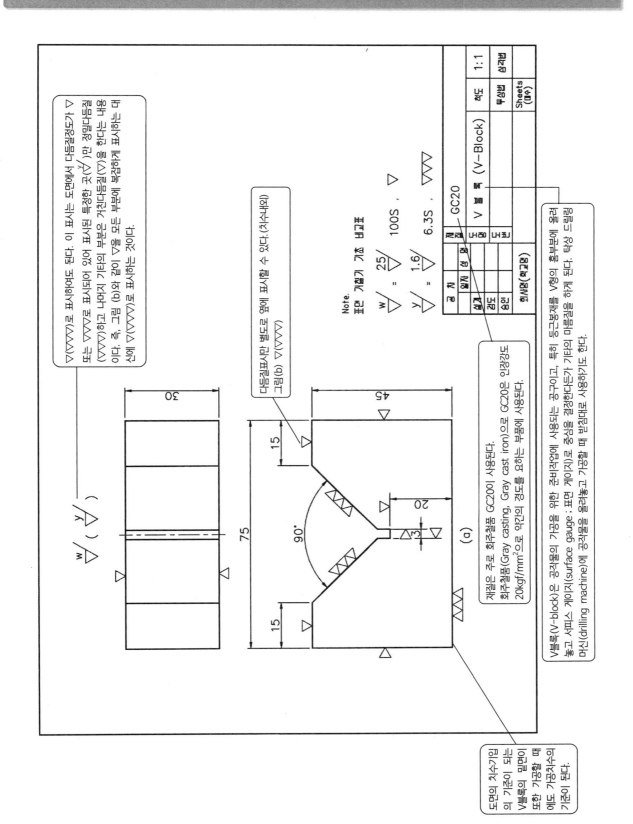

▷(▽▽▽▽)로 표시하여도 된다. 이 표시는 도면에서 다듬질정도가 ▷ 또는 ▽▽▽로 표시되어 있어 표시된 특정한 곳(✓)만 정밀다듬질 (▽▽▽)하고 나머지 기타의 부분은 거친다듬질(▽)을 한다는 내용 이다. 즉, 그림 (b)와 같이 곁이 ▽를 모두 부분에 복잡하게 표시하는 대 신에 ▽(▽▽▽)로 표시하는 것이다.

다듬질표시만 별도로 옆에 표시할 수 있다. (치수내외)
그림(b) ▽(▽▽▽)

Note.
표면 거칠기 기호 비교표

$$\frac{w}{\nabla} = \frac{25}{\nabla} \quad 100S \ , \ \nabla$$

$$\frac{y}{\nabla} = \frac{1.6}{\nabla} \quad 6.3S \ , \ \nabla\nabla\nabla$$

재질은 주로 회주철품 GC20이 사용된다.
회주철품(Gray casting, Gray cast iron)으로 GC20은 인장강도 20kgf/mm²으로 약간의 경도를 요하는 부품에 사용된다.

V블록(V-block)은 공작물의 기공을 위한 준비작업에 사용되는 공구이고, 특히 둥그봉재를 V형이 홈부분에 올려 놓고 서피스 게이지(surface gauge : 표면 게이지)로 중심을 결정한다든가 기타의 마름질을 하게 된다. 닥성 드릴링 머신(drilling machine)에 공작물을 올려놓고 기공할 때 인접면도 사용하기도 한다.

도면의 치수기입의 기준이 되는 V블록의 밑면이 또한 가공할 때 에도 가공치수의 기준이 된다.

				GC20
검 사		도 명	V 블 록 (V-Block)	
설계		투상법	삼각법	
경도		척도	1:1	
승인				
의사면 (척교량)		Sheets (매수)		

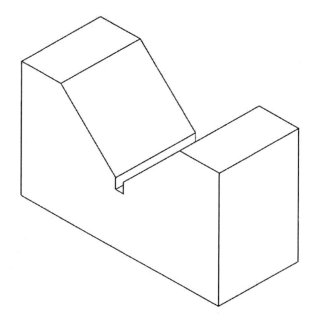

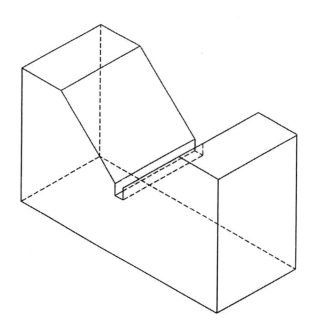

참고 3차원 입체도(등각 투상도 Isometric projection)

표면거칠기와 표면다듬질

1) 표면거칠기와 다듬질 기호

그림 5.4와 같이 다양한 공정에 의해 가공되는 표면다듬질(마무리)의 범위와 이와 관련된 상대 시간은 표면거칠기의 정도(정밀도)와 비례한다. 그림 5.4에서 보는 바와 같이 표면거칠기(Surface roughness)가 거칠수록 가공하는 상대시간은 적게 걸리는 반면 표면거칠기가 정밀 할수록 가공하는 상대시간도 많이 소요되어 가공비용이 상승하게 된다. 따라서 사용 목적 및 가격에 맞추어 표면거칠기 및 다듬질 기호를 결정해야만 한다.

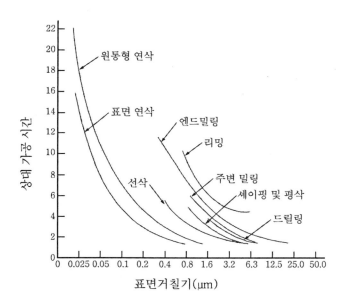

그림 5.4 표면거칠기와 상대가공시간

표 5.6은 다양한 공정에 의한 특정 표면마무리를 얻기 위한 상대비용을 나타낸 것이다.

표 5.6 표면거칠기와 소요되는 상대비용

공 정	표면거칠기(μm)	개략적 상대비용(%)
황삭(Rough machining)	6	100
표준절삭	3	200
정삭, 거친 연삭	1.5	440
초정밀 절삭, 일반 연삭	0.8	720
정밀 연삭, 셰이빙, 호닝(Honing)	0.4	1,400
초정밀 연삭, 셰이빙, 호닝, 래핑	0.2	2,400
래핑, 버니싱, 수퍼호닝, 연마(Polishing)	0.05	4,500

CHAPTER 06 공구에 의한 기계가공

6.1 공구작업(구멍뚫기)

(1) 드릴링(Drilling)

공작물에 회전하는 드릴(drill ; 압력을 가하면서 회전하는 절삭공구)로 구멍을 뚫는 작업

(2) 리밍(Reaming)

드릴(drill) 또는 펀치(punch)로 뚫은 구멍을 요구하는 지름으로 정확하게 다듬는 작업

(3) 보링(Boring)

선반이나 보링 기계로 보링 공구를 사용하여 구멍을 넓히는 작업

(4) 태핑(Tapping)

탭(tap)을 사용하여 암나사를 내는(가공하는) 작업

(5) 카운터 보링(Counterboring)

드릴 구멍 또는 보링 구멍의 끝을 일정한 원통형 구멍으로 넓히는 작업(깊은 자리파기)

(6) 카운터 싱킹(Countersinking)

나사못 원추형 머리에 맞도록 접시형으로 구멍을 파는 작업, 즉 접시머리나사의 머리부를 깎는 작업
(접시자리파기)

(7) 스폿 페이싱(Spotfacing)

거친면에 원형 다듬자리를 만드는 작업으로 보통 나사(screw) 또는 너트(nut)에 평평한 자리를 만들어 주는 작업(얕은자리파기)

(8) 시팅(Seating)

거친면에 원형 다듬자리를 볼록 튀어나오게 만드는 작업으로 보통 나사 또는 너트에 평평한 자리를 만들어 주며, 쉽게 위치를 찾을 수 있도록 한 작업이다.

스폿 페이싱과 반대 개념의 작업(자리매김)

6.2 구멍의 치수기입 예(Ⅰ)

지시선(指示線)을 사용하여 그 치수와 가공공정을 표시한다(그림 6.1).

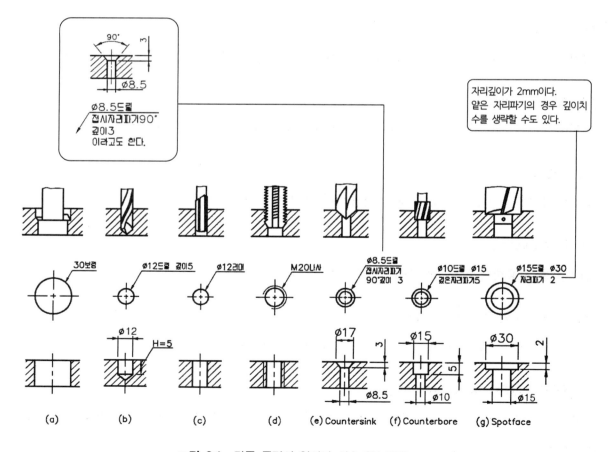

그림 6.1 각종 구멍의 형상과 치수기입 방법

표 6.1은 가공방법에 따른 간략한 지시를 명기한 표이다.

표 6.1 가공 방법의 간략 지시

가공 방법	간략 지시
주조한 대로	코 어
프레스 펀칭	펀 칭
드릴로 구멍뚫기	드 릴
리머 다듬질	리 머

6.3 구멍의 치수기입 예(II)

각종 구멍의 형상(形狀)과 치수기입 방법은 그림 6.2와 같다.

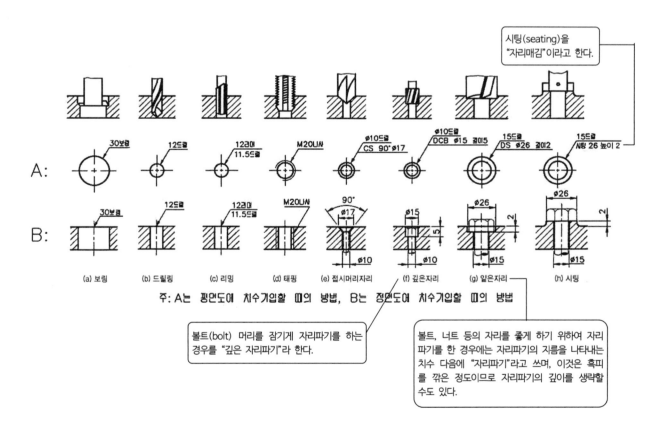

시팅(seating)을 "자리매김"이라고 한다.

볼트(bolt) 머리를 잠기게 자리파기를 하는 경우를 "깊은 자리파기"라 한다.

볼트, 너트 등의 자리를 좋게 하기 위하여 자리 파기를 한 경우에는 자리파기의 지름을 나타내는 치수 다음에 "자리파기"라고 쓰며, 이것은 흑피 를 깎은 정도이므로 자리파기의 깊이를 생략할 수도 있다.

주: A는 평면도에 치수기입할 때의 방법, B는 정면도에 치수기입할 때의 방법

(a) 보링 (b) 드릴링 (c) 리밍 (d) 태핑 (e) 접시머리자리 (f) 깊은자리 (g) 얕은자리 (h) 시팅

그림 6.2 각종 구멍의 형상과 치수기입 방법

6.4 입체 투상도(Ⅰ)의 도면해석-베어링 레스트(Bearing rest)

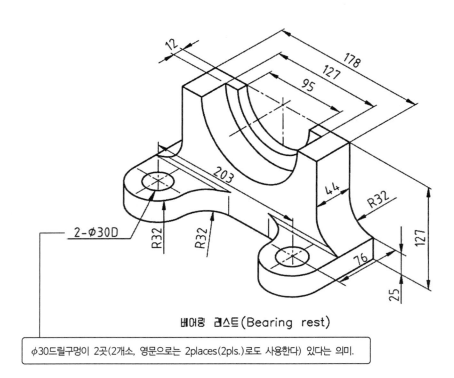

베어링 레스트(Bearing rest)

φ30드릴구멍이 2곳(2개소, 영문으로는 2places(2pls.)로도 사용한다) 있다는 의미.

1) 드릴 구멍의 치수기입

① 관통 구멍

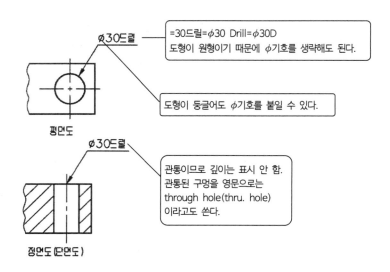

=30드릴=φ30 Drill=φ30D
도형이 원형이기 때문에 φ기호를 생략해도 된다.

도형이 둥글어도 φ기호를 붙일 수 있다.

관통이므로 깊이는 표시 안 함.
관통된 구멍을 영문으로는
through hole(thru. hole)
이라고도 쓴다.

② 비관통 구멍인 경우(Blind hole)

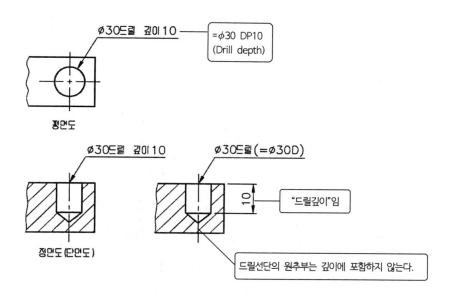

③ 구멍(hole)의 분류

(a) 막혀 있는 구멍 : 관통되지 않은 구멍으로 blind hole(盲孔, 맹공)이라고 한다.

(b) 관통 구멍 : 관통되는 구멍으로 through hole(貫通孔, 관통공)이라고 한다.

(c) 단이 있는 구멍 : 계단이 있는 구멍으로 step hole이라고 한다.

(d) 경사와 단이 있는 구멍 : 경사와 계단이 있는 구멍으로 recessed step hole이라고 한다.

(e) 교차 구멍 : 2 구멍이 서로 교차하는 구멍으로 intersecting hole이라고 한다.

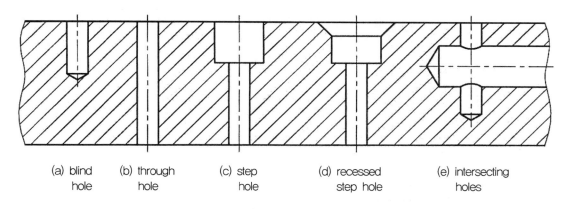

그림 6.3 여러 가지 구멍의 분류

6.5 입체 투상도(Ⅱ)의 도면해석-스위치 베이스(Switch base)

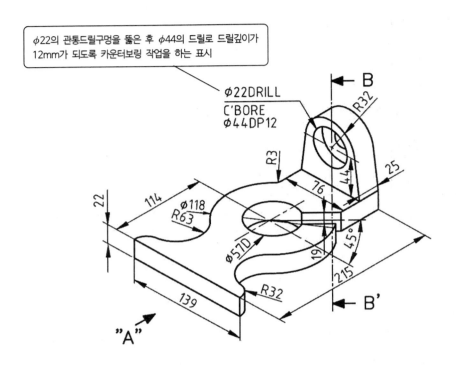

φ22의 관통드릴구멍을 뚫은 후 φ44의 드릴로 드릴깊이가 12mm가 되도록 카운터보링 작업을 하는 표시

① "A" 방향에서 본 치수기입

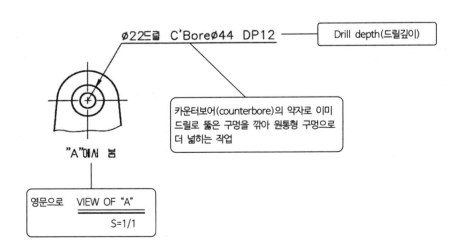

Drill depth(드릴깊이)

카운터보어(counterbore)의 약자로 이미 드릴로 뚫은 구멍을 깎아 원통형 구멍으로 더 넓히는 작업

영문으로   VIEW OF "A"
                 S=1/1

② 단면 B-B′에서의 치수기입

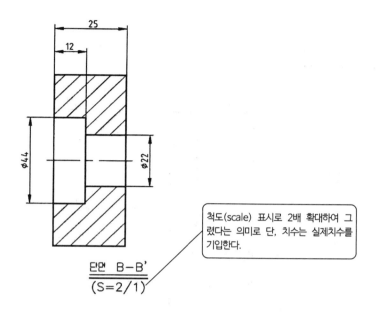

척도(scale) 표시로 2배 확대하여 그
렸다는 의미로 단, 치수는 실제치수를
기입한다.

단면 B-B′
(S=2/1)

6.6 입체 투상도(III)의 도면해석-칼럼 서포트(Column support)

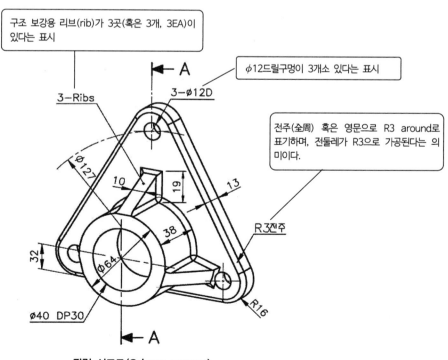

구조 보강용 리브(rib)가 3곳(혹은 3개, 3EA)이
있다는 표시

φ12드릴구멍이 3개소 있다는 표시

전주(全周) 혹은 영문으로 R3 around로
표기하며, 전둘레가 R3으로 가공된다는 의
미이다.

3-Ribs

3-φ12D

칼럼 서포트(Column support)

① 단면 A-A′로 φ40DP30의 형상 및 치수기입

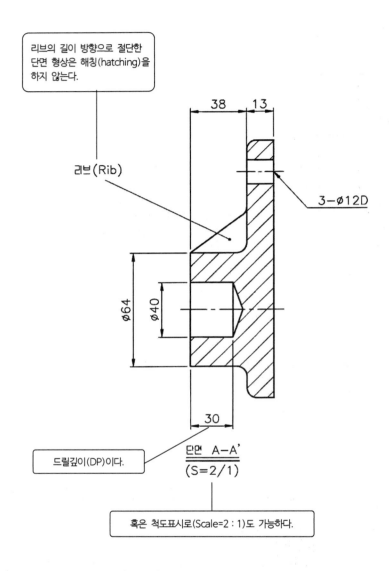

리브의 길이 방향으로 절단한 단면 형상은 해칭(hatching)을 하지 않는다.

리브(Rib)

38   13

3-ø12D

ø64   ø40

30

드릴깊이(DP)이다.

단면 A-A′
(S=2/1)

혹은 척도표시로(Scale=2 : 1)도 가능하다.

6.7 입체 투상도(Ⅳ)의 도면해석-센터링 부싱(Centering bushing)

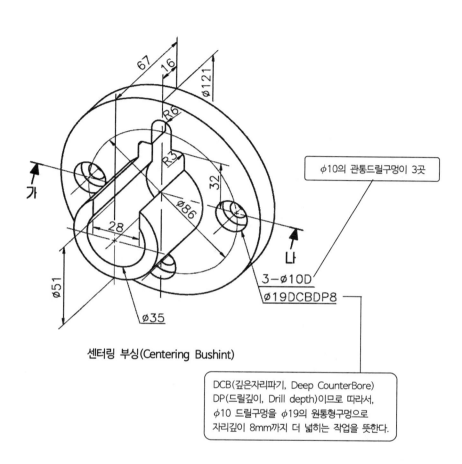

φ10의 관통드릴구멍이 3곳

3-φ10D
φ19DCBDP8

센터링 부싱(Centering Bushint)

DCB(깊은자리파기, Deep CounterBore)
DP(드릴깊이, Drill depth)이므로 따라서,
φ10 드릴구멍을 φ19의 원통형구멍으로
자리깊이 8mm까지 더 넓히는 작업을 뜻한다.

① 단면 가-나 로 단면 형상 및 치수기입

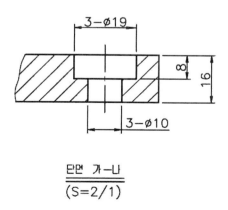

단면 가-나
(S=2/1)

6.8 입체 투상도(Ⅴ)의 도면해석-진동 암(Vibrator arm)

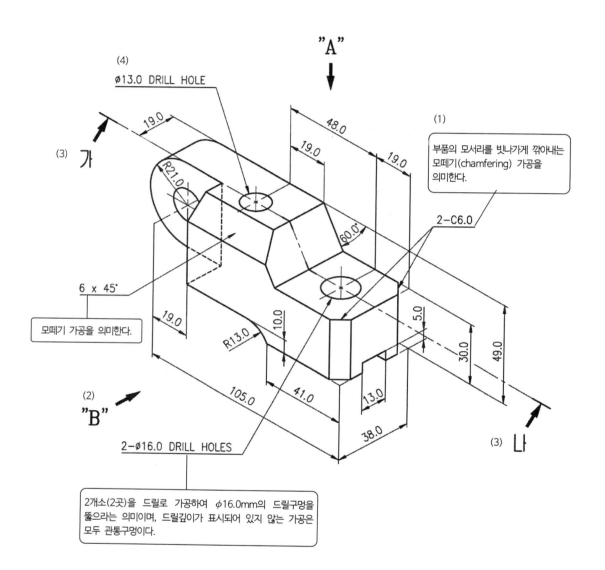

(4)
ø13.0 DRILL HOLE

"A"

(3) 가

R21.0

19.0

48.0

19.0

19.0

(1)
부품의 모서리를 빗나가게 깎아내는
모떼기(chamfering) 가공을
의미한다.

60.0°

2-C6.0

6 x 45°

모떼기 가공을 의미한다.

19.0

R13.0

10.0

5.0

30.0

49.0

(2)
"B"

105.0

41.0

13.0

38.0

(3) 나

2-ø16.0 DRILL HOLES

2개소(2곳)을 드릴로 가공하여 ø16.0mm의 드릴구멍을
뚫으라는 의미이며, 드릴깊이가 표시되어 있지 않는 가공은
모두 관통구멍이다.

(1) C6 및 6×45° 모떼기(면취)의 경우 다음과 같이 다양하게 치수를 기입해도 된다.

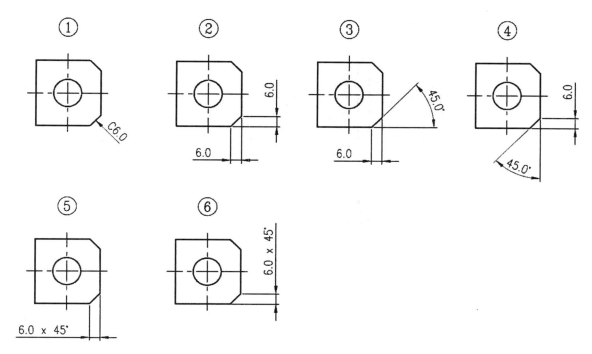

모떼기 치수 기입법("A"에서 봄 또는 VIEW "A")

(2) 2-ϕ16.0 DRILL HOLES의 또 다른 치수기입법

색연필 등으로 원주위만 부분적으로 칠하는 스머징(smudging) 처리를 하여 관통구멍을 나타내는 경우가 설계도면의 작성에 있어 실무적으로 많이 사용된다.

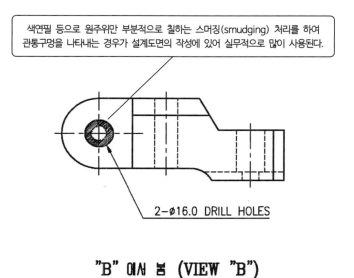

2-ø16.0 DRILL HOLES

"B" 에서 봄 (VIEW "B")

(S=1/2)

(3) 단면 가-나 의 단면형상 및 치수기입

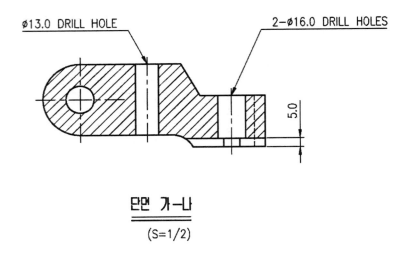

ø13.0 DRILL HOLE   2-ø16.0 DRILL HOLES

5.0

단면 가-나

(S=1/2)

(4) ø13.0 DRILL HOLE이 비관통 구멍(blind hole)으로 드릴 깊이가 7mm인 경우의 단면형상 및
치수기입법

①

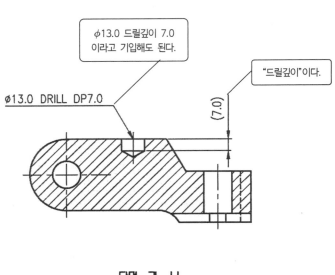

ø13.0 드릴깊이 7.0
이라고 기입해도 된다.

ø13.0 DRILL DP7.0

(7.0)

"드릴깊이"이다.

단면 가-나

(S=1/2)

②

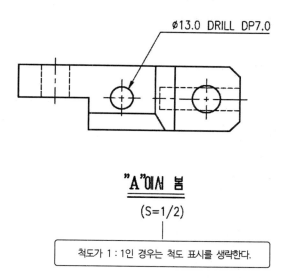

Ø13.0 DRILL DP7.0

"A"에서 봄

(S=1/2)

척도가 1 : 1인 경우는 척도 표시를 생략한다.

vibrator arm

6.9 지지대(Supporter)의 도면해석

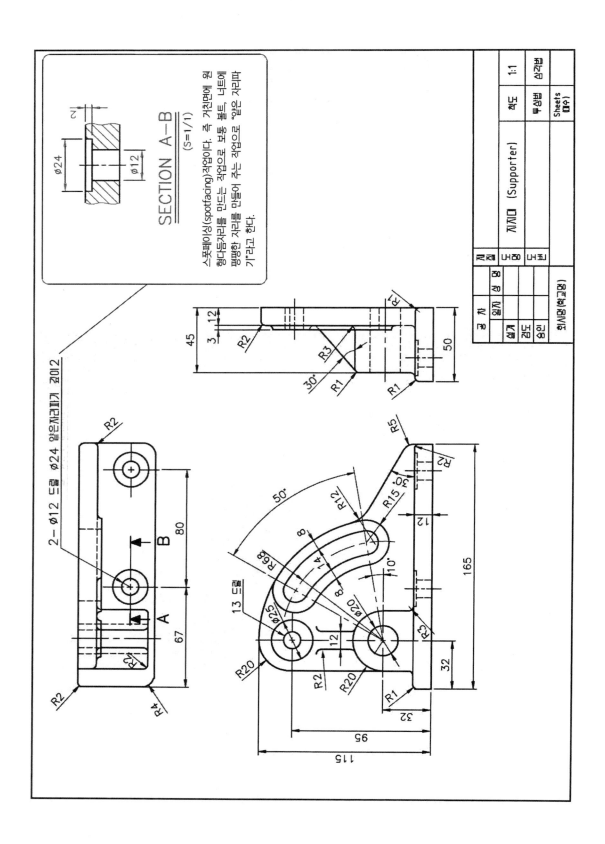

SECTION A-B (S=1/1)

스폿페이싱(spotfacing)작업이다. 즉 거친면에 원
형다듬자리를 만드는 작업으로 보통 볼트, 너트에
평평한 자리를 만들어 주는 작업으로 '얕은 자리파
기'라고 한다.

지지대 (Supporter)

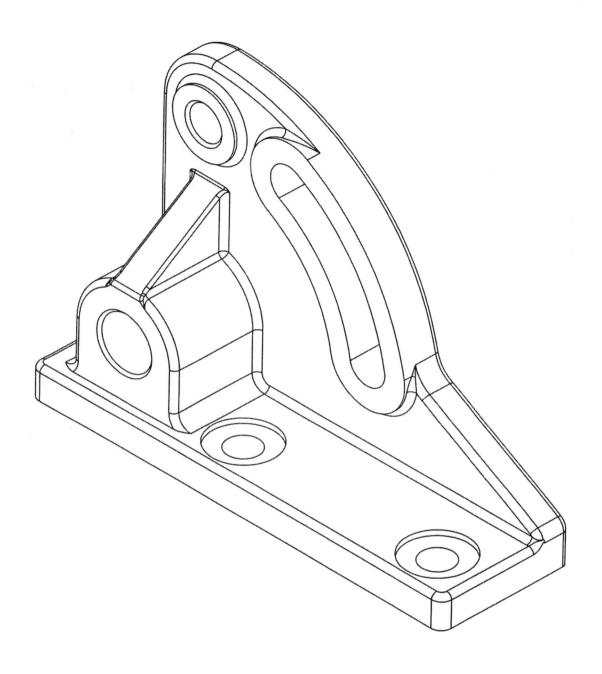

참고 3차원 입체도(등각 투상도 Isometric projection)

6.10 베어링 케이싱(Bearing casing)의 도면해석

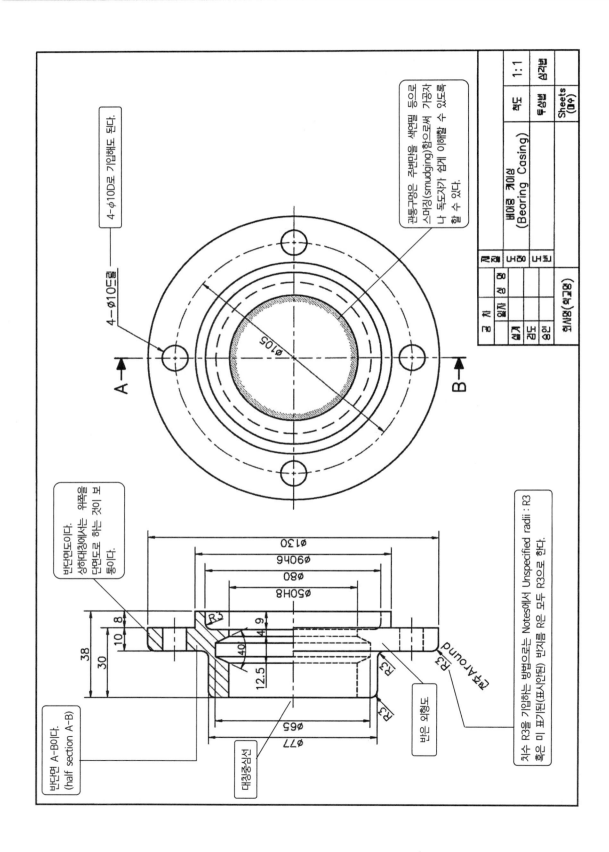

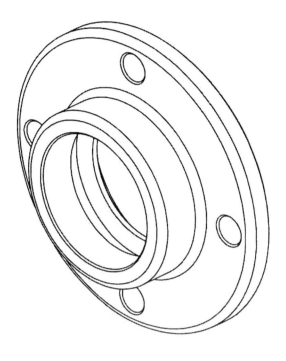

참고 3차원 입체도(등각 투상도 Isometric projection)

단면도의 연습

7.1 회전단면

회전단면은 직접 외형도에 같이 작성되어 리브(rib)와 바퀴의 암(arm) 등의 단면형상을 나타내고자 할 때 대단히 편리하게 이용된다. 절단평면은 단면도를 작성하고자 하는 물체부분의 축에 수직되게 상정(上程)하고 있다는 가정하에 그려진 단면도를 그림 7.1, 7.2, 7.3, 7.4에서와 같이 회전시켜 놓는다.

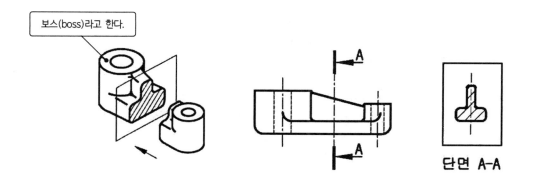

보스(boss)라고 한다.

단면 A-A

그림 7.1 회전단면(1)

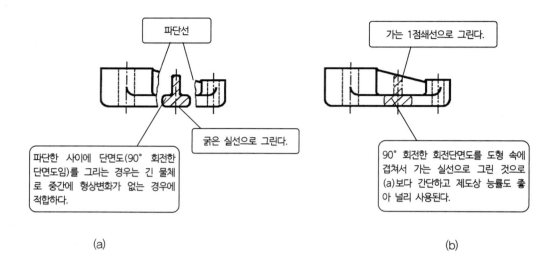

파단선

가는 1점쇄선으로 그린다.

굵은 실선으로 그린다.

파단한 사이에 단면도(90° 회전한 단면도임)를 그리는 경우는 긴 물체로 중간에 형상변화가 없는 경우에 적합하다.

90° 회전한 회전단면도를 도형 속에 겹쳐서 가는 실선으로 그린 것으로 (a)보다 간단하고 제도상 능률도 좋아 널리 사용된다.

(a)

(b)

그림 7.2 회전단면(2)

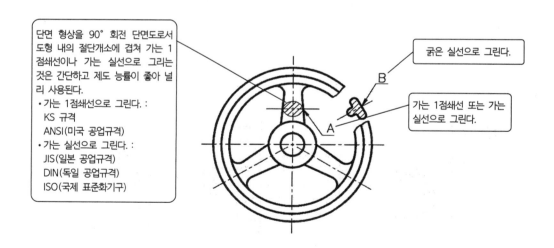

단면 형상을 90° 회전 단면도로서 도형 내의 절단개소에 겹쳐 가는 1점쇄선이나 가는 실선으로 그리는 것은 간단하고 제도 능률이 좋아 널리 사용된다.
• 가는 1점쇄선으로 그린다. :
　KS 규격
　ANSI(미국 공업규격)
• 가는 실선으로 그린다. :
　JIS(일본 공업규격)
　DIN(독일 공업규격)
　ISO(국제 표준화기구)

굵은 실선으로 그린다.

B

가는 1점쇄선 또는 가는 실선으로 그린다.

A

그림 7.3 회전단면(3)

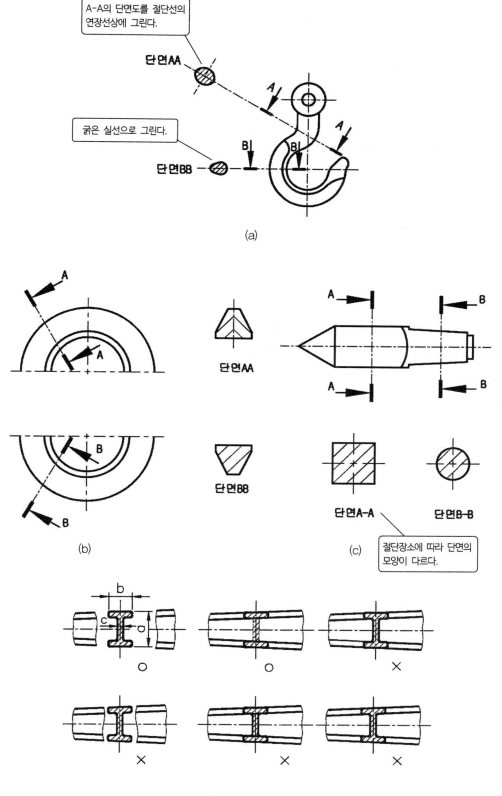

그림 7.4 회전단면(4)

회전단면법은 치수를 기입하기 위한 방법이라기보다는 그 형상을 명확히 도시하기 위하여 사용한다. 물체의 윤곽선이 단면도와 교차될 경우에는 그림을 일부 절단 분리하여 단면도를 그 중간에 그려 넣는다. 회전단면도의 방법을 간단히 나타내면 다음과 같다.

① 물체를 파단선으로 자르고 절단한 곳에 단면을 나타낸다. 이때 단면에서 해칭을 한다.

② 물체를 자르지 않고 도형 안에 그린다. 이때는 단면도의 윤곽을 가상선으로 그리고 해칭을 한다.

③ 도형 안에 단면도를 그릴 여유가 없거나 그려 넣으면 도면이 복잡해질 경우에는 절단면 중심선의 연장선 또는 임의의 위치에 단면형을 끌어내어 표시한다. 단면에는 "단면 A–A"처럼 기호를 기입한다. 이러한 단면도를 이동단면도라고 한다.

7.2 연속단면(분리단면)

연속단면은 회전단면과 같은 의도에서 사용되는 방법이나 회전단면은 도형 내에 그려짐에 반하여 연속단면은 도형의 외부에 그려진다. 이 방법은 단면을 취한 부분이 일목요연할 때를 제외하고는 절단평면의 위치를 명시하고 문자와 기호를 기입하여야 한다(그림 7.5). 외형도 내의 장소가 적합치 않을 때, 또는 외형도의 치수 기입상 불편하므로 회전단면법을 사용할 수 없을 때, 이 연속단면법을 쓴다(그림 7.6).

리브(rib)의 끝부분을 보강하기 위하여 반지름 R(라운드, 둥글기)을 주는 경우에 있어서 위, 아래가 서로 다른 R일 때는 다음 3가지로 리브 형상을 표기한다.

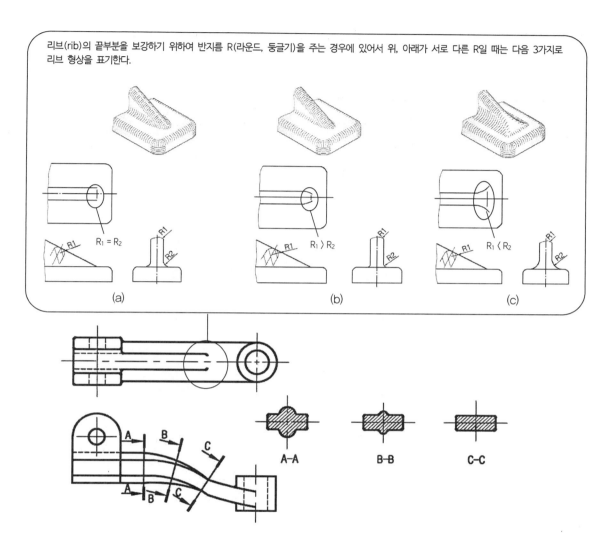

그림 7.5 연속단면(1)

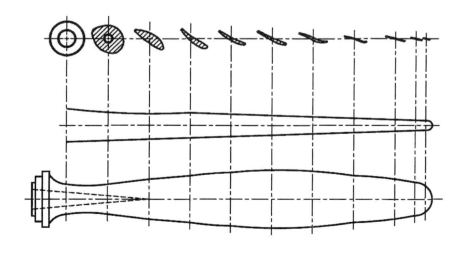

그림 7.6 연속단면(2)

연속단면은 되도록이면 자연적인 투상위치에 그려넣는 것이 효과적이다(그림 7.7).

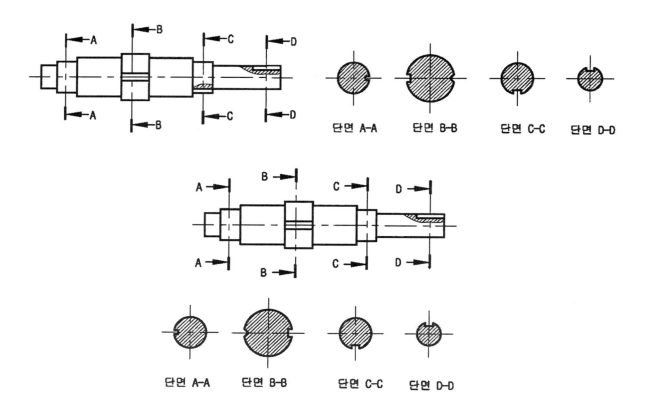

그림 7.7 연속단면의 배치

7.3 보조투상단면

보조투상단면은 보조투상평면상에 작성되는 도면이며, 이는 보조투상원칙에 그대로 입각한다. 따라서 보조투상단면에는 평면도, 정면도 및 측면도로부터 투사되는 1차 보조투상단면도 및 2차 보조투상단면도가 생기게 된다. 보조투상단면도에는 또한 반단면, 부분단면 및 연속단면 등 각 방법이 사용될 수 있다(그림 7.8, 그림 7.9).

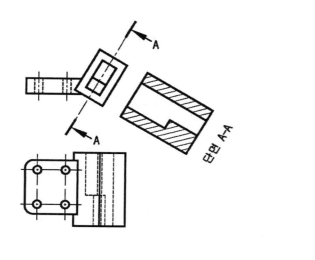

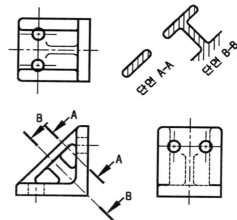

그림 7.8 보조투상단면   **그림 7.9** 부분적 보조투상단면

7.4 계단단면

단면도에 표시하고 싶은 부분이 일직선상에 있지 않을 때, 투상면과 평행한 2개 또는 3개의 평면으로 물체를 계단모양으로 절단하는 방법을 계단단면이라 이름짓는다(그림 7.10).

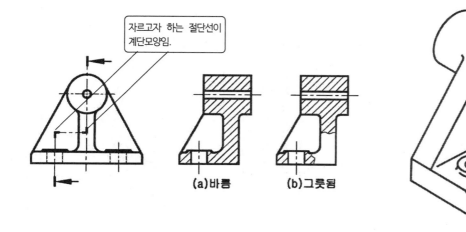

그림 7.10 계단상 단면

7.5 곡관(Curved pipe)의 도면해석

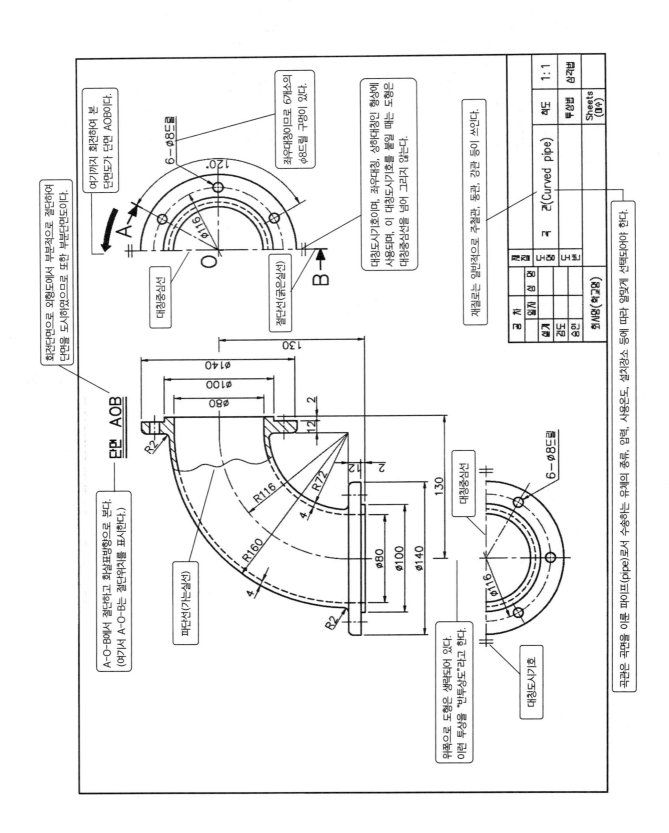

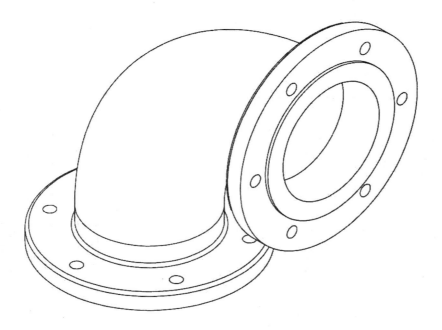

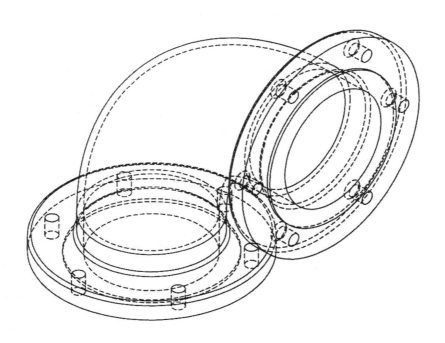

참고 3차원 입체도(등각 투상도 Isometric projection)

7.6 스패너(Spanner)의 도면해석

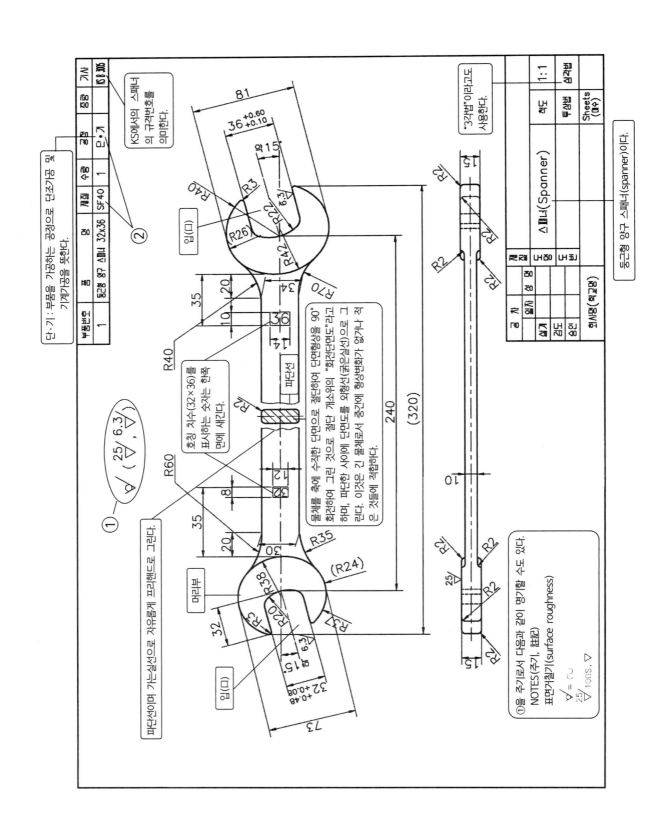

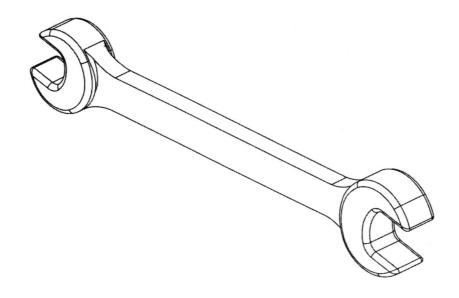

참고 3차원 입체도(등각 투상도 Isometric projection)

1) 스패너

스패너는 볼트(bolt), 너트(nut) 및 4각 고정나사 등을 죄거나 풀 때 사용되며, 보통 양구(兩口) 스패너, 편구(片口) 스패너가 많이 사용된다.

2) ①의 설명

㉮ 표면 거칠기는 요철(凹凸)의 크기로 단위는 μm이다.

㉯ ∀ 기호로 표시된 부분은 제거 가공을 해서는 안 된다는 표시이다. 파형 기호 ～(다듬질 안함) 기호와 동일하다(～를 (−)로도 사용 가능하다).

㉰ $\overset{25}{\nabla}$: 25μm 이하까지 제거 가공을 해야 한다.

100S : 표면 거칠기의 가장 높은 곳과 가장 깊은 골과의 높이차 Rmax(최대높이)에 의한 표면 거칠기의 지시값으로 100S, 즉 100μm 이내의 다듬질 정도이다. Rmax의 표면 거칠기의 값에 있어서 100S는 다듬질 기호의 삼각기호 1개인 ∇(거친다듬질)에 해당된다.

3) ②의 설명

㉮ 재질 SF40 : 탄소강 단강품(Carbon Steel Forgings ; KS D 3710)의 2종으로 인장강도가 40～50kgf/mm² 이다.

④ 공정란의 (단·기) : 따라서 일반적으로 단강재(鍛鋼材) SF40을 단조하여 소정의 모양으로 만들고, 다시 기타의 부분을 기계 가공하여 제작한다는 의미이다.

4) 스패너의 종류와 등급

표 7.1은 스패너의 종류에 의한 등급을 나타낸다.

표 7.1 스패너의 종류와 등급

종 류		등 급	등급을 표시하는 기호
머리부의 형상에 따른 종류	입(口)의 수에 따른 종류		
환 형	편 구	보통급	N
		강력급	H
	양 구	보통급	N
		강력급	H
창 형	편 구	–	S
	양 구		

5) 양구 스패너의 형상과 치수

표 7.2는 양구 스패너의 형상에 따른 치수를 나타낸다.

표 7.2 스패너(KS B 3005)

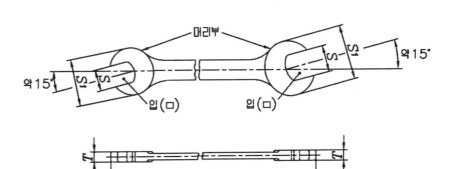

(단위 : mm)

호칭	이면 폭 S				바깥 폭 S		두께 T	전장 L	
	작은 쪽		큰 쪽		작은 쪽	큰 쪽			
	기준치수	허용차	기준치수	허용차	최 대	최 대	최 대	기준치수	허용차
5.5×7	5.5	+0.12 +0.02	7	+0.15 +0.03	17	20	4	100	
6×7	6		7		18	20	4	100	
7×8	7	+0.15 +0.03	8		20	22	4.5	105	
8×10	8		10	+0.19 +0.04	22	26	5	120	
10×13	10	+0.19 +0.04	13	+0.24 +0.04	26	33	6.5	135	
13×16	13	+0.24 +0.04	16	+0.27 +0.05	33	39	8	160	
16×18	16	+0.27 +0.05	18	+0.30 +0.05	39	43	8.5	170	±6%
18×21	18	+0.30 +0.05	21	+0.36 +0.06	43	50	10	200	
21×24	21	+0.36 +0.06	24		50	56	11	220	
24×27	24		27	+0.48 +0.08	56	62	12	245	
27×30	27	+0.48 +0.08	30		62	68	13	270	
30×32	30		32		68	73	14	285	
32×36	32		36		73	81	15	320	
36×41	36	+0.60 +0.10	41	+0.60 +0.10	81	91	17	360	
41×46	41		46		91	102	19	400	
46×50	46		50		102	110	20	430	

6) 스패너의 명칭

스패너의 명칭은 규격번호 또는 규격 명칭, 종류, 등급, 호칭에 의한다.

㉠ KS B 3005 환형 양구 스패너 강력급 8×10

   스패너* 창형 편구 스패너 12

※주 : * 생략해도 된다.

7.7 훅(Hook)의 도면해석

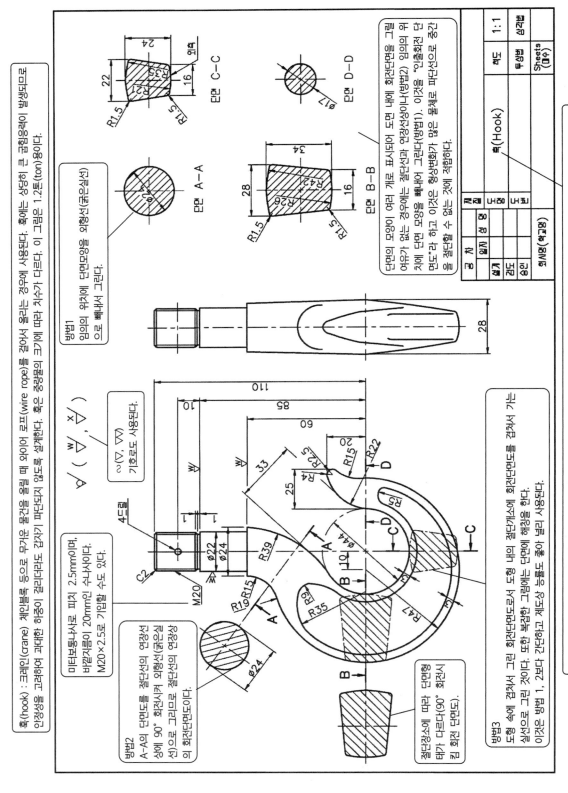

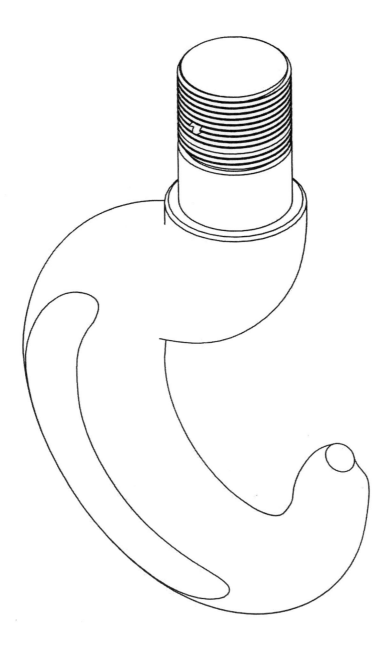

그림 7.11 훅의 3차원 등각 투상도(Isometric projection)

CHAPTER 08 금속재료의 기호

8.1 기계 재료의 표시법

기계는 모두 금속 재료와 비금속 재료로 만들어져 있다. 도면의 표제란의 재질 및 부품란에 사용하는 재질(재료)의 종류를 기입할 때는 KS에 규정되어 있는 재료는 규격에 따라 기입해야 한다. 또한 도면을 이용하여 기계 부품을 제작할 때에는 표제란 및 부품란에 기입되어 있는 재료명에서 규격에 맞는 재료를 선택하여 사용해야 한다.

금속 재료는 KS에 재료 기호로서 규정되어 있고, 원칙으로 3개의 부분으로 되어 있으며, 이 기호를 이해하면 재료의 종류와 성질을 알 수가 있다.

1) 첫째 번 문자

재질을 표시하는 기호이다. 재질 명칭의 영문자나 로마자의 머리문자 또는 원소기호로 표시한다(표 8.1 참조).

표 8.1 재질을 표시하는 기호의 재료명

기호	재 료	비 고	기호	재 료	비 고
F	철	Ferrum	Br	청 동	Bronze
S	강	Steel	Bs	황 동	Brass
FC	주 철	Ferrum Casting	HBs	고강도황동	High Strength Brass
Al	알루미늄	Aluminium	PB	인 청 동	Phosphor Bronze
Cu	구 리	Copper	W	화이트 메탈	White Metal
Zn	아 연	Zinc	NS	양 백	Nickel Silver

2) 둘째 번 문자

재료의 규격명 또는 제품명을 표시하는 기호이다. 영문자 또는 로마자의 머리문자를 사용하고 판, 봉, 관, 선, 주조품 등 제품의 형상별 종류나 용도를 표시한 기호를 조합하여 제품명으로 표시한다(표 8.2 참조).

표 8.2 규격명 또는 제품명을 표시하는 기호의 재료명

기호	규격명 또는 제품명	비 고	기호	규격명 또는 제품명	비 고
B	막대(봉)	Bar	CP	냉간압연강판	Cold Rolled Plate
P	판	Plate	S	일반구조용 압연재	Structural
T	관	Tube	PW	피아노선	Piano Wire
W	선	Wire	V	리벳용 압연강	Rivet
C	주조품	Casting	TKM	기계구조용 탄소강	(로마자)
F	단조품	Forging	DC	다이캐스팅	Die Casting
K	공구강	Tool Steel	NC	니켈크롬강	Nickel Chromium
KH	고속도 공구강	High Speed Tool Steel	Cr	크롬강	Chromium

3) 셋째 번 문자

재료의 종류를 표시하고 종류번호, 최저인장강도, 탄소함유량 등의 숫자를 표시한다. 재료에 따라서는 이 세 번째까지로 재료기호가 끝나는 것도 있다(표 8.3 참조).

표 8.3 재료의 종류를 표시하는 기호의 예

기 호	종 류
1	1종
2S	2종 특수급
A	A종
2A	2종 A
35	인장강도(kgf/mm^2)
10C	탄소 함유량(0.1%)

또 끝부분에 형상, 공정, 제조방법, 열처리 상황, 경도 등을 표시하는 기호를 숫자 또는 영문자나 로마자의 머리문자로 하이픈(−)을 덧붙여 표시한다(표 8.4 참조).

표 8.4 재료 기호 끝에 덧붙이는 기호의 예

기 호	의 미
−0	연질
−1/4H	1/4경질
−1/2H	반경질
−H	경질
−FH	특경질
−F	만들어낸 그대로(열처리 안 됨)
−D	뽑아냄(인발)
−Cp	냉간압연판(Cold Plate)
−Hp	열간압연판(Hot Plate)
−T5	담금질한 것

8.2 금속 재료의 표시 예

이상을 종합한 금속 재료의 표시 예를 그림 8.1에 나타낸다.

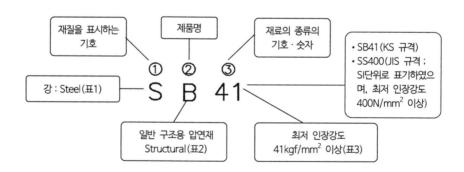

예1 일반 구조용 압연강재

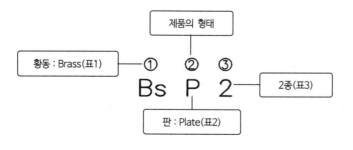

예2 황동판 2종

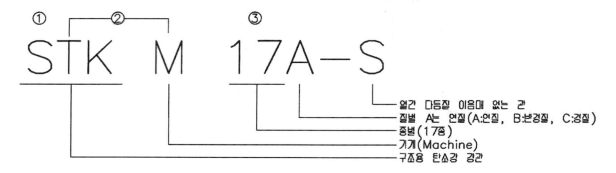

예3 기계 구조용 탄소강 강관(Carbon Steel Tubes for Machine Structural)

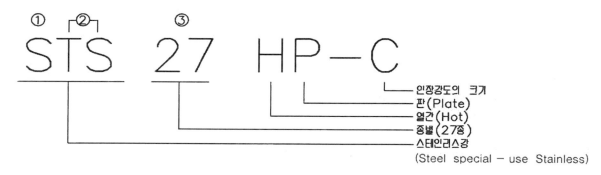

예4 경질 열간압연 스테인리스 강판

그림 8.1 금속 재료의 표시 예

8.3 주요 금속의 재료기호

1) 철강재

(1) SB41(일반 구조용 압연강재 제2종)

처음문자 S는 Steel의 머리문자로 강철을 의미하고, 다음 B는 가공법·용도·형상 등에 의한 기호 중의 B로서 봉강의 일반 구조용 압연강재를 표시하고 있다. 끝부분 두 자리 숫자는 인장 시험기에 의한 최저 인장강도(kgf/mm^2)를 표시한 것으로 이때의 41은 $41 \sim 52kgf/mm^2$ 값의 최저치를 표시하고 있다. 이와 같이 숫자가 최저 인장강도를 표시하고 있는 재료에는 다음과 같은 것들이 있다[SC42(탄소주강품), SF40(탄소강 단강품), GC15(회주철품), SM35C(기계구조용 탄소강 강재].

(2) SM35C(기계 구조용 탄소강 강재)

S는 강철(steel), 숫자의 35는 탄소 함유량의 수치를 의미하고 C는 탄소를 표시하고 있다. 숫자 35는 탄소 함유량의 100배의 수치로 표시되며, 탄소함유량 0.35%인 것을 의미하고 있으나, 실제로는 ±0.03% 정도의 허용오차가 있어 0.32~0.38%의 평균치를 취한 것이다.

(3) STC2(탄소 공구강 제2종)

S는 강철(Steel)이고, T는 공구강(Tool), C는 탄소(Carbon)의 머리문자를 로마자로 표시한 것으로, 숫자의 2는 종류를 표시하고 있다.

2) 동합금재

(1) BsS3-1/2H(황동판)

Bs는 황동(Brass), S는 엷은판(Sheet), 숫자의 3은 종별을 표시한다. 1종은 7 : 3 황동으로 BsS1으로 표시하고, 2종이 6.5 : 3.5 황동으로 A급은 BsS2A, B급은 BsS2B로 표시하고, 3종이 6 : 4 황동으로 BsS3 라고 하며, 동과 아연의 성분비를 나타내고 있다. 1/2H는 질별로 H가 경질, O가 연질, 1/2H는 1/2 경질(반경질)의 의미이다.

3) 알루미늄 합금

(1) A5052TD-H38(알루미늄 합금관)

첫째 번의 A는 알루미늄(Aluminium)을 표시하고, 숫자의 5052는 각각 의미를 가지고 제1위의 숫자 5 는 1~8까지 8종의 주요 첨가물 원소의 틀리는 것을 구별하고, 제2위의 숫자 0은 기본합금의 변형 또는 불순물의 한도 0~9까지로 나누며, 제3위 및 제4위 숫자는 순 알루미늄의 순도를 표시하고, 합금에서는 관용호칭 합금 숫자를 표시하고 있다.

TD는 인발관(Drawing Tube)으로 형상기호를 표시하고, 기타에는 판(P), 인발봉(BD) 등이 있다.

H38은 조사기호로 열처리에 의한 질적 변화의 종류를 표시한 것이다.

8.4 플랜지형 가요성 축이음(Ⅰ) (Flange형 flexible coupling)의 도면해석

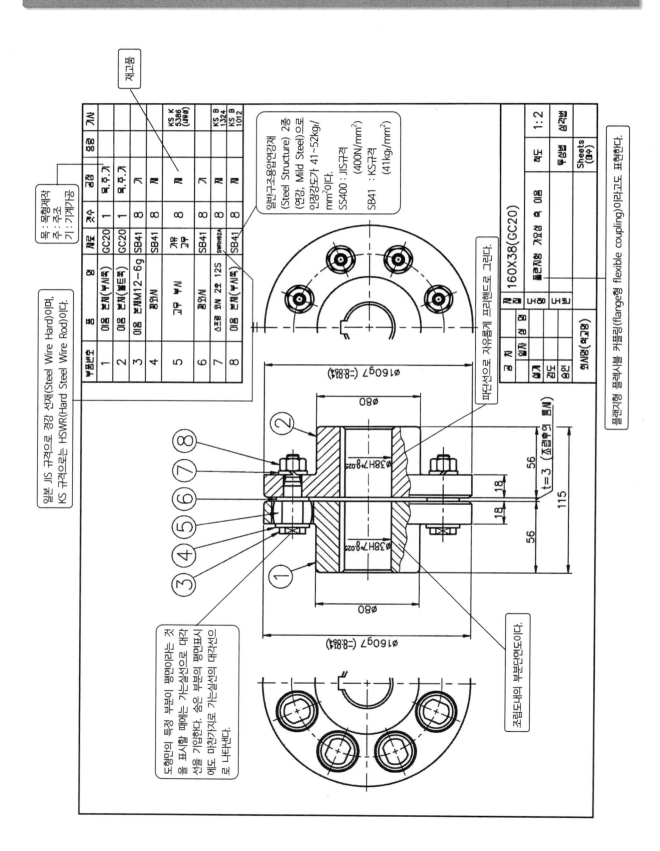

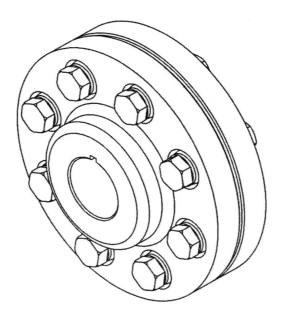

참고 Ass'y 3차원 입체도(등각 투상도 Isometric projection)

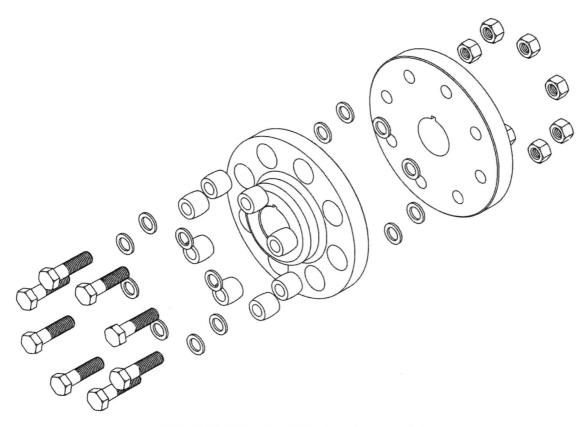

참고 3차원 분해도(등각 투상도 Isometric projection)

CHAPTER 09 체결용 부품(나사, 볼트, 너트)

기계는 많은 부품들이 조합되어 구성되며, 이들 부품들 가운데 어떤 기계에나 공통적으로 사용되는 것을 기계요소(機械要素, machine elements)라 한다. 기계요소 가운데 특히 결합, 즉 이음에 사용되는 것을 체결용 부품(締結用 部品) 또는 고정용 부품(固定用 部品)이라 하며, 중요한 부품에는 다음과 같은 것이 있다(간략히 정의하면 기계요소는 기계를 구성하고 있는 공통 부품을 말하며, 한국공업규격인 KS로 모양, 치수 등의 규격을 표준화시켰다).

1. 나사(screw)
2. 볼트(bolt) 및 너트(nut)
3. 키(key), 핀(pin), 코터(cotter)
4. 리벳(rivet)

9.1 나사(Screw)

9.1.1 개 요

나사는 기계요소 중에서 가장 많이 쓰이는 것으로 기계부품 등을 서로 조이거나(체결), 위치의 조정 또는 힘, 운동의 전달 등에 사용된다.

나사는 수나사와 암나사를 조합하여 사용하며, 원통(또는 원추)의 바깥면에 깎여진 나사를 수나사(external thread), 원통(또는 원추)의 내부면에 깎여진 나사를 암나사(internal thread)라고 한다.

그림 9.1에 나사의 각 부분의 명칭을 표시하였다.

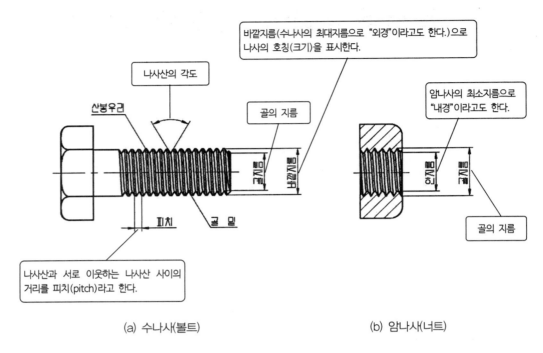

나사산의 각도

산봉우리

바깥지름(수나사의 최대지름으로 "외경"이라고도 한다.)으로 나사의 호칭(크기)을 표시한다.

골의 지름

암나사의 최소지름으로 "내경"이라고도 한다.

골지름

바깥지름

골지름

안지름

피치

골 밑

골의 지름

나사산과 서로 이웃하는 나사산 사이의 거리를 피치(pitch)라고 한다.

(a) 수나사(볼트) (b) 암나사(너트)

그림 9.1 나사 각 부분의 명칭(수나사와 암나사)

참고 수나사와 암나사의 3차원 도시

나사의 크기는 그림 9.1에서 보는 바와 같이 수나사의 바깥지름(외경, 外徑)으로 표시한다. 또한 나사에는 오른나사(right hand thread, 우회전 즉 시계바늘 회전방향으로 돌리면 나사산을 따라가 전진하여 감기는 나사산을 갖는 나사)와 왼나사(left hand thread, 좌회전 즉 시계바늘 회전방향의 반대인 왼쪽방향으로 돌리면 전진하여 감기는 나사산을 갖는 나사)가 있으며, 보통 사용되는 것은 오른나사이다.

서로 인접한 나사산과 나사산 사이의 거리를 피치(pitch)라 하고, 보통 알파벳의 소문자 p로 표시한다. 또한 나사를 1회전하였을 때 축방향으로 이동하는 거리를 리드(lead)라 하고, ℓ로 표시한다.

나사산이 한 줄로 감긴 나사를 한줄나사, 두 줄로 감긴 나사를 두줄나사, 세 줄로 감긴 나사를 세줄나사라고 하며,

p＝피치, ℓ＝리드, n＝줄수라고 하면

리드＝줄수×피치, 즉 $\ell=n\cdot p$가 된다.

따라서 한줄나사에서는 줄수 $n=1$이므로 $\ell=p$가 되는 것이다.

그림 9.2는 나사의 줄수(n), 리드(ℓ)와 피치(p)와의 관계를 나타낸 그림이다.

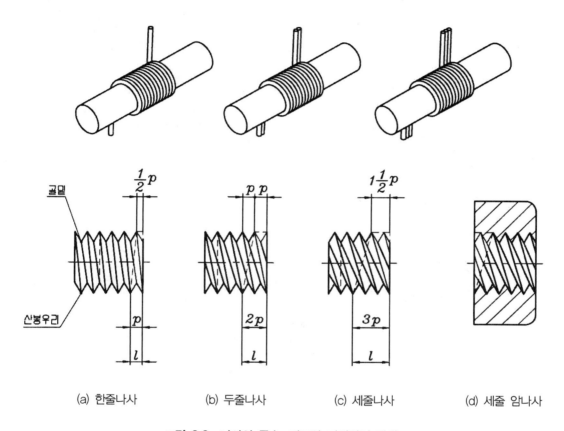

| (a) 한줄나사 | (b) 두줄나사 | (c) 세줄나사 | (d) 세줄 암나사 |

그림 9.2 나사의 줄수, 리드와 피치와의 관계

9.1.2 나사의 종류

나사의 종류에는 나사산의 형상(즉, 단면모양)에 따라 여러 종류가 KS 규격으로 통일되어 있다. 그림 9.3은 나사산의 단면모양에 따른 나사의 종류를 나타낸다.

나사산의 모양은 체결용(締結用), 운동용(運動用), 또는 힘의 전달용(傳達用) 등으로 그 용도가 다르다. 치수는 KS 규격으로 통일되어 있으며, 일반용과 특수용으로 구분된다.

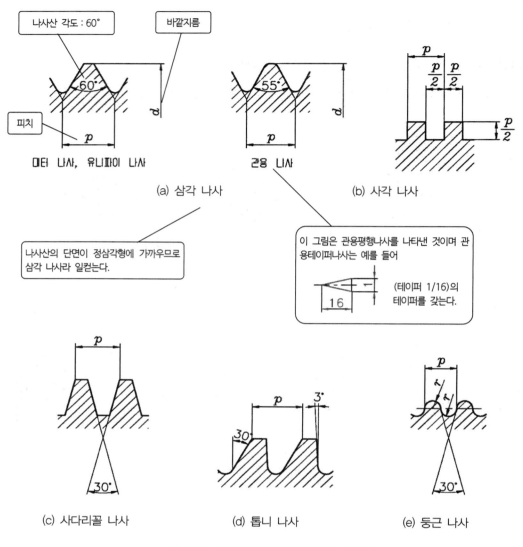

그림 9.3 나사의 종류와 나사산의 단면모양

1) 일반용 나사

(1) 미터나사(metric thread)

지름과 피치를 mm로 표시하며, 나사산의 각도는 60°이다. 산봉우리 부분은 평평하고 골부분은 큰 반지름으로 라운딩(rounding)되어 있는 것이 특색이다.

미터보통나사, 미터가는나사(기본산의 모양은 보통나사와 같으나 보통나사의 기본치수에 비하여 그 값이 특히 작아, 즉 보통나사에 비하여 지름에 대한 피치의 비율이 작다. 기밀을 필요로 하거나 볼트의 강도를 해칠 염려가 있는 부분에 사용한다)가 있으며, 일반적으로 미터보통나사(KS B 0201에 규정)를 사용한다.

(2) 유니파이나사(unified thread)

지름(나사의 호칭지름)은 in, 피치는 25.4mm(1inch)를 산의 수로 나눈 값으로 표시하며, 나사산의 각도는 60°이다.

이 나사는 항공기 및 그 밖의 특별한 용도에만 사용한다.

2) 특수용 나사

(1) 관용나사(pipe thread, 管用나사)

배관용 강관(配管用 鋼管)을 연결하는 나사이며, 평행나사와 테이퍼나사 두 종류가 있다. 나사산의 각도는 55°, 테이퍼는 보통 1/16이다.

관용나사의 호칭방법은 가스관의 호칭방법(근사 안지름)에 따른다. 예를 들면 1인치(in) 관용나사는 바깥지름이 33.249mm이므로 가스관의 바깥지름 34mm, 근사 안지름 27.6mm로 한다.

(2) 사각나사(square thread)

비규격 나사로 나사산의 단면모양(斷面形狀)이 정사각형에 가까운 나사이고 마찰저항이 적어 프레스(press)와 같이 큰 힘을 전달하는데 사용된다. 각(角)나사라고도 한다.

(3) 사다리꼴나사(trapezoidal thread, acme thread)

나사산이 사다리꼴 모양이며 나사산의 각이 30°인 미터계와 29°인 휘트워스(whitworth)가 있으며, 운동이나 힘의 전달용에 적합하며 선반의 리드 스크루(lead screw) 등에 사용된다.

① 30° 사다리꼴나사 : 나사산의 각도가 30°이고, 지름과 피치는 mm로 표시한다.

② 29° 사다리꼴나사 : 나사산의 각도가 29°이고, 지름은 in, 피치는 25.4mm에 대한 산의 수(즉 25.4 mm를 산의 수로 나눈 값)로 표시한다. 이 나사는 점차 30°의 사다리꼴나사로 바뀌고 있다.

(4) 톱니나사(buttress thread)

비규격 나사로 나사산의 모양이 톱니와 같이 되어 있는 나사산의 단면이 비대칭형으로 바이스(vise), 수압기와 같이 축방향의 힘이 한방향으로 작용하는 경우에 사용된다.

(5) 둥근나사(round thread)

비규격 나사로 사다리꼴나사의 나사산(산봉우리)과 골부분이 같은 둥글기로 되어 있는 모양의 나사이고, 전구(電球)나사와 소켓(socket)의 나사로 사용된다.

9.1.3 나사의 제도(KS B 0003)

1) 나사의 도시법(圖示法)

나사의 산과 골은 나선상태로 되어 있어 나사를 완전한 제도법으로 그리는 것은 매우 복잡하므로 제도의 능률을 위해 간략하게 그릴 수 있다(그림 9.4의 간략도 참조).

① 수나사의 산봉우리(수나사의 바깥지름)와 암나사의 산봉우리(암나사의 안지름) 부분은 굵은 실선으로, 골부분은 가는 실선으로 표시한다.

② 완전나사부와 불완전나사부의 경계는 굵은 실선을 긋고, 불완전나사부의 골밑 표시선은 축선에 대하여 30°의 경사각을 갖는 가는 실선으로 표시한다(수나사의 평면 끝은 제도시 45° 모떼기로 그린다).

③ 암나사의 드릴 구멍의 끝부분은 굵은 실선으로 120° 되게 그린다.

④ 보이지 않는 부분의 나사 봉우리와 골부분, 완전나사부와 불완전나사부 등은 중간 굵기의 파선으로 표시한다.

⑤ 수나사와 암나사의 결합 부분은 수나사로 표시한다.

⑥ 나사부분의 단면 표시에 해칭을 할 경우에는 산봉우리 부분까지 닿도록 한다.

⑦ 간단한 도면(간략도)에서는 불완전나사부를 생략한다.

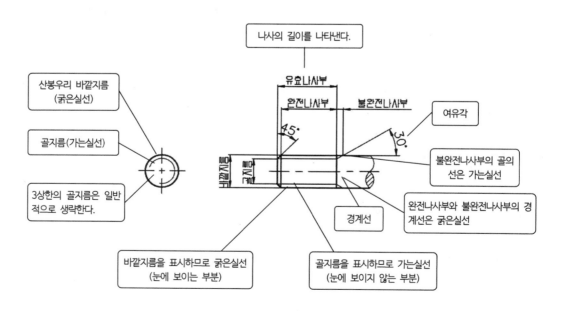

(a) 수나사(평형)

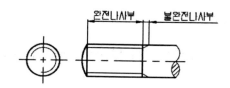

(b) 수나사(원형)

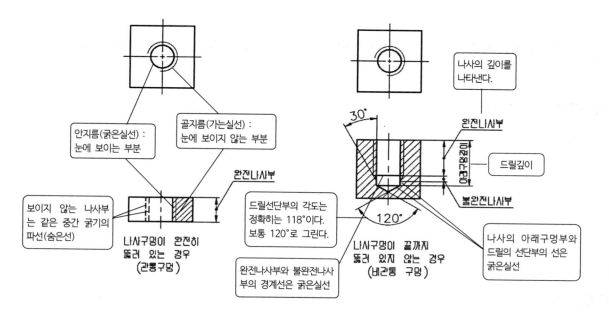

안지름(굵은실선) :
눈에 보이는 부분

골지름(가는실선) :
눈에 보이지 않는 부분

완전나사부

보이지 않는 나사부
는 같은 중간 굵기의
파선(숨은선)

나사구멍이 완전히
뚫려 있는 경우
(관통구멍)

완전나사부와 불완전나사
부의 경계선은 굵은실선

드릴선단부의 각도는
정확히는 118°이다.
보통 120°로 그린다.

나사구멍이 끝까지
뚫려 있지 않는 경우
(비관통 구멍)

나사의 깊이를
나타낸다.

완전나사부

드릴깊이

불완전나사부

나사의 아래구멍부와
드릴의 선단부의 선은
굵은실선

(c) 암나사

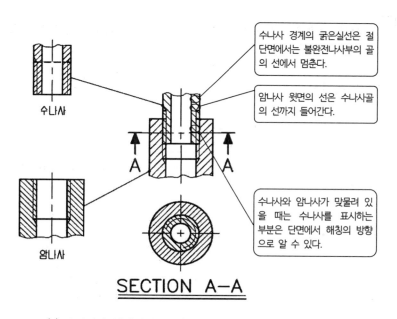

수나사 경계의 굵은실선은 절
단면에서는 불완전나사부의 골
의 선에서 멈춘다.

암나사 윗면의 선은 수나사골
의 선까지 들어간다.

수나사와 암나사가 맞물려 있
을 때는 수나사를 표시하는
부분은 단면에서 해칭의 방향
으로 알 수 있다.

수나사

암나사

SECTION A-A

(d) 수나사와 암나사의 결합(맞물림)

그림 9.4 나사의 간략한 도시방법

2) 나사의 표시법(KS B 0200)

나사의 종류, 치수 등의 표시는 나사산의 감긴 방향·나사산의 줄수나사의 호칭·나사산의 등급 등으로 표시한다.

(1) 나사의 표시방법

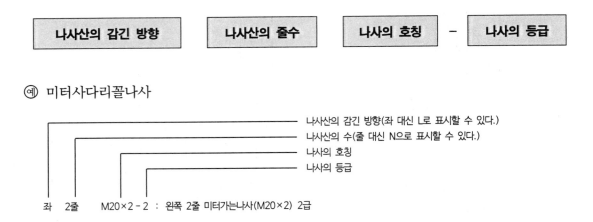

⑩ 미터사다리꼴나사

좌 2줄 M20×2 - 2 : 왼쪽 2줄 미터가는나사(M20×2) 2급

(2) 나사의 호칭

나사의 호칭치수는 나사의 종류·나사의 크기(바깥지름)으로 표시한다.

① 피치를 mm로 표시하는 나사의 경우

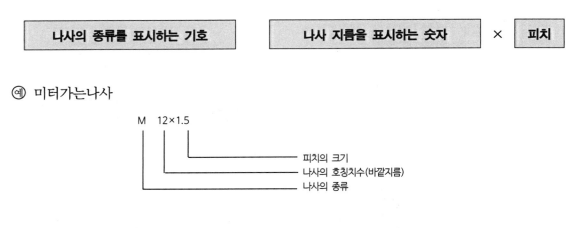

⑩ 미터가는나사

M 12×1.5

⑩ 미터보통나사

M 10

(미터보통나사인 경우에는 피치가 불필요하다. 왜냐하면 나사의 호칭치수가 정해지면 피치는 KS 규격에 의해 규정되어 정해지므로, 피치부분은 생략할 수 있다.)

표 9.1~9.4는 나사의 종류에 따른 기호, 나사의 호칭, 관련규격을 나타낸다.

표 9.1 나사의 종류에 따른 기호, 호칭 및 관련규격

구분	나사의 종류		나사의 종류를 표시하는 기호	나사의 호칭에 대한 표시 방법의 예	관련규격
일반용	I S O 규격에 있는 것	미터보통나사		M	M 8	KS B 0201
		미터가는나사[1]			M 8×1	KS B 0204
		미니추어나사		S	S 0.5	KS B 0228
		유니파이 보통나사		UNC	3/8–16 UNC	KS B 0203
		유니파이 가는나사		UNF	No.8–36 UNF	KS B 0206
		미터사다리꼴나사		Tr	Tr 10×2	KS B 0229
		관용테이퍼나사	테이퍼수나사	R	R 3/4	KS B 0222
			테이퍼암나사	Rc	Rc 3/4	
			평행암나사[2]	Rp	Rp 3/4	
	I S O 규격에 없는 것	관용평행나사		G	G 1/2	KS B 0221
		30° 사다리꼴나사		TM	TM 18	KS B 0227
		29° 사다리꼴나사		TW	TW 20	KS B 0226
		관용테이퍼나사	테이퍼나사	PT	PT 3/4	KS B 0222
			평행암나사[3]	PS	PS 3/4	
		관용평행나사		PF	PF 1/2	KS B 0221
특수용		후강(厚鋼) 전선관나사		CTG	CTG 16	KS B 0223
		박강(薄鋼) 전선관나사		CTC	CTC 19	
		자전거나사	일반용	BC	BC 3/4	KS B 0224
			스포크용		BC 2.6	
		미싱나사		SM	SM 1/4 산 40	KS B 0225
		전구나사		E	E 10	KS C 7702
		자동차용 타이어 밸브나사		TV	TV 8	KS R 4006
		자전거용 타이어 밸브나사		CTV	CTV 8산 30	KS R 8044

주 : (1) 가는나사임을 특별히 명확하게 나타낼 필요가 있을 때에는 피치 다음에 "가는눈"의 글자를 ( ) 안에 넣어서 기입할 수 있다.
　　　예 M8×1 (가는눈)
　(2), (3) 평행암나사 Rp는 테이퍼 수나사 R에 대해서만, PS는 테이퍼 수나사 PT에 대해서만 사용한다.

표 9.2 미터보통나사의 기본치수(KS B 0201)

① 산모양

② 기본치수의 계산식

$$H=0.866\,025p \qquad D=d$$
$$H_1=0.541\,266p \qquad D_2=d_2$$
$$d_2=d-0.649\,519p \qquad D_1=d_1$$
$$d_1=d-1.082\,532p$$

③ 기본치수

(단위 : mm)

나사의 호칭[1]			피 치 p	접촉높이 H₁	암 나 사		
					골지름 D	유효지름 D₂	안지름 D₁
					수 나 사		
1	2	3			바깥지름 d	유효지름 d₂	골지름 d₁
M 1			0.25	0.135	1.000	0.838	0.729
	M 1.1		0.25	0.135	1.100	0.938	0.829
M 1.2			0.25	0.135	1.200	1.038	0.929
	M 1.4		0.3	0.162	1.400	1.205	1.075
M 1.6			0.35	0.189	1.600	1.373	1.221
	M 1.8		0.35	0.189	1.800	1.573	1.421
M 2			0.4	0.217	2.000	1.740	1.567
	M 2.2		0.45	0.244	2.200	1.908	1.713
M 2.5			0.45	0.244	2.500	2.208	2.023
M 3			0.5	0.271	3.000	2.675	2.459
	M 3.5		0.6	0.325	3.500	3.110	2.850
M 4			0.7	0.379	4.000	3.545	3.242
	M 4.5		0.75	0.406	4.500	4.013	3.688
M 5			0.8	0.433	5.000	4.480	4.134
M 6			1	0.541	6.000	5.350	4.917
		M 7	1	0.541	7.000	6.350	5.917
M 8			1.25	0.677	8.000	7.188	6.647
		M 9	1.25	0.677	9.000	8.188	7.647
M 10			1.5	0.812	10.000	9.026	8.376
		M 11	1.5	0.812	11.000	10.026	9.376
M 12			1.75	0.947	12.000	10.863	10.106
	M 14		2	1.083	14.000	12.701	11.835
M 16			2	1.083	16.000	14.701	13.835
	M 18		2.5	1.353	18.000	16.376	15.294
M 20			2.5	1.353	20.000	18.376	17.294
	M 22		2.5	1.353	22.000	20.376	19.294
M 24			3	1.624	24.000	22.051	20.752
	M 27		3	1.624	27.000	25.051	23.752
M 30			3.5	1.894	30.000	27.727	26.211
	M 33		3.5	1.894	33.000	30.727	29.211
M 36			4	2.165	36.000	33.402	31.670
	M 39		4	2.165	39.000	36.402	34.670
M 42			4.5	2.436	42.000	39.077	37.129
	M 45		4.5	2.436	45.000	42.077	40.129
M 48			5	2.706	48.000	44.752	42.587
	M 52		5	2.706	52.000	48.752	46.587
M 56			5.5	2.977	56.000	52.428	50.046
	M 60		5.5	2.977	60.000	56.428	54.046
M 64			6	3.248	64.000	60.103	57.505
	M 68		6	3.248	68.000	64.103	61.505

주 : (1) 1란을 우선적으로 선택하고, 필요에 따라 2란, 3란, 4란의 순서로 선택하여 사용한다.

표 9.3 미터가는 나사의 기본치수(KS B 0204)

① 산모양

미터보통나사의
것과 같다.

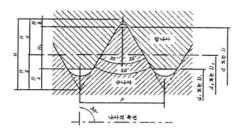

② 기본치수의 계산식

미터보통나사의 식과 같다.

$H = 0.866\,025p$ $D = d$

$H_1 = 0.541\,266p$ $D_2 = d_2$

$d_2 = d - 0.649\,519p$ $D_1 = d_1$

$d_1 = d - 1.082\,532p$

③ 기본치수

(단위 : mm)

나사의 호칭	피 치 p	접촉높이 H_1	암 나 사		
			골지름 D	유효지름 D_2	안지름 D_1
			수 나 사		
			바깥지름 d	유효지름 d_2	골지름 d_1
M 1 ×0.2	0.2	0.108	1.000	0.870	0.783
M 1.2×0.2	0.2	0.108	1.200	1.070	0.983
M 1.6×0.2	0.2	0.108	1.600	1.470	1.383
M 2 ×0.25	0.25	0.135	2.000	1.838	1.729
M 2.5×0.35	0.35	0.189	2.500	2.273	2.121
M 3 ×0.35	0.35	0.189	3.000	2.773	2.621
M 4 ×0.5	0.5	0.271	4.000	3.675	3.459
M 5 ×0.5	0.5	0.271	5.000	4.675	4.459
M 6 ×0.75	0.75	0.406	6.000	5.513	5.188
M 8 ×1	1	0.541	8.000	7.350	6.917
M 8 ×0.75	0.75	0.406	8.000	7.513	7.188
M 10×0.75	0.75	0.406	10.000	9.513	9.188
M 10×1	1	0.541	10.000	9.350	8.917
M 10×1.25	1.25	0.677	10.000	9.188	8.647
M 12×1	1	0.541	12.000	11.350	10.917
M 12×1.25	1.25	0.677	12.000	11.188	10.647
M 12×1.5	1.5	0.812	12.000	11.026	10.376
M 16×1	1	0.541	16.000	15.350	14.917
M 16×1.5	1.5	0.812	16.000	15.026	14.376
M 20×1	1	0.541	20.000	19.350	18.917
M 20×1.5	1.5	0.812	20.000	19.026	18.376
M 20×2	2	1.083	20.000	18.701	17.835
M 24×1	1	0.541	24.000	23.350	22.917
M 24×1.5	1.5	0.812	24.000	23.026	22.376
M 24×2	2	1.083	24.000	22.701	21.835
M 30×1	1	0.541	30.000	29.350	28.917
M 30×1.5	1.5	0.812	30.000	29.026	28.376
M 30×2	2	1.083	30.000	28.701	27.835
M 30×3	3	1.624	30.000	28.051	26.752
M 36×1.5	1.5	0.812	36.000	35.026	34.376
M 36×2	2	1.083	36.000	34.701	33.835
M 36×3	3	1.624	36.000	34.051	32.752
M 42×1.5	1.5	0.812	42.000	41.026	40.376
M 42×2	2	1.083	42.000	40.701	39.835
M 42×3	3	1.624	42.000	40.051	38.752
M 42×4	4	2.165	42.000	39.402	37.670
M 48×1.5	1.5	0.812	48.000	47.026	46.376
M 48×2	2	1.083	48.000	46.701	45.835
M 48×3	3	1.624	48.000	46.051	44.752
M 48×4	4	2.165	48.000	45.402	43.670
M 56×1.5	1.5	0.812	56.000	55.026	54.376
M 56×2	2	1.083	56.000	54.701	53.835
M 56×3	3	1.624	56.000	54.051	52.752
M 56×4	4	2.165	56.000	53.402	51.670

표 9.4 미터가는나사의 지름과 피치와의 조합(KS B 0204) (단위 : mm)

호칭지름(1)			피 치											
1	2	3	6	4	3	2	1.5	1.25	1	0.75	0.5	0.35	0.25	0.2
1														0.2
	1.1													0.2
1.2														0.2
	1.4													0.2
1.6														0.2
	1.8													0.2
2													0.25	
	2.2												0.25	
2.5												0.35		
3												0.35		
	3.5											0.35		
4											0.5			
	4.5										0.5			
5											0.5			
		5.5									0.5			
6										0.75				
	7									0.75				
8									1	0.75				
		9							1	0.75				
10								1.25	1	0.75				
		11							1	0.75				
12							1.5	1.25	1					
	14						1.5	1.25(2)	1					
		15					1.5		1					
16							1.5		1					
		17					1.5		1					
	18					2	1.5		1					
20						2	1.5		1					
	22					2	1.5		1					
24						2	1.5		1					
		25				2	1.5		1					
		26					1.5							
	27					2	1.5		1					
		28				2	1.5		1					
30						2	1.5		1					
		32			(3)	2	1.5							
	33				(3)(4)	2	1.5							
		35(3)					1.5							
36					3	2	1.5							
		38					1.5							
	39				3	2	1.5							
		40			3	2	1.5							
42				4	3	2	1.5							
	45			4	3	2	1.5							
48				4	3	2	1.5							
		50			3	2	1.5							
	52			4	3	2	1.5							
		55		4	3	2	1.5							
56				4	3	2	1.5							
	58			4	3	2	1.5							
	60			4	3	2	1.5							
		62		4	3	2	1.5							
64				4	3	2	1.5							
		65		4	3	2	1.5							
	68			4	3	2	1.5							
		70	6	4	3	2	1.5							
72			6	4	3	2	1.5							

표 9.4 계속

(단위 : mm)

호칭지름[1]			피치											
1	2	3	6	4	3	2	1.5	1.25	1	0.75	0.5	0.35	0.25	0.2
		75		4	3	2	1.5							
	76		6	4	3	2	1.5							
		78				2								
80			6	4	3	2	1.5							
		82				2								
	85		6	4	3	2								
90			6	4	3	2								
	95		6	4	3	2								
100			6	4	3	2								
	105		6	4	3	2								
110			6	4	3	2								
	115		6	4	3	2								
	120		6	4	3	2								
125			6	4	3	2								
	130		6	4	3	2								
		135	6	4	3	2								
140			6	4	3	2								
		145	6	4	3	2								
	150		6	4	3	2								
		155	6	4	3									
160			6	4	3									
		165	6	4	3									
	170		6	4	3									
		175	6	4	3									
180			6	4	3									
		185	6	4	3									
	190		6	4	3									
		195	6	4	3									
200			6	4	3									
		205	6	4	3									
	210		6	4	3									
		215	6	4	3									
220			6	4	3									
		225	6	4	3									
		230	6	4	3									
		235	6	4	3									
	240		6	4	3									
		245	6	4	3									
250			6	4	3									
		255	6	4										
	260		6	4										
		265	6	4										
		270	6	4										
		275	6	4										
280			6											
		285	6	4										
		290	6	4										
		295	6	4										
	300		6	4										

주 : (1) 1란을 우선적으로 선택하고 필요에 따라 2란 또는 3란을 선택하여 사용한다.

(2) 호칭지름 14mm, 피치 1.25mm의 나사는 내연기관 점화플러그나사에 한하여 사용한다.

(3) 호칭지름 35mm의 나사는 롤링 베어링을 고정하는 나사에 한하여 사용한다.

(4) 괄호를 붙인 치수는 될 수 있는 한 사용하지 않는다.

(5) 호칭지름의 범위 150~300mm에서 6mm보다 큰 피치가 필요한 경우에는 8mm를 선택한다.

9.2 볼트(Bolt)와 너트(Nut)

9.2.1 개 요

기계를 조립할 때 죔용 나사부품(나사를 응용한 부품을 나사부품이라 한다)으로 볼트와 너트는 결합이나 해체(즉, 조이거나 푸는 것)가 용이하기 때문에 널리 사용되고 있으며, 재료는 주로 연강재(軟鋼材)를 사용하나 특수한 경우에는 황동, 청동이 쓰이며 일반적으로 도금을 한다.

모양은 보통 6각 볼트와 너트가 많이 사용되고, 사용목적에 따라 4각 볼트와 너트도 사용되며, 그밖의 특수한 것들이 있다.

그림 9.5는 6각 볼트와 6각 너트의 모양을 나타낸 것이다.

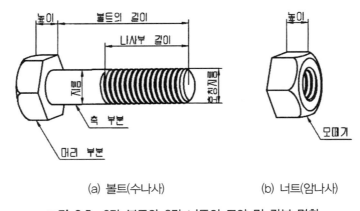

(a) 볼트(수나사)　　　(b) 너트(암나사)

그림 9.5 6각 볼트와 6각 너트의 모양 및 각부 명칭

볼트와 너트는 그 정밀도에 따라서 상, 중, 보통(흑, 黑)의 세 종류로 구분하며, "상"(上)이란 모든 면을 다듬질하였거나 머리의 측면만 냉간뽑기의 그대로 만든 것이며, "중"(中)이란 머리의 밑면과 축부분만을 가공하여 만든 것이며, "보통"[즉 "흑" 또는 "흑피"(黑皮)]이란 단조한 그대로의 표면 상태의 것에 나사부만 가공한 것이다.

표 9.5는 강(鋼)으로 된 6각 볼트와 너트의 정밀도 등급이다.

표 9.5 강(鋼) 볼트와 너트의 등급

종 류	등 급		
	가공 정도	나사의 정밀도(급)	강의 기계적 성질
6각 볼트·너트	상·중·보통(흑피)	1·2·3	0T·4T
소형 6각 볼트·너트	상·중	1·2·3	0T·4T

그림 9.6은 6각 볼트와 너트의 가공 정도를 나타낸 것이다.

구 분	볼트의 가공 정도(KS B 1002)	
상		전(全) 표면거칠기가 25-S(▽▽)
중		머리부의 밑면(좌면, 座面)의 표면거칠기가 25-S(▽▽), 축부(軸部)가 50-S(▽), 그밖에 나사부를 제외한 부분은 흑피(黑皮)
보통		나사부(가공한 부분)를 제외한 전 표면(全表面)이 흑피(黑皮)
상		전(全) 표면거칠기가 25-S(▽▽)

구 분	너트의 가공 정도(KS B 1012)
중	 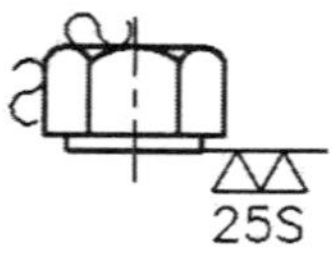 머리부의 밑면(좌면, 座面)의 표면거칠기가 25-S (▽▽), 그밖의 부분은 흑피(黑皮)
보통	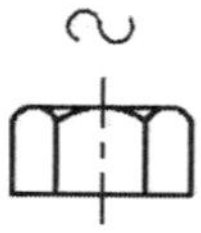 전 표면(全表面)이 흑피(黑皮)

그림 9.6 6각 볼트와 6각 너트의 가공 정도

9.2.2 볼트의 종류

일반적으로 널리 사용되는 볼트에는 그림 9.7과 같이 관통볼트, 탭볼트, 스터드볼트의 3종류가 있다.

(1) 관통볼트(through bolt)

가장 많이 쓰이는 볼트이며, 체결할 재료에 관통구멍을 뚫은 후 너트로 죄어 결합(체결, 締結)시킨다.

(2) 탭볼트(tap bolt)

한쪽 재료에 드릴(drill)로 바탕 구멍을 뚫어 탭(tap)으로 암나사를 내어서 이것을 너트와 같은 역할을 하게 한 것으로, 관통구멍을 뚫을 수 없는 경우에 사용한다.

(3) 스터드볼트(stud bolt)

볼트의 양쪽 끝에 나사를 깎아 한쪽은 재료에 만들어진 암나사에 끼우고, 다른 쪽은 너트로 체결한 것으로 떼었다 붙였다 하는 경우가 많고, 나사부가 마모되기 쉬운 곳에 사용된다.

따라서 볼트구멍은 보통 볼트의 축지름보다 다소 크게 하여 틈새를 둔다.

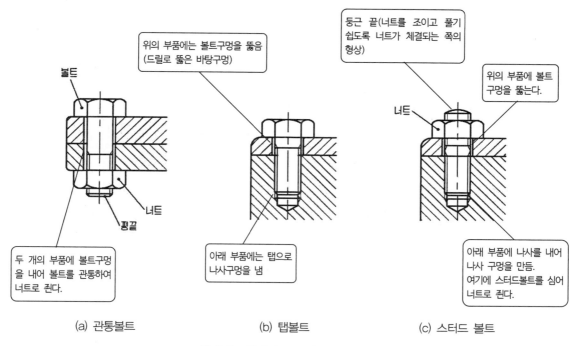

그림 9.7 일반적으로 사용되는 볼트

9.2.3 나사구멍

볼트의 구멍을 뚫을 때는 그림 9.8과 같이 드릴로 바탕구멍(기초구멍)을 뚫고, 탭으로 나사를 내어 나사구멍을 만든다.

이때 볼트의 구멍은 일반적으로 볼트의 축지름보다 약간 크게 하여 틈새를 주어 조립이 원활하도록 한다.

표 9.6은 여러 가지 재료에 있어서 볼트의 바탕구멍의 치수를 나타낸다.

표 9.6 볼트의 바탕구멍의 치수

재 료	나사 박음의 깊이 A	나사 밑의 간격 B	나사부의 길이 C	불완전나사부의 길이 E	드릴구멍의 깊이 F
알루미늄	2d	3p	2d+B	2~4p	C+E
주 철	1.5d	3p	1.5d+B	2~4p	C+E
황 동	1.5d	3p	1.5d+B	2~4p	C+E
청 동	1.5d	3p	1.5d+B	2~4p	C+E
강	d	3p	d+B	2~4p	C+E

(여기서, d : 호칭지름, p : 피치)

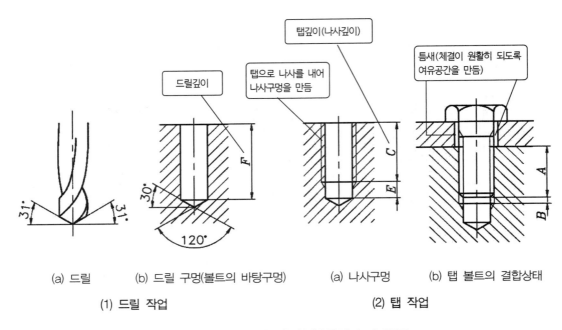

(a) 드릴   (b) 드릴 구멍(볼트의 바탕구멍)   (a) 나사구멍   (b) 탭 볼트의 결합상태

(1) 드릴 작업   (2) 탭 작업

그림 9.8 볼트의 바탕구멍(기초구멍)과 나사구멍

9.2.4 너트의 종류

너트의 종류에는 그림 9.9와 같은 것들이 있다.

(1) 플랜지너트(flange nut)

볼트의 구멍이 크거나 접촉면의 압력이 높을 때 사용되는 것으로 너트의 밑면에 넓은 원형의 플랜지가 붙어 있다.

(2) 와셔붙이너트(washer faced nut)

볼트구멍의 자리면이 큰 경우에 사용된다.

(3) 룰렛너트(roulette nut)

손으로 풀고 죄어도 미끄러지지 않도록 외부에 널링 가공(knurling, 새김눈)을 한 너트이다.

(4) 캡너트(cap nut)

액체 또는 증기가 나사면에 새어나오는 것을 방지하기 위하여 사용된다.

(5) 둥근너트(round nut)

지름이 작은 볼트에 사용된다.

(6) 홈붙이너트(slotted nut)

진동 등으로 인하여 나사가 풀리는 것을 방지하기 위하여 사용된다.

(7) 나비너트(wing nut)

공구를 사용하지 않고 손으로 돌릴 수 있도록 만든 너트

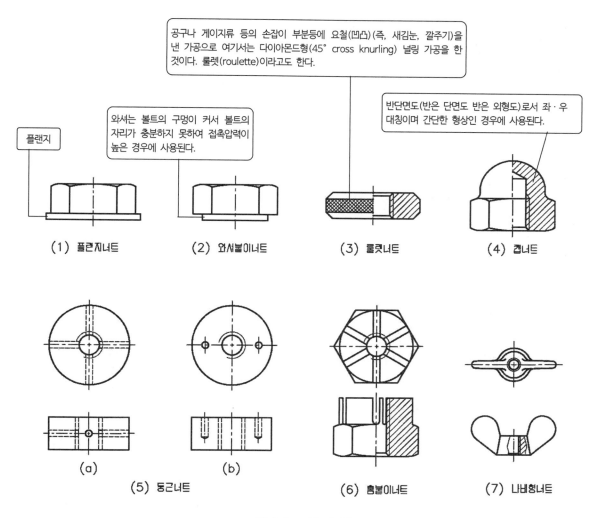

그림 9.9 너트의 종류

9.2.5 KS 규격에 의한 표기방법(참고사항)

No.	KS 표기	품 명	비 고
1	KS B 1002	Hexagon head bolt	
2	KS B 1003	Hexagon head cap screw	
3	KS B 1005	Wing bolt	
4	KS B 1012	Hexagon nut	
5	KS B 1014	Wing nut	
6	KS B 1021	Slotted head M/C screw	
7	KS B 1023	X-head M/C screw	
8	KS B 1025	Slotted set screw	
9	KS B 1028	Socket set screw	
10	KS B 1032	X-head tapping screw	
11	KS B 1041	Washer ass'y 또는 with washer	Washer 취부 및 붙이
12	KS B 1056	Wood screw	
13	KS B 1101	Round head rivet	
14	KS B 1103	Rivet semi-tubular	
15	KS B 1321	Pin split	
16	KS B 1324	Spring washer	
17	KS B 1325	Toothed lock washer	
18	KS B 1326	Plain washer	
19	KS B 1337	Ring retaining(E-type ring)	
20	KS B 1339	Spring pin	

표 9.7~9.10은 볼트 · 너트 · 와셔의 종류에 따른 호칭, 기호, 관련규격을 나타낸다.

표 9.7 6각 볼트(미터나사) · 상(上) [KS B 1002]

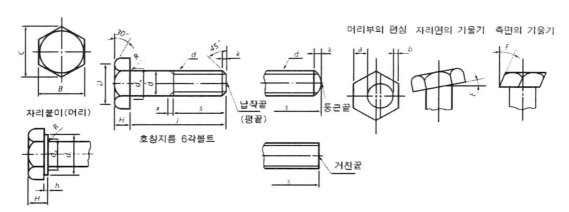

(단위 : mm)

나사의 호칭 (d)		d_1		H		B		C	D	R	d_a	k	a-b	E및 F
보통 나사	가는 나사	기본 치수	허용차	기본 치수	허용차	기본 치수	허용차	약	약	최소	최대	약	최대	최대
M 3	–	3		2		5.5		6.4	5.3	0.1	3.6	0.6	0.2	
(M 3.5)	–	3.5		2.4	±0.1	6		6.9	5.8	0.1	4.1	0.6	0.2	
M 4	–	4	0 −0.1	2.8		7	0 −0.2	8.1	6.8	0.2	4.7	0.8	0.2	
(M 4.5)	–	4.5		3.2		8		9.2	7.8	0.2	5.2	0.8	0.3	
M 5	–	5		3.5		8		9.2	7.8	0.2	5.7	0.9	0.3	
M 6	–	6		4	±0.15	10		11.5	9.8	0.25	6.8	1	0.3	
(M 7)	–	7	0 −0.15	5		11	0 −0.25	12.7	10.7	0.25	7.8	1	0.3	
M 8	M 8×1	8		5.5		13		15	12.6	0.4	9.2	1.2	0.4	
M 10	M 10×1.25	10		7		17		19.6	16.5	0.4	11.2	1.5	0.5	
M 12	M 12×1.25	12		8		19		21.9	18	0.6	13.7	2	0.7	
(M 14)	(M 14×1.5)	14		9		22		25.4	21	0.6	15.7	2	0.7	
M 16	M 16×1.5	16		10		24	0 −0.35	27.7	23	0.6	17.7	2	0.8	
(M 18)	(M 18×1.5)	18		12	±0.2	27		31.2	26	0.6	20.2	2.5	0.9	
M 20	M 20×1.5	20	0 −0.2	13		30		34.6	29	0.8	22.4	2.5	0.9	1°
(M 22)	(M 22×1.5)	22		14		32		37	31	0.8	24.4	2.5	1.1	
M 24	M 24×2	24		15		36		41.6	34	0.8	26.4	3	1.2	
(M 27)	(M 27×2)	27		17		41	0 −0.4	47.3	39	1	30.4	3	1.3	
M 30	M 30×2	30		19		46		53.1	44	1	33.4	3.5	1.5	
(M 33)	(M 33×2)	33		21		50		57.7	48	1	36.4	3.5	1.6	
M 36	M 36×3	36		23		55		63.5	53	1	39.4	4	1.8	
(M 39)	(M 39×3)	39	0 −0.25	25	±0.25	60		69.3	57	1	42.4	4	2	
M 42	–	42		26		65	0 −0.45	75	62	1.2	45.6	4.5	2.1	
(M 45)	–	45		28		70		80.8	67	1.2	48.6	4.5	2.3	
M 48	–	48		30		75		86.5	72	1.6	52.6	5	2.4	
(M 52)	–	52		33		80		92.4	77	1.6	56.6	5	2.6	
M 56	–	56		35		85		98.1	82	2	63	5.5	2.8	
(M 60)	–	60		38		90		104	87	2	67	5.5	3	
M 64	–	64	0 −0.3	40	±0.3	95		110	92	2	71	6	3	
(M 68)	–	68		43		100	0 −0.55	115	97	2	75	6	3.3	
–	M 72×6	72		45		105		121	102	2	79	6	3.3	
–	(M 76×6)	76		48		110		127	107	2	83	6	3.5	
–	M 80×6	80		50		115		133	112	2	87	6	3.5	

주 : 나사의 호칭에 ( )를 한 것은 될 수 있는 한 사용하지 않는다.

표 9.8   4각 볼트·상(上) [KS B 1004]

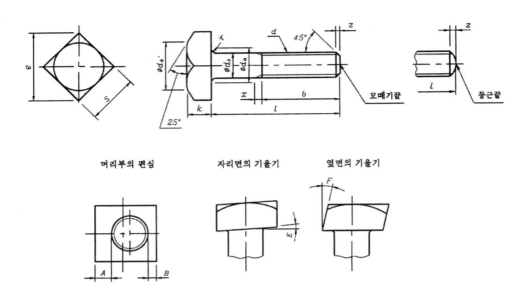

(단위 : mm)

나사의 호칭(d)	피치 p	d_1		H		B		C	D	R	d_a	k	a-b	E및F
		기본 치수	허용차	기본 치수	허용차	기본 치수	허용차	약	약	최소	최대	약	최대	최대
M 3	0.5	3		2	±0.1	5.5		7.8	5.3	0.1	3.6	0.6	0.2	
M 4	0.7	4	0 −0.1	2.8		7	0 −0.2	9.9	6.8	0.2	4.7	0.8	0.2	
M 5	0.8	5		3.5		8		11.3	7.8	0.2	5.7	0.9	0.3	
M 6	1	6		4	±0.15	10		14.1	9.8	0.25	6.8	1	0.3	
M 8	1.25	8	0 −0.15	5.5		13	0 −0.25	18.4	12.5	0.4	9.2	1.2	0.4	
M 10	1.5	10		7		17		24	16.5	0.4	11.2	1.5	0.5	
M 12	1.75	12		8		19		26.9	18	0.6	14.2	2	0.7	2°
(M 14)	2	14		9		22		31.1	21	0.6	16.2	2	0.7	
M 16	2	16		10	±0.2	24	0 −0.35	33.9	23	0.6	18.2	2	0.8	
(M 18)	2.5	18	0 −0.2	12		27		38.2	26	0.6	20.2	2.5	0.9	
M 20	2.5	20		13		30		42.4	29	0.8	22.4	2.5	0.9	
(M 22)	2.5	22		14		32	0 −0.4	45.3	31	0.8	24.4	2.5	1.1	
M 24	3	24		15		36		50.9	34	0.8	26.4	3	1.2	

주 : 1. 나사의 호칭에 ( )를 한 것은 되도록 사용하지 않는다.

　　2. 전조 나사의 경우에 있어 M6 이하의 것은 특별한 지정이 없는 한 d_1을 대략 나사의 유효지름으로 한다. 또 M6을 초
　　　과하는 것은 지정에 의하여 d_1을 대략 나사의 유효지름으로 할 수 있다.

표 9.9 6각 너트·상(上)(미터나사) [KS B 1012]

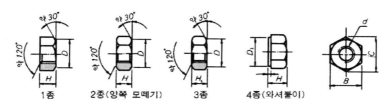

1종　　2종(양쪽 모떼기)　　3종　　4종(와셔붙이)

나사의 호칭 (d)		H		H₁		B		C	D	h	D₁
보통나사	가는나사	기준치수	허용차	기준치수	허용차	기준치수	허용차	약	약	약	최소
M 2	–	1.6		1.2		4		4.6	3.8	–	–
(M 2.2)	–	1.8	0 −0.25	1.4		4.5		5.2	4.3	–	–
M 2.5	–	2		1.6	0 −0.25	5	0 −0.2	5.8	4.7	–	–
M 3	–	2.4		1.8		5.5		6.4	5.3	–	–
(M 3.5)	–	2.8		2		6		6.9	5.8	–	–
M 4	–	3.2	0 −0.30	2.4		7		8.1	6.8	–	–
(M 4.5)	–	3.6		2.8		8		9.2	7.8	–	–
M 5	–	4		3.2		8		9.2	7.8	0.4	7.2
M 6	–	5		3.6		10		11.5	9.8	0.4	9.0
(M 7)	–	5.5	0 −0.36	4.2	0 −0.30	11	0 −0.25	12.7	10.8	0.4	10
M 8	M 8×1	6.5		5		13		15.0	12.5	0.4	11.7
M 10	M 10×1.25	8		6	0 −0.36	17		19.6	16.5	0.4	15.8
M 12	M 12×1.25	10	0 −0.43	7		19	0 −0.35	21.9	18	0.6	17.6
(M 14)	(M 14×1.5)	11		8		22		25.4	21	0.6	20.4
M 16	M 16×1.5	13		10		24		27.7	23	0.6	22.3
(M 18)	(M 18×1.5)	15		11		27		31.2	26	0.6	25.6
M 20	M 20×1.5	16		12	0 −0.43	30		34.6	29	0.6	28.5
(M 22)	(M 22×1.5)	18	0 −0.52	13		32	0 −0.4	37.0	31	0.6	30.4
M 24	(M 24×2)	19		14		36		41.6	34	0.6	34.2
(M 27)	(M 27×2)	22		16		41		47.3	39		
M 30	(M 30×2)	24		18		46		53.1	44		
(M 33)	(M 33×2)	26		20		50		57.7	48		
M 36	M 36×2	29	0 −0.62	21	0 −0.52	55	0 −0.45	63.5	53		
(M 39)	(M 39×3)	31		23		60		69.3	57		
M 42	–	32		25		65		75	62		
(M 45)	–	36		27		70		80.8	67		
M 48	–	38		29		75		86.5	72		
(M 52)	–	42		31		80		92.4	77		
M 56	–	45		34		85		98.1	82		
(M 60)	–	48		36	0 −0.62	90		104	87		
M 64	–	51		38		95	0 −0.55	110	92		
(M 68)	–	54	0 −0.74	40		100		115	97		
–	M 72×6	58		42		105		121	102		
–	(M 76×6)	61		46		110		127	107		
–	M 80×6	64		48		115		133	112		
–	(M 85×6)	68		50		120		139	116		
–	M 90×6	72		54		130		150	126		
–	M 95×6	76		57		135	0 −0.65	156	131		
–	M 100×6	80		60		145		167	141		
–	(M 105×6)	84		63	0 −0.74	150		173	146		
–	M 110×6	88	0 −0.87	65		155		179	151		
–	(M 115×6)	92		69		165		191	161		
–	(M 120×6)	96		72		170	0 −0.7	196	166		
–	M 125×6	100		76		180		208	176		
–	(130×6)	104		78		185		214	181		

주 : 1. 나사의 호칭에서 ( )를 한 것은 되도록 사용하지 않는다.

　　2. 멈춤너트에는 보통 3종의 것을 사용한다.

　　3. 나사의 호칭기호 M은 특별히 필요하지 않을 때는 생략해도 좋다.

　　4. M5 이하의 3종은 6각부 및 나사부의 모떼기를 하지 않는다. 다만 6각부는 필요에 따라 15° 모떼기로 하여도 좋다.

표 9.10 평와셔의 주요치수(KS B 1326)

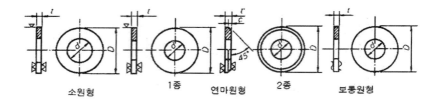

소원형   1종   연마원형   2종   보통원형

(단위 : mm)

와셔의 호칭	소원형			연마원형				보통원형		
	d	*D*	*t*	*d*	*D*	*t*	*C*(약)	*d*	*D*	*t*
1	1.1	2.5	0.3							
1.2	1.3	2.8	0.3							
1.4	1.5	3	0.3							
1.6	1.7	3.8	0.3							
2	2.2	4.3	0.5	2.2	5	0.3	0.1			
(2.2)	2.4	4.6	0.5	2.4	6.5	0.5	0.2			
(2.6)	2.8	5	0.5	2.8	6.5	0.5	0.2			
3	3.2	6	0.5	3.2	7	0.5	0.2			
(3.5)	3.7	7	0.5	3.7	9	0.5	0.2			
4	4.3	8	0.8	4.3	9	0.8	0.3			
(4.5)	4.8	9	0.8	4.8	10	0.8	0.3			
5	5.3	10	1	5.3	10	1	0.3			
6	6.4	11.5	1.6	6.4	12.5	1.6	0.3	6.6	12.5	1.6
8	8.4	15.5	1.6	8.4	17	1.6	0.5	9	17	1.6
10	10.5	18	2	10.5	21	2	0.5	11	21	2
12	13	21	2.5	13	24	2.5	0.8	14	24	2.3
(14)	15	24	2.5	15	28	2.5	0.8	16	28	3.2
16	17	28	3	17	30	3	0.8	18	30	3.2
(18)	19	30	3	19	34	3	0.8	20	34	3.2
20	21	34	3	21	37	3	1	22	37	3.2
(22)	23	37	3	23	39	3	1	24	39	3.2
24	25	39	4	25	44	4	1	26	44	4.5
(27)	28	44	4	28	50	4	1	30	50	4.5
30	31	50	4	31	56	4	1.5	33	56	4.5
(33)	34	56	5	34	60	5	1.5	36	60	6
36	37	60	5	37	66	5	1.5	39	66	6
(39)	40	66	6	40	72	6	1.5	42	72	6
42				43	78	7	2	45	78	7
(45)				46	85	7	2	48	85	7
48				50	92	8	2	52	92	8
(52)				54	98	8	2	56	98	8
56				58	105	9	2	62	105	9
(60)				62	110	9	2	66	110	9
64				66	115	9	2	70	115	9
(68)				70	120	10	2	74	120	10
72				74	125	10	2	78	125	10
(76)				78	135	10	2	82	135	10
80				82	140	12	3	86	140	12

9.2.6 볼트 구멍과 자리

볼트나 작은나사 등을 통과시키는 구멍을 볼트 구멍이라 한다. 볼트 구멍은 볼트가 쉽게 끼워지도록 볼트의 지름보다 조금 크게 낸다. 그 크기는 나사의 호칭과 체결되는 부품의 정밀도 등 사용목적에 따라서 표 9.11의 값에서 선택한다. 특히 볼트와 볼트 구멍과의 지름 차를 작게 할 때는 리머(reamer)로 정밀하게 가공하며, 이 구멍을 리머 구멍이라 하고, 리머 구멍에 사용하는 볼트를 리머 볼트라고 한다. 또한 볼트 머리나 너트의 자리면이 체결되는 부분의 면에 밀착할 수 있도록 그 면을 평평하게 절삭하는 데 이것을 자리파기라고 하고, 그 면을 자리라고 한다.

표 9.11 볼트 구멍 지름 및 자리파기 지름 [KS B 1007]

(단위 : mm)

나사의 호칭 지름[1]	볼트 구멍 지름 d_h				모떼기 e	자리파기 지름 D'	나사의 호칭 지름[1]	볼트 구멍 지름 d_h				모떼기 e	자리파기 지름 D'
	1급	2급	3급	4급[2]				1급	2급	3급	4급[2]		
3	3.2	3.4	3.6	–	0.3	9	12	13	13.5	14.5	15	1.1	28
3.5	3.7	3.9	4.2	–	0.3	10	14	15	15.5	16.5	17	1.1	32
4	4.3	4.5	4.8	5.5	0.4	11	16	17	17.5	18.5	20	1.1	35
4.5	4.8	5	5.3	6	0.4	13	18	19	20	21	22	1.1	39
5	5.3	5.5	5.8	6.5	0.4	13	20	21	22	24	25	1.2	43
6	6.4	6.6	7	7.8	0.4	15	22	23	24	26	27	1.2	46
7	7.4	7.6	8	–	0.4	18	24	25	26	28	29	1.2	50
8	8.4	9	10	10	0.6	20	27	28	30	32	33	1.7	55
10	10.5	11	12	13	0.6	24	30	31	33	35	36	1.7	62
							33	34	36	38	40	1.7	66
							36	37	39	42	43	1.7	72

주 : ① 나사의 호칭 지름은 KS B 0200에 의하며, 나사의 호칭은 M3 등으로 표기한다.
　　② 4급은 주로 주물빼기 구멍에 적용한다.
비고 : 1. 4급은 ISO에 규정되어 있지 않다.
　　 2. 구멍의 모떼기는 필요에 따라 하고, 그 각도는 90°로 하는 것이 원칙이다.
　　 3. 어느 나사의 호칭 지름에 대하여 이 표의 자리파기 지름보다 작은 것, 또는 큰 것을 필요로 할 때는 가급적 이 표의 자리파기 지름 계열에서 수치를 선택하는 것이 좋다.
　　 4. 자리파기 면은 구멍의 중심선에 대하여 90°가 되도록 하고, 자리파기의 깊이는 일반적으로 흑피를 제거할 정도로 한다(KS B 1007).

9.3 볼트 · 너트(Bolt · Nut)의 도면해석

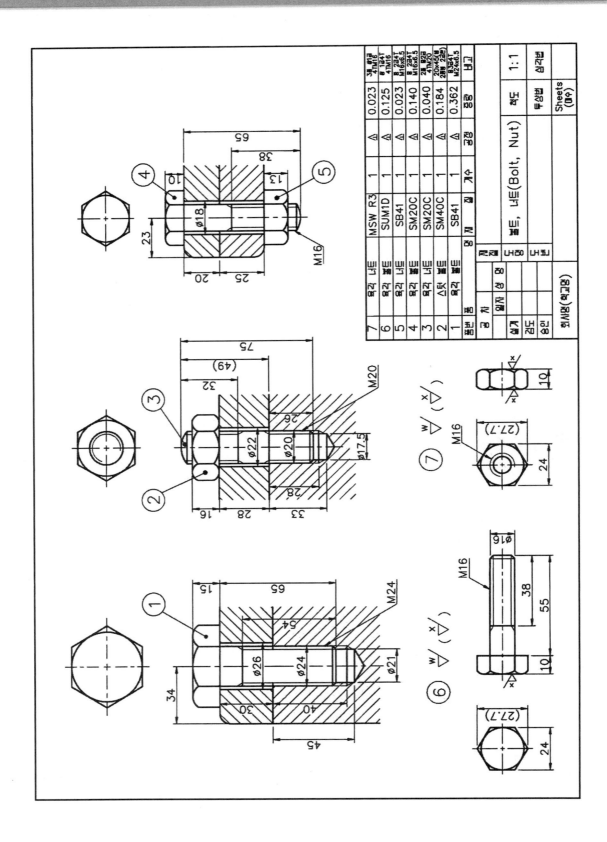

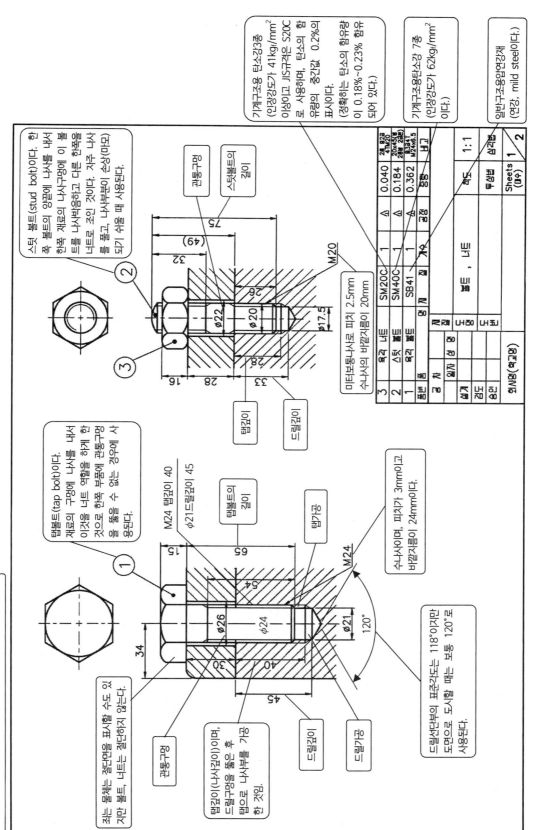

기공공정 : 1) 드릴가공 → 2) 탭가공 → 3) 볼트로 고정시킴.

스터드 볼트(stud bolt)이다. 한 쪽 볼트의 양끝에 나사를 내서 한쪽 재료의 나사구멍에 이 볼트를 나사박음하고 다른 한쪽은 너트로 조인 것이다. 자주 나사를 풀고, 나사부분이 손상(마모) 되기 쉬운 곳에 사용된다.

관통구멍

스터드볼트의 길이

기계구조용 탄소강3종 (인장강도가 41kg/mm² 이상이고 JIS규격은 S20C로 사용하며, 탄소의 함유량의 중간값 0.2%의 표시이다. (경화하는 탄소의 함유량 이 0.18%~0.23% 함유 되어 있다.)

기계구조용탄소강 7종 (인장강도가 62kg/mm² 이다.)

일반구조용압연재 (연강, mild steel이다.)

미터보통나사로 피치 2.5mm 수나사의 바깥지름이 20mm

탭길이

드릴길이

3	육각 너트		SM20C	1	△	0.040	24.823 41x20
2	스터드 볼트		SM40C	1	△	0.184	20x45(몸) 28 23부)
1	육각 볼트		SB41	1	△	0.362	833x41 M24x6.5
품번	품명	재질		수량	공정	중량	비고

볼트, 너트

척도 1:1

투상법 삼각법

Sheets (매수) 1 2

스케치 설계 검도 승인 (제작소명)

탭볼트(tap bolt)이다. 재료의 구멍에 나사를 내서 이것을 너트 역할을 하게 한 것으로 한쪽 부품에 관통구멍을 뚫을 수 없는 경우에 사용된다.

M24 탭길이 40
φ21드릴길이 45

탭볼트의 길이

탭가공

수나사이며, 피치가 3mm이고 바깥지름이 24mm이다.

드릴선단부의 표준각도는 118°이지만 도면으로 도시할 때는 보통 120°로 사용된다.

관통구멍

탭길이(나사값이)이며, 드릴구멍을 뚫은 후 탭으로 나사부를 가공한 것임.

드릴길이

드릴가공

하는 물체는 절단면을 표시할 수도 있지만 볼트, 너트는 절단하지 않는다.

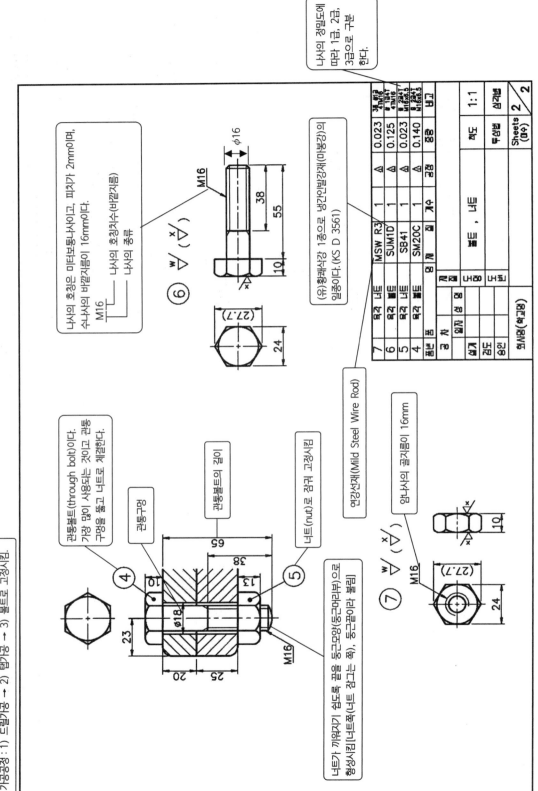

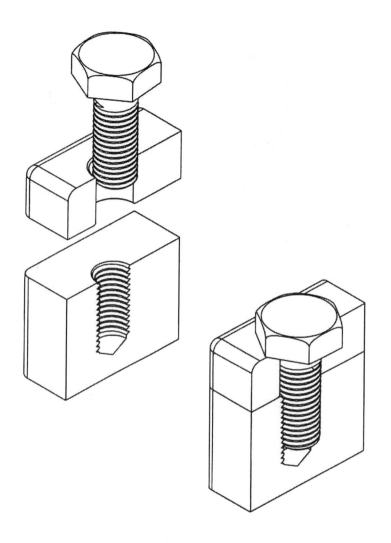

참고 3차원 입체도(등각 투상도 Isometric projection)

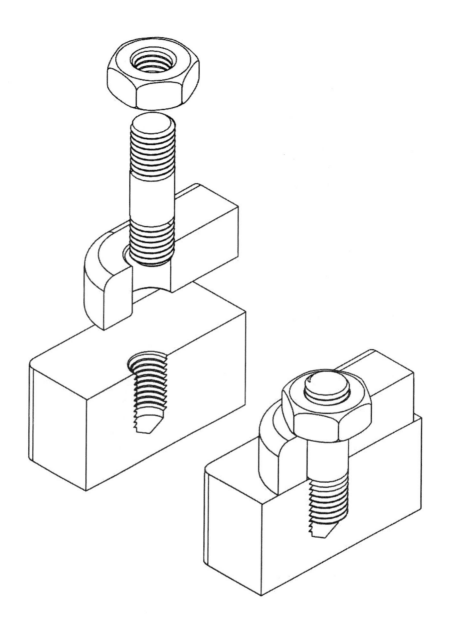

참고 3차원 입체도(등각 투상도 Isometric projection)

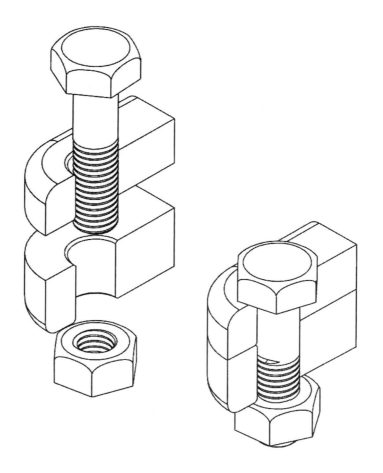

참고 3차원 입체도(등각 투상도 Isometric projection)

체결용 부품기(키, 핀, 코터, 리벳)

10.1.1   개 요

키는 회전축에 풀리(pulley), 커플링(coupling), 기어(gear) 등의 회전체를 고정시켜 축과 회전체가 미끄러지지 않게 회전을 전달시키는데 사용되는 기계요소이다. 일반적으로 보통 키는 축보다 강한 재료, 즉 경질의 강재(鋼材)를 사용한다.

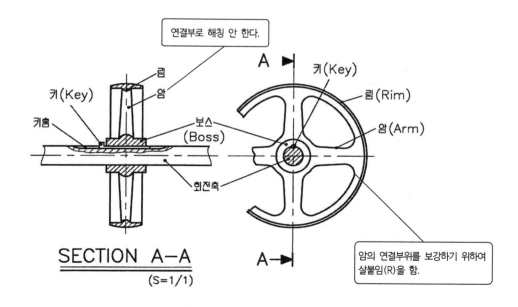

그림 10.1 키 이음

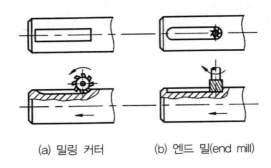

(a) 밀링 커터   (b) 엔드 밀(end mill)

그림 10.2 키홈의 절삭

    또한 보통 키에는 테이퍼(taper)를 주고, 축과 보스(boss)에는 키홈을 마련하고 보스(boss)에도 기울기(구배, 勾配)를 붙인다(그림 10.1, 그림 10.2).

10.1.2 키의 종류

1) 묻힘키(sunk key)

    가장 널리 사용되는 것으로, 보스(boss)와 축(shaft)에 모두 키홈을 파고 키를 끼워 견고하게 고정하여 부착할 수 있으므로 회전력의 전달이 확실하다(그림 10.3).

    다음의 두 종류가 있으며, 모양에 따라 평행키, 구배키, 머리붙이구배키의 3종으로 분류한다.

① 드라이빙키(driving key)

    축에 보스를 끼운 후 키를 삽입하는 것으로 머리가 있는 것과 없는 것 두 종류가 있다.

② 세트키(set key)

    축에 키를 미리 끼우고 보스를 밀어넣는다.

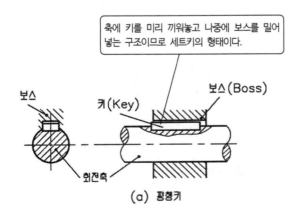

축에 키를 미리 끼워놓고 나중에 보스를 밀어 넣는 구조이므로 세트키의 형태이다.

(a) 평행키

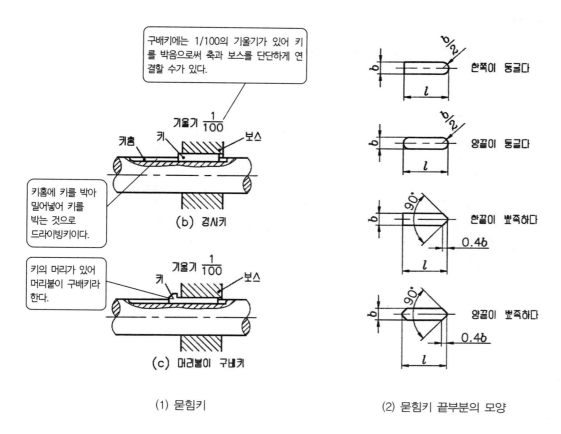

(1) 묻힘키

(2) 묻힘키 끝부분의 모양

그림 10.3 묻힘키(성크키)

2) 미끄럼키(feather key)

슬라이딩키(sliding key)라고도 하며, 보스가 축과 같이 회전하고 동시에 축방향으로 활동(滑動)시킬 때 사용하며, 구배(기울기)를 두지 않는다(그림 10.4).

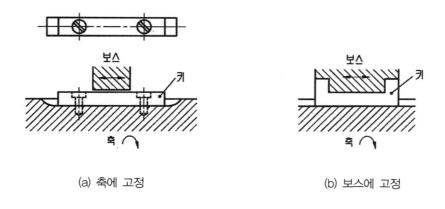

(a) 축에 고정

(b) 보스에 고정

그림 10.4 미끄럼키

3) 반달키(woodruff key)

반달모양의 키로서 부착과 홈의 절삭이 쉬우며, 가벼운 하중의 축에 사용된다(그림 10.5).

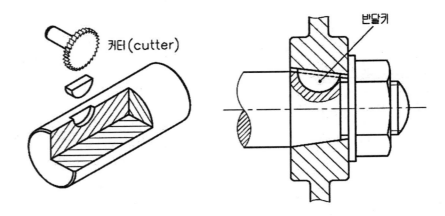

그림 10.5 반달키

4) 평키(flat key)

납작키라고도 하며, 보스에는 키홈을, 키가 축과 접하는 면만을 평면으로 깎아(절삭하여) 그곳에 키를 때려 박은 것으로 경하중용(輕荷重用)이다(그림 10.6).

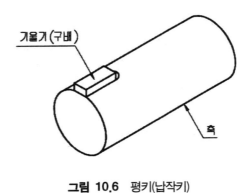

그림 10.6 평키(납작키)

5) 안장키(saddle key)

보스에 키홈을 만들고, 축은 둥근 그대로 하여 키를 축면에 맞춘 후 박아 넣고 마찰력에 의해 고정 부착되도록 한 것이다(그림 10.7).

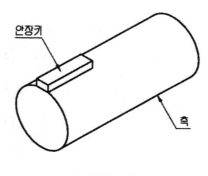

그림 10.7 안장키

6) 접선키(tangential key)

보통 키의 경우 압축력이 축의 반지름 방향으로 작용하고 있지만, 실제로 전달되는 힘은 축의 바깥둘레의 접선방향으로 미치므로 키를 끼워 이 방향으로 힘이 생기도록 한 것으로 중하중축(重荷重軸)에 사용되며, 한쪽방향 회전의 축은 한 곳에(一方向回轉用), 역회전하는 축은 두 곳에 박는다(打入, 타입한다, 그림 10.8).

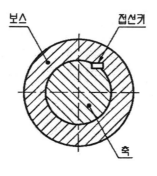

그림 10.8 접선키

7) 원추키(cone key)

바깥면이 원추형(圓錐形, 원뿔형)이고, 한쪽이 갈라져 있거나 또는 2~3개의 조각으로 분할된 것도 있으며, 보스에 편심작용이 미치지 않기에 주로 정확성이 요구되는 정밀기계에 사용된다(그림 10.9).

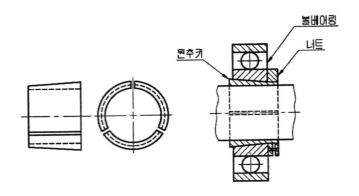

그림 10.9 원추키(원뿔키)

8) 스플라인축(spline shaft)

큰 회전력을 전달하기 위해 4개 또는 그 이상의 많은 수의 키 모양을 축에 깎아 만들고, 보스에는 이와 적합한 홈을 파낸 것으로 하중이 큰 자동차나 항공기 등의 속도 변환축에 사용한다(그림 10.10).

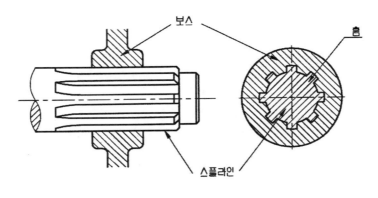

그림 10.10 스플라인축

9) 세레이션(serration)

여러 개의 작은 3각형 스플라인을 축과 보스에 만들고, 여기에 끼워 맞춘 것이다(그림 10.11).

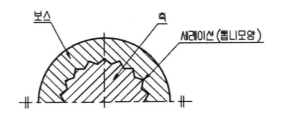

그림 10.11 세레이션 맞춤(fitting)

10.1.3 키의 호칭법

키의 호칭은 다음과 같이 정해져 있다(표 10.1).

표 10.1 키의 호칭

	규격번호	종 류	호칭 치수 (폭×높이)×길이	끝부의 형상	재 료
예	KS B 1313	평행키	25×14×90	양쪽이 둥글다	SM20C-D
	KS B 1313	구배키	16×10×56	양쪽이 둥글다	SM45C-D
	KS B 1313	머리붙이구배키	20×12×70		SF55

표 10.2는 묻힘키(성크키)로서 키, 키홈의 모양 및 치수를 나타내고 있다.

표 10.2 묻힘키 (KS B 1313)

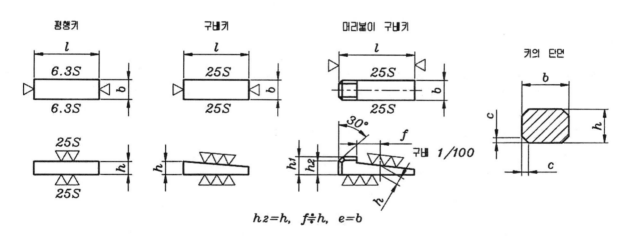

$h_2 = h, \quad f \fallingdotseq h, \quad e = b$

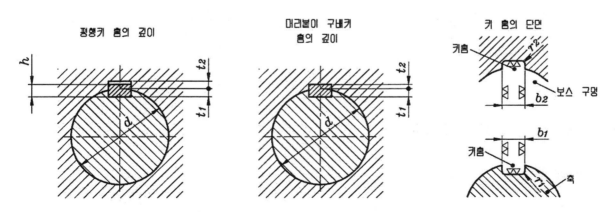

(단위 : mm)

축 키의 호칭치수 b×h	적응하는 축 지름 (d 참고)		키의 치수					키홈의 치수				
	초과 이하		b	h	h_1	c	l	b_1, b_2	r_1, r_2	t_1	t_2	t_3
4×4	10~12		4	4	7	0.16~0.25	8~45	4	0.08~0.16	2.5	1.8	1.2
5×5	12~17		5	5	8		10~56	5		3.0	2.3	1.7
6×6	17~22		6	6	10	0.25~0.40	14~70	6	0.16~0.25	3.5	2.8	2.2
(7×7)	20~25		7	7	10		16~80	7		4.0	3.0	3.0
8×7	22~30		8	(7.2) 7	11		18~90	8		4.0	3.3	2.4
10×8	30~38		10	8	12		22~110	10		5.0	3.3	2.4
12×8	38~44		12	8	12		28~140	12		5.0	3.3	2.4
14×9	44~50		14	9	14	0.40~0.60	36~160	14	0.25~0.40	5.5	3.8	2.9
15×10	50~55		15	10(10.2)	15		40~180	15		5.0	5.0	5.0
16×10	50~58		16	10	16		45~180	16		6.0	4.3	3.4
18×11	58~65		18	11	18		50~200	18		7.0	4.4	3.4

주 : 1. 축 지름 10mm 미만, 65mm를 초과하는 것은 생략한다.

   2. 호칭 치수에 ( )를 친 것은 가능한 한 사용하지 않는다.

   3. 키의 치수 h의 값에 ( )를 친 것은 구배키, 머리붙이구배키의 치수이다.

   4. 평행키 홈폭의 치수 허용차(정밀급 b_1, b_2 모두 P9), (보통급 b_1은 N9, b_2는 JS9), 구배키, 머리붙이구배키 홈의 치수 허용차(b_1, b_2 다같이 D10)

   5. 키홈의 깊이(t_1, t_1 또는 t_1, t_3)의 치수 허용차는 키의 호칭 6×6 이하는 $^{+0.1}_{0}$ 으로 하고, 7×7 이상은 $^{+0.2}_{0}$ 으로 한다. 단, 구배키, 머리붙이구배키에서는 ( ) 다음의 호칭 치수에 한하여 $^{+0.1}_{0}$ 으로 한다.

   6. 키홈의 구배 1/100은 보스 쪽에 붙인다.

   7. 키 단부(끝부분)의 형상은 각형으로 한다. 때에 따라서는 아래 그림과 같이 해도 된다.

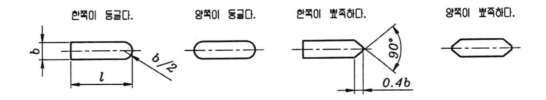

10.1.4 키홈의 표시 및 치수기입

1) 키의 선택

키의 치수를 결정할 때는 전달하는 동력에서 계산하여 구하는 경우와 KS에 정해져 있는 규격에서 축의 치수에 따른 키의 호칭 치수에서 선택하는 방법이 있는데, 보통 후자를 많이 이용한다.

2) 키홈의 표시 및 치수기입

키홈에는 축의 키홈과 구멍의 키홈이 있다.

(1) 축의 키홈의 표시법

① 축의 키홈의 치수는 그림 10.12 (a)와 같이 키홈의 폭, 깊이, 위치 및 끝부분의 치수로 표시한다.

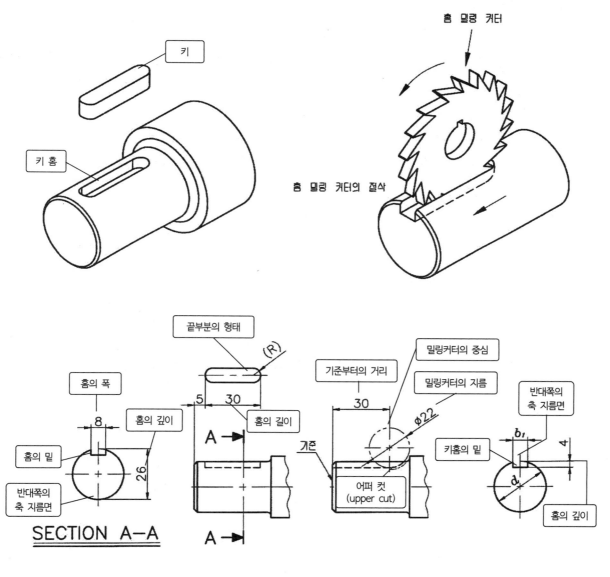

(a) 홈의 깊이 일반적인 방법   (b) 어퍼 컷(upper cut)할 때   (c) 특히 필요할 때

그림 10.12 축의 키홈의 표시법(치수기입)

② 키홈의 끝부분을 밀링 커터(milling cutter) 등으로 어퍼 컷(upper cut)하는 경우 그림 10.12 (b)와 같이 기준의 위치에서 공구의 중심까지의 거리와 공구의 지름으로 표시한다.

③ 키홈의 깊이는 키홈과 반대쪽의 축 지름면에서 키홈의 밑까지의 치수로 나타낸다. 특히 필요한 때는 그림 10.12 (c)와 같이 키홈의 중심면 위의 축 지름면에서 키홈의 밑까지의 치수(절삭 깊이)로 표시할 수가 있다.

(2) 구멍(보스 구멍)의 키홈의 표시법

① 구멍의 키홈의 치수는 그림 10.13 (a)와 같이 키홈의 폭 및 깊이의 치수로 표시한다.

② 키홈의 깊이는 키홈과 반대쪽의 구멍 지름면에서 키홈의 밑까지의 치수로도 표시한다. 특히 필요할 때는 그림 10.13 (b)와 같이 키홈의 중심면 위의 구멍 지름면에서 키홈의 밑까지의 치수로 표시해도 된다.

③ 구배키(경사키)의 깊이는 그림 10.13 (c)와 같이 키홈의 깊은 쪽으로 표시한다.

④ 키홈이 단면에 나타나 있는 보스 구멍의 안지름(내경) 치수기입은 그림 10.14와 같이 한다.

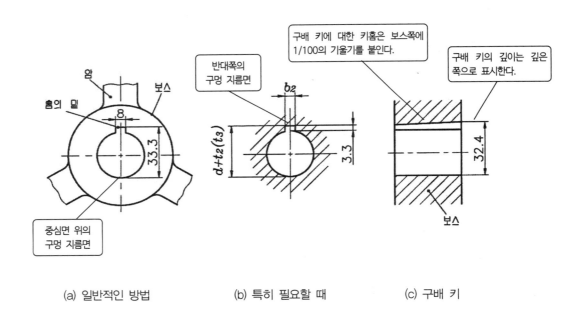

(a) 일반적인 방법   (b) 특히 필요할 때   (c) 구배 키

그림 10.13 구멍의 키홈의 표시법(치수기입)

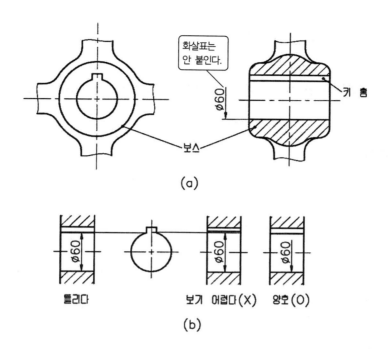

그림 10.14 키홈이 있는 보스의 안지름(구멍지름) 치수기입법

(3) 기타 표시법

그림 10.15와 같이 표시할 수가 있다.

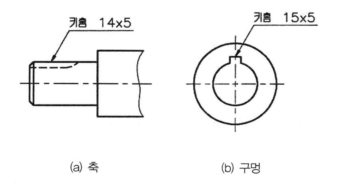

(a) 축   (b) 구멍

그림 10.15 키홈의 치수기입법

10.2 핀(Pin)

핀 이음(pin joint)은 부착이 간단하며, 큰 힘을 받지 못하므로 경하중(輕荷重)의 경우에 사용된다.

10.2.1 핀의 종류

1) 둥근핀(round pin)

단면(斷面)이 원형으로 테이퍼핀과 평행핀의 2종류가 있다.

(1) 테이퍼핀(tapered pin)

대개 1/50의 테이퍼를 갖고 끝부분이 갈라진 것과 갈라지지 않은 것이 있다[그림 10.16 (1)].

(2) 평행핀(dowel pin)

굵기가 균일한 핀[그림 10.16 (2)]

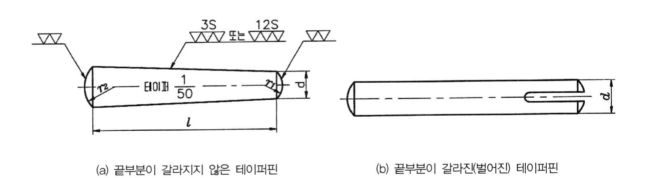

(a) 끝부분이 갈라지지 않은 테이퍼핀   (b) 끝부분이 갈라진(벌어진) 테이퍼핀

그림 10.16 (1) 테이퍼핀

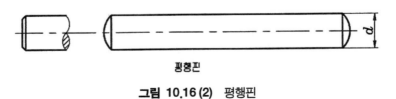

평행핀

그림 10.16 (2) 평행핀

2) 분할핀(split pin)

핀 부분이 갈라져 있어 핀을 끼운 다음 끝을 벌리어 헐거움으로 인한 풀림을 방지한다(그림 10.17).

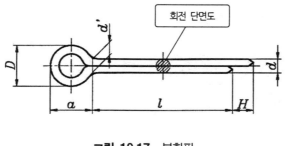

그림 10.17 분할핀

10.3 코터(Cotter)

코터는 넙적한 쐐기모양의 강철편(鋼鐵片)이고, 축방향으로 하중이 작용하는 축과 이것을 무는(즉, 끼우는) 소켓(socket)을 체결하는데 사용된다. 코터에는 기울기나 테이퍼를 주며, 또 접속부가 벌어질 염려가 있는 곳에는 기브(gib)를 쓴다(그림 10.18).

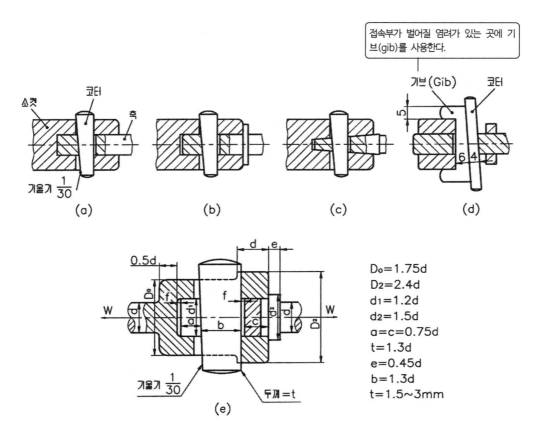

$$D_0 = 1.75d$$
$$D_2 = 2.4d$$
$$d_1 = 1.2d$$
$$d_2 = 1.5d$$
$$a = c = 0.75d$$
$$t = 1.3d$$
$$e = 0.45d$$
$$b = 1.3d$$
$$t = 1.5 \sim 3mm$$

그림 10.18 코터이음(cotter joint)

그림 10.19는 코터이음을 나타내는 도면의 예이다.

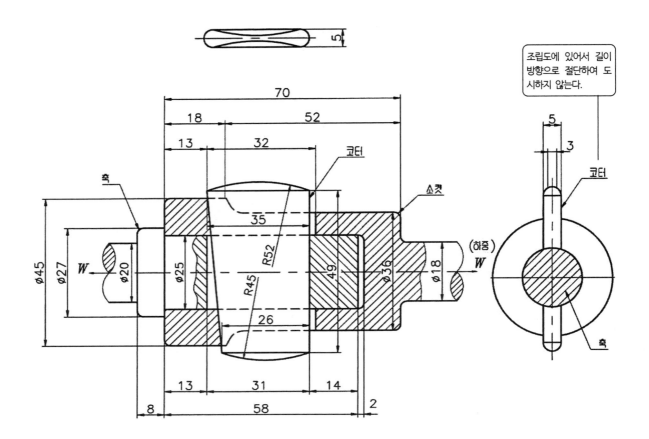

그림 10.19 코터이음의 도면 표시의 예

10.3.1 키, 핀, 코터의 기울기 및 테이퍼의 기입 방법

그림 10.20과 같이 기울기를 표시할 때에는 보통 기울기선에 평행하게 분수로 표시하며, 큰 기울기의 경우는 각도나 길이로 표시한다.

그림 10.21과 같이 테이퍼를 표시할 때는 일반적으로 중심선에 평행하게 분수로 표시하며, 큰 테이퍼인 경우는 각도 또는 길이로 표시한다.

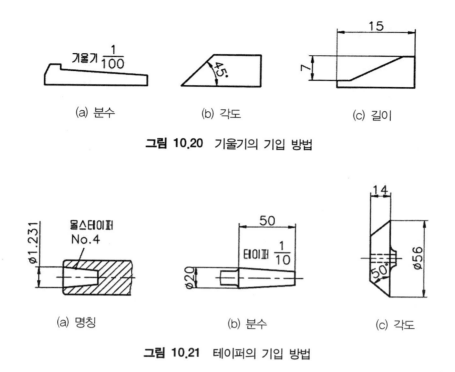

그림 10.20 기울기의 기입 방법

그림 10.21 테이퍼의 기입 방법

10.4 리벳(Rivet)

10.4.1 개 요

리벳이음(rivet joint)은 보일러, 물탱크, 교량 등과 같이 철판이나 형강(形鋼)을 영구적으로 접합하는 데 사용된다. 접합할 때에는 두 쪽의 형강을 맞대거나 겹쳐 놓고 펀칭(punching)이나 드릴링(drilling)으로 구멍을 뚫으며, 일반적으로 리벳은 상온(常溫)에서 리벳이음을 하는 냉간성형 리벳(호칭 1~10mm 정도로 냉간작업 ; cold working이라 한다)과 열을 가하여(赤熱하여) 리벳이음하는 열간성형 리벳(호칭 10~44mm 정도로 열간작업 ; hot working이라 한다)으로 크게 나누며, 양쪽을 스냅(snap) 공구로 결합시킨다.

주로 힘의 전달과 강도만을 위한 곳에 쓰이는 것과 강도와 기밀을 요하는 곳에 쓰이는 것으로 구분하며, 기밀을 유지하기 위하여 종이석면이나 패드(pad) 등으로 패킹(packing)을 하거나, 두꺼운 곳에는 코킹(caulking) 또는 플러링(fullering)을 한다(그림 10.22).

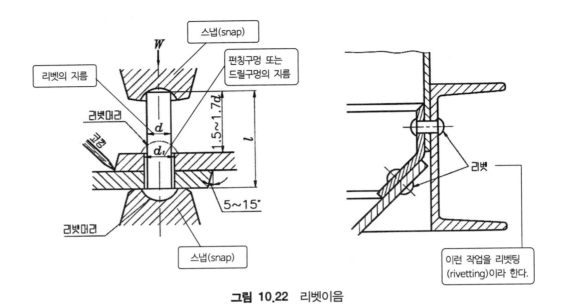

그림 10.22 리벳이음

10.4.2 리벳의 종류

머리의 모양에 따라 그림 10.23과 같이 6종류가 있으며, 길이는 겹쳐 놓은 형강두께의 $1.3\sim1.6d$로 한다.

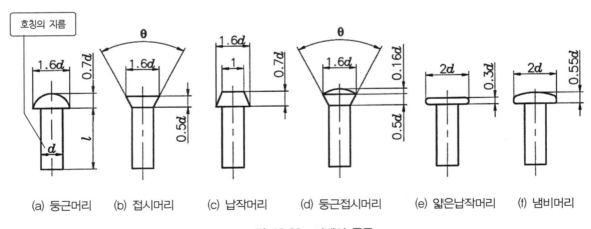

(a) 둥근머리 (b) 접시머리 (c) 납작머리 (d) 둥근접시머리 (e) 얇은납작머리 (f) 냄비머리

그림 10.23 리벳의 종류

표 10.3은 그림 10.22 및 그림 10.23과 관련된 리벳의 지름(d) 및 리벳이 끼워지는 구멍(d_1)과의 치수를 나타낸다.

표 10.3 리벳 및 리벳구멍의 치수

(단위 : mm)

종류 \ 호칭지름	10	13	16	19	22	25	28	32	36	40
리벳길이(l)	10~50	14~65	18~80	22~100	28~120	36~130	38~140	45~160	50~180	60~190
리벳지름(d)	10.8	13.8	16.8	20.2	23.2	26.2	29.2	33.6	37.6	41.6
구멍의 지름(d_1)	11	14	17	20.5	23.5	26.5	29.5	34	38	42

10.4.3 리벳이음의 종류

이음을 하는 구조상의 방법에 따라 2종류가 있다(그림 10.24).

1) 겹치기 이음(lap joint)

강판을 겹쳐서 1~3열로 리벳이음을 한 것이다.

2) 맞대기 이음(butt joint)

강판을 맞대고 덮개판(strap)을 한쪽 또는 양쪽에 대어서 배열을 1~3열로 리벳이음한 것이다.

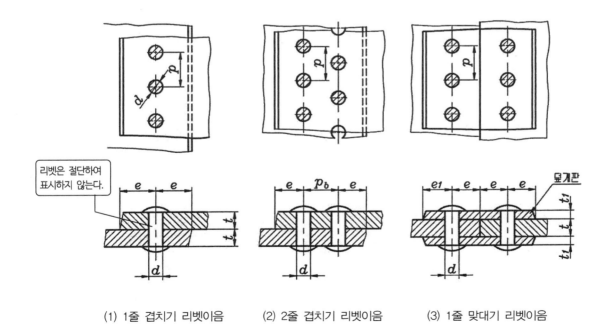

(1) 1줄 겹치기 리벳이음   (2) 2줄 겹치기 리벳이음   (3) 1줄 맞대기 리벳이음

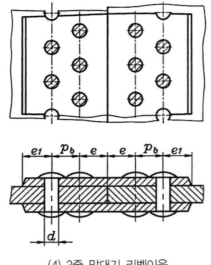

(4) 2줄 맞대기 리벳이음

그림 10.24 리벳이음의 종류

10.4.4 평강 및 형강의 치수기입

평강(平鋼) 또는 형강(形鋼)의 단면치수는 "나비×두께×길이"로 표시한다. 또한 형강(形鋼)의 단면 모양의 기호 및 치수는 그 형강의 도형에 따라서 기입하고, 평강 또는 형강의 전체길이(全長)는 단면치수 다음에 짧은 선을 긋고 기입한다(그림 10.25).

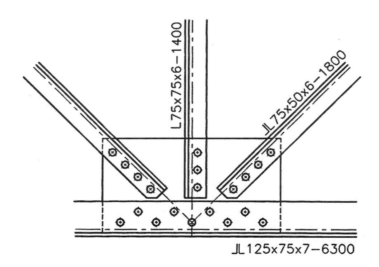

그림 10.25 형강의 치수기입

또 형강의 단면모양 기호 및 치수 표시는 표 10.4에 따른다.

표 10.4 형강의 단면모양 기호 및 치수 표시법

종 별	모양 치수	표시법
등변앵글강(鋼)		A×A×t−L
부등변앵글강(鋼)		A×B×t−L
부등변부등두께 앵글강(鋼)		A×Bt1/t2−L
I 형강(形鋼)		A×B×t−L
⊏ 형강(形鋼)		A×B×t−L
T 형강(形鋼)		A×B×t−L
H 형강(形鋼)		A×B×t−L

종 별	모양 치수	표시법
Z 형강(形鋼)		A×B×C×t−L
구평형강(球平形鋼)		A×t−L
2매겹치기 (등변앵글강)		A×A×t−L 2−L

10.5 아이들러 암용 핀(Idler arm용 pin)의 도면해석

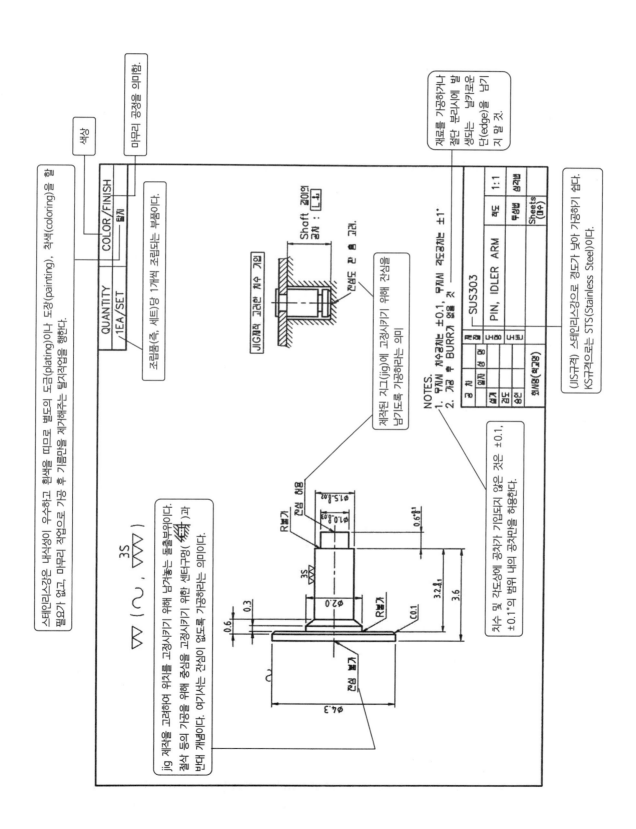

스테인리스강은 내식성이 우수하고 황색을 띠므로 별도의 도금(plating)이나 도장(painting), 착색(coloring)을 할 필요가 없고, 마무리 작업으로 가공 후 기름만을 제거하라는 단지작업을 행한다.

색상

마무리 공정을 의미함.

조립품(즉, 세트당 1개씩 조립되는 부품이다.

QUANTITY	COLOR/FINISH
1EA/SET	탈지

재료를 가공하거나 절단 분리시에 발 생되는 날카로운 단(edge)을 남기 지 말 것.

Shaft 끝의 모떼기 : L-

JIG면과 고정면의 접수 기입

제작된 지그(jig)에 고정시키기 위해 접선을 남기도록 가공하라는 의미

NOTES.
1. 무치사 치수공차는 ±0.1, 무치사 각도공차는 ±1°
2. 가공 후 BURR가 없을 것

—SUS303

	PIN, IDLER ARM	척도	1:1
		투상법	삼각법
		Sheets (매수)	

(JIS규격) 스테인리스강으로 경도가 낮아 가공하기 쉽다. KS규격으로는 STS(Stainless Steel)이다.

치수 및 각도상에 공차가 기입되지 않은 것은 ±0.1, ±0.1°의 범위 내의 공차만을 허용한다.

jig 제작을 고려하여 위치를 고정시키기 위해 남겨놓는 돌출부이다. 절삭 등이 가공을 위해 중심을 고정시키기 위한 센터구멍( )과 반대 개념이다. 여기서는 접선이 없도록 가공하라는 의미이다.

R붙기

전선 허용

φ15 −0.02 −0.08

φ1.0 −0.08 −0.03

0.6 +0.1 0

3S

φ2.0

3.2 +0.1 −1

3.6

0.3

0.6

R붙기

C0.1

φ4.3

전선 붙기

∇ (∪ , 3S ∇∇∇)

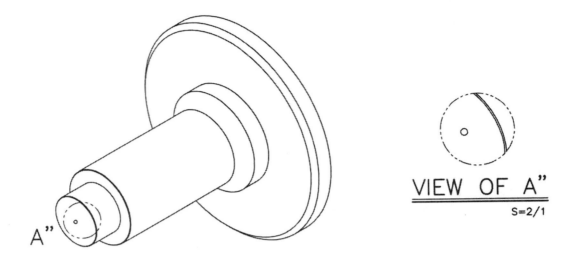

VIEW OF A"
S=2/1

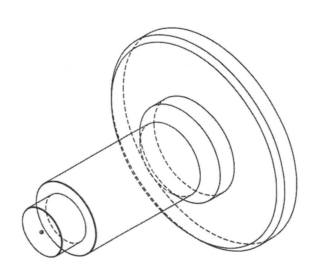

참고 Ass'y 3차원 입체도(등각 투상도 Isometric projection)

10.6 코터 이음(Cotter joint)의 도면해석

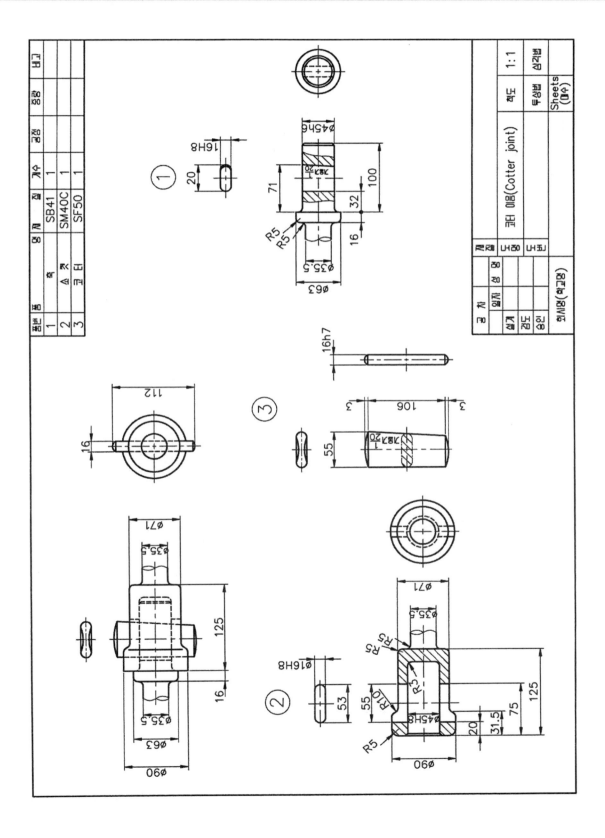

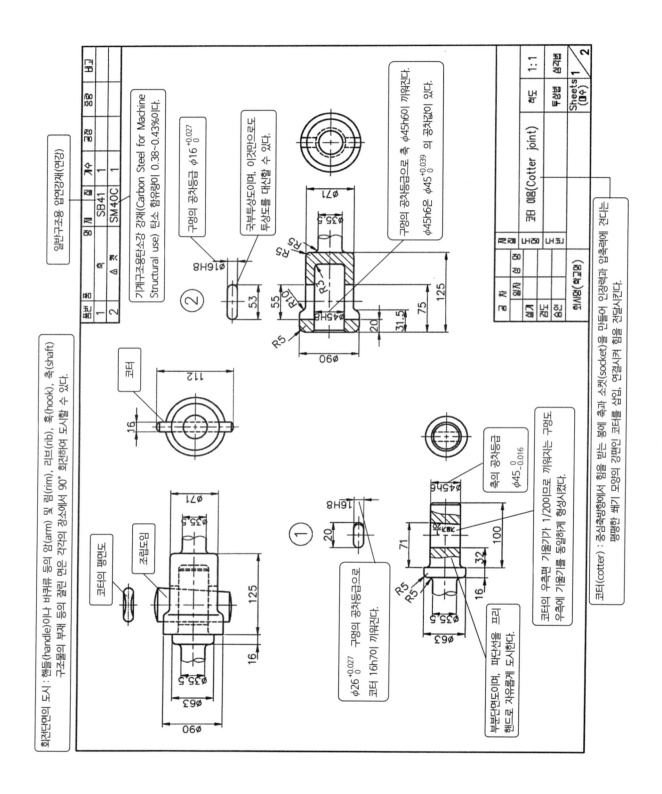

회전단면의 도시 : 핸들(handle)이나 바퀴류 등의 암(arm) 및 림(rim), 리브(rib), 훅(hook), 축(shaft) 구조물의 부재 등의 절린 면은 각각의 장소에서 90° 회전하여 도시할 수 있다.

일반구조용 압연강재(연강)

기계구조용탄소강 강재(Carbon Steel for Machine Structural use) 탄소 함유량이 0.38~0.43%이다.

품번	명칭	재질	개수	공정	비고
1	축	SB41	1		
2	◇ 컷	SM40C	1		

구멍의 공차등급 φ16 $^{+0.027}_{0}$

국부특성도이며, 이것만으로도 특성도를 대신할 수 있다.

구멍의 공차등급으로 축 φ45h60l 끼워진다. φ45h6은 φ45 $^{+0.039}_{0}$ 의 공차값이 있다.

코터 이름(Cotter joint)

공차		척도	1:1
날짜	설계	투상법	삼각법
검도		Sheets(매수)	1
승인			2

화살이(화고용)

②

φ16H8

R5

R3

R10

φ45H8

R5

53

55

31.5

75

20

125

φ90

φ35.5

코터

112

16

코터의 평면도

조립도면

φ71

φ35.5

φ63

16

125

φ90

①

구멍의 공차등급으로 φ26 $^{+0.027}_{0}$ 구멍이 끼워진다.
코터 16h70l 끼워진다.

부분단면도이며, 파단선을 프리 핸드로 자유롭게 도시한다.

코터의 우측편 기울기가 1/200으로 끼워지는 구멍도 우측에 기울기를 동일하게 형성시켰다.

축의 공차등급 φ45 $^{0}_{-0.016}$

16H8

20

φ45h6

71

100

32

16

R5

R5

φ35.5

φ63

중심축방향에서 힘을 받는 봉에 축과 소켓(socket)을 만들어 인장력과 압축력에 견디는

코터(cotter) : 중심축방향에서 힘을 받는 봉에 축과 소켓(socket)을 만들어 인장력과 압축력에 견디는 평평한 쐐기 모양의 강판인 코터를 삽입, 연결시켜 힘을 전달시킨다.

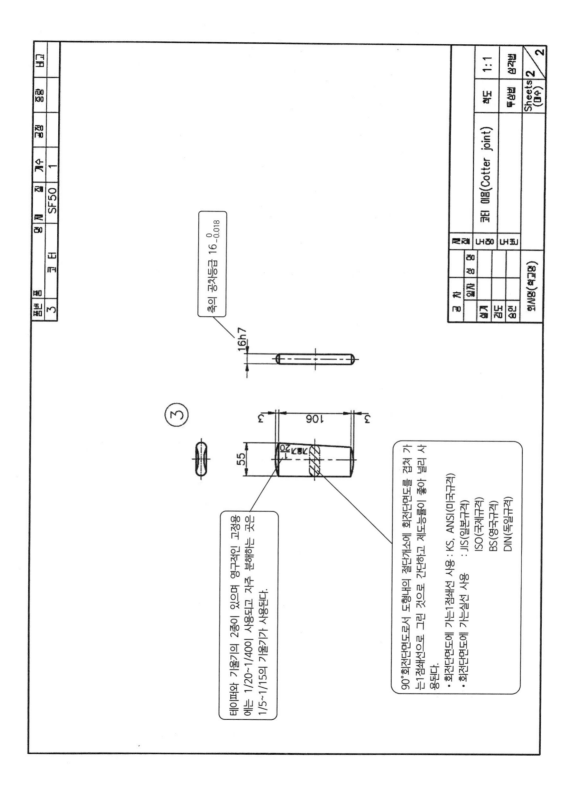

축의 공차등급 16 $^{0}_{-0.018}$

16h7

③

106

55

3

3

기울기 20

테이퍼와 기울기의 2종이 있으며 영구적인 고정용 에는 1/20~1/400이 사용되고 자주 분해하는 곳은 1/5~1/15의 기울기가 사용된다.

90° 회전단면도로서 도형내의 절단개소에 회전단면도를 겹쳐 가는 1점쇄선으로 그린 것으로 간단하고 제도능률이 좋아 널리 사용된다.
• 회전단면도에 가는1점쇄선 사용 : KS, ANSI(미국규격)
                          JIS(일본규격)
                          ISO(국제규격)
                          BS(영국규격)
                          DIN(독일규격)
• 회전단면도에 가는실선 사용

품번	명 칭	재 질	개수	공정	중량	비고
3	코 터	SF50	1			

제도			과제 이름(Cotter joint)		척도	1:1
공 차	성명			도명	투상법	삼각법
	일자			도번	Sheets 2 (매수)	2
설계	검도					
	승인					
의사8(척골)						

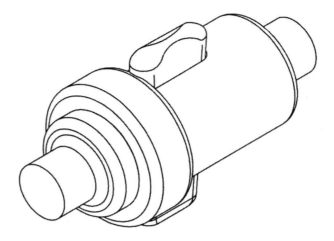

참고 Ass'y 3차원 입체도(등각 투상도 Isometric projection)

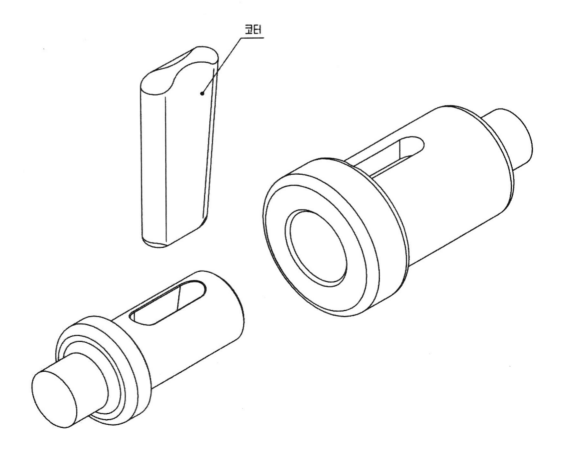

참고 Parts 3차원 입체도(등각 투상도 Isometric projection)

CHAPTER 11 도면의 치수기입법 연습

11.1 기호에 의한 치수기입법

1) 정사각형 기호(□)

정사각형은 □의 기호(4각이라 부름)를 치수숫자 앞에 기입한다. □10은 정사각형의 한 변의 길이가 10mm임을 나타낸다.

2) 구면의 기호(구, 球)

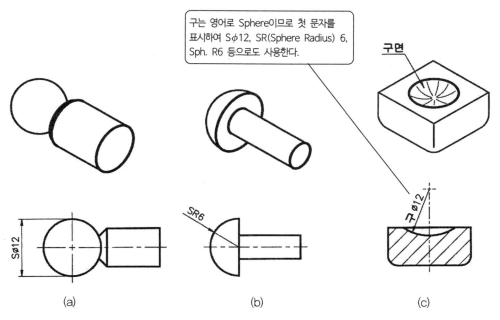

> 구는 영어로 Sphere이므로 첫 문자를 표시하여 S∅12, SR(Sphere Radius) 6, Sph. R6 등으로도 사용한다.

그림 11.1 구면의 기입법(구의 지름 또는 반지름의 치수기입)

　표면이 구면으로 되어 있을 때의 치수기입은 그림 11.1과 같이 그 구의 지름 또는 반지름 앞에 기입한다. 즉 ϕ나 R의 앞에 "구"라고 기입한다. 다만 도형이 명백할 때에는 기호를 생략해도 된다. 그림 11.1에서 "구ϕ12"란 지름이 12mm인 구면임을 나타낸다.

3) 반지름 기호(R)

반지름(radius)을 나타낼 때에는 그림 11.2와 같이 "R"의 기호를 치수숫자 앞에 기입한다.

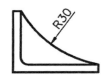

그림 11.2 반지름의 기입법

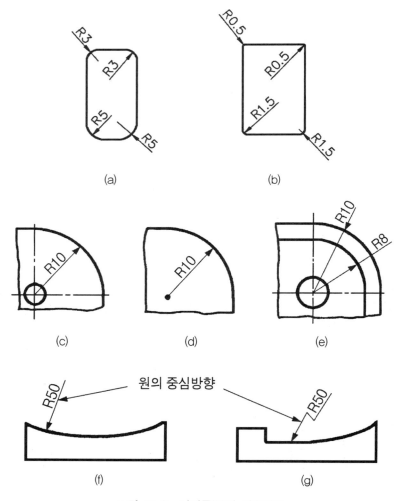

그림 11.3 반지름(R)의 치수기입

다만 반지름을 표시하는 치수선이 그 원호의 중심까지 그어졌을 때에는 기호를 생략해도 무방하며, 그림 11.3에서 설명하는 바와 같다. (a)의 경우 위쪽에 기입된 반지름 3의 치수는 도형 밖으로 기입할 때 안쪽으로 그은 치수선이 중심에 이르렀다고 가정하여 "R"기호를 생략한다. 그러나 안쪽에 기입한 "R3"은 치수선이 중심선에 이르려면 3mm가 되어야 한다.

화살표의 길이가 약 3mm로서(비율이 a : 3a이므로 화살표 폭이 1이고 길이가 약 3mm가 된다.) 치수선이 나타나지 않는다. 그래서 치수선이 남도록 하려면 약 4mm가 되어서 중심을 넘게 되므로 "R"기호를 넣는다[(a)그림의 아래 치수 5mm 참고]. (b)의 경우 (a) 그림에서와 같이 해석하면 반지름 0.5와 1.5치수에의 "R"기호를 기입한 것과 하지 않은 것이 비교 대조가 된다.

4) 지름 기호(ϕ)

지름(diameter)은 (a)와 같이 원의 중심을 통과하여 측정한 길이이다. 도면에 사용된 예는 다음의 그림 11.4와 같다. 치수 앞에 ' ϕ ' 기호를 붙인다. 원의 크기가 작아 치수를 원 내부에 기입할 수 없는 경우에는 치수를 (b)와 같이 원 바깥에 기입한다.

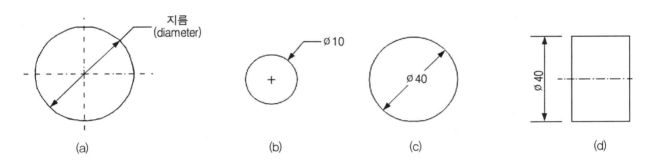

그림 11.4 원지름의 치수기입

5) 참고치수

참고치수(reference dimension)는 이미 기입된 다른 치수로부터 크기를 알 수 있지만, 가공 또는 제작에 있어 편의상 기입한 치수이다. 참고치수는 측정하지 않는다. 단지 참고만 한다. 그림 11.5와 같이 치수를 괄호 안에 기입하여 참고치수임을 나타낸다.

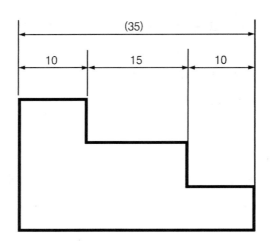

그림 11.5 참고치수의 기입

6) 모떼기 기호(C)

부품의 모서리를 빗나가게 깍아내는 것을 모떼기(chamfering)라 한다. 그림 11.6의 (a)와 같이 모떼기의 깊이와 각도를 표시한다. 다만 45°의 모떼기에 한하여 (b)와 같이 C의 기호를 치수숫자 앞에 병기하거나 "1×45°"와 같이 기입해도 된다. "C1.5"란 각의 꼭지점에서 가로, 세로를 1.5mm의 길이를 잡아서 빗면을 만든다는 의미이다.

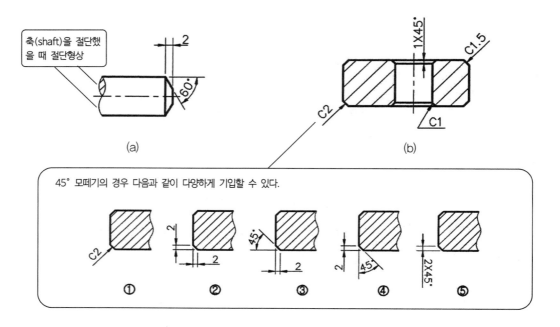

그림 11.6 모떼기 기호 기입법

7) 두께(thickness)의 치수기입

보통 10mm 이하의 일정한 두께를 갖는 판재(plate) 형상의 두께를 지정하는 경우에는 그림 11.7과 같이 치수값 앞에 't' 기호를 붙여서 치수를 기입한다.

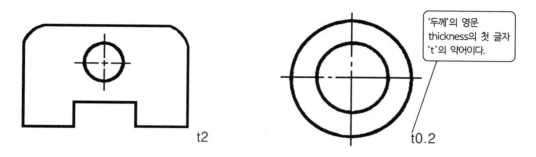

'두께'의 영문 thickness의 첫 글자 't'의 약어이다.

그림 11.7 판재의 치수기입

8) 평면의 도시

면이 평면인 것을 나타낼 필요가 있을 때에는 가는 실선으로(0.2mm 이하) 대각선을 긋는다(그림 11.8).

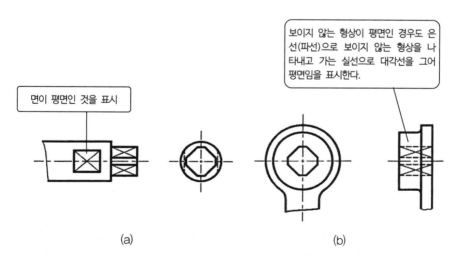

면이 평면인 것을 표시

보이지 않는 형상이 평면인 경우도 은선(파선)으로 보이지 않는 형상을 나타내고 가는 실선으로 대각선을 그어 평면임을 표시한다.

(a)   (b)

그림 11.8 평면의 도시

9) 룰렛(Roulette)의 도시

룰렛(roulette)을 넣은 부품, 철사망 및 무늬강판 등을 나타내는 경우에는 각각 보기를 든 그림의 도시법을 따른다(그림 11.9).

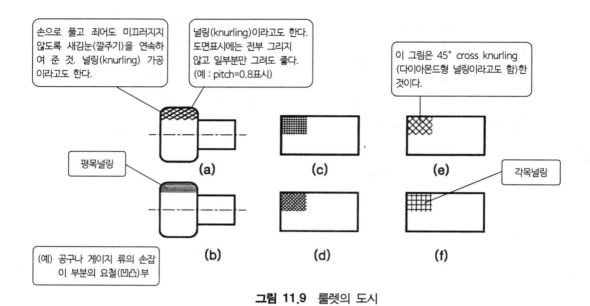

그림 11.9 룰렛의 도시

10) 전체 길이 치수의 기입과 기입방법

그림 11.10에서와 같이 치수는 계산할 필요가 없게끔 간결하고 명확하게 기입한다. 작업을 쉽게 할 수 있도록 전체 길이를 기입하면 좋다. 이러한 경우 다른 중요치수와 구별하기 위하여 치수값을 ( ) 안에 기입하여 참고치수임을 나타내도록 한다.

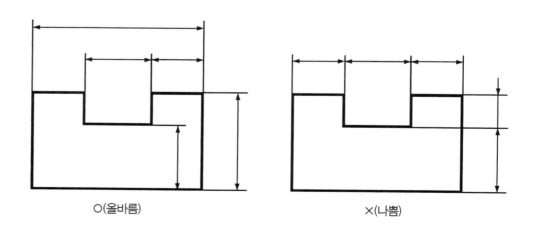

○(올바름) ×(나쁨)

그림 11.10 전체 치수의 기입

부품의 전체길이 치수를 기입하는 방식에는 다음과 같은 2가지가 있다.

① 연속 치수기입 방식(chain dimensioning)은 각각의 치수가 연속적으로 이어져 있다.

② 기준면 치수기입 방식(datum dimensioning)은 어느 한 기준면을 기준으로 치수가 기입되어 있다 (그림 11.10).

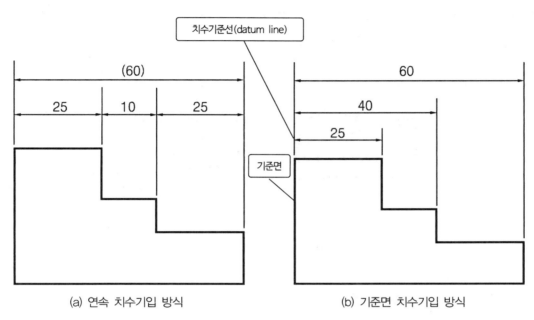

그림 11.10 전체 길이 치수의 기입(1)

그리고 CNC 가공이나, CAM 공정에서는 가공 프로그램을 쉽게 만들기 위하여 그림 11.11과 같이 치수선을 사용하지 않는 도면을 사용한다. 그 방식 가운데 하나가 전체 길이를 연속 치수기입 방식으로 치수를 기입하는 화살표 없는 치수기입 방식(arrowless dimensioning)인 것이다.

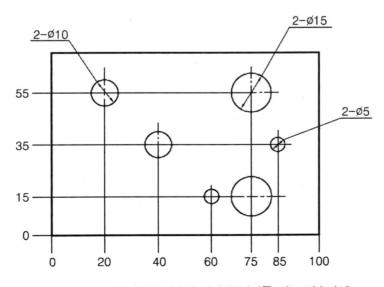

그림 11.11 전체 길이 치수의 기입(2) (화살표 없는 치수기입)

11.2 구배(Slope)와 테이퍼(Taper)의 치수기입법

그림 11.12의 (a)와 같이 한쪽 면만 기울어진 경우를 구배(句配, 기울기라고도 함)라 하고 $\dfrac{(a-b)}{L}$ 로서 그 비율을 나타낸다. 또 그림 11.13의 (a)와 같이 중심에 대하여 대칭으로 경사를 이루는 경우를 테이퍼라 하고 그 비율은 $\dfrac{(a-b)}{L}$ 로서 나타낸다.

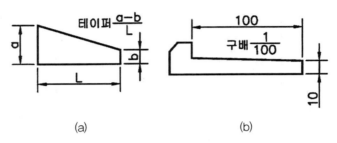

(a) (b)

그림 11.12 구배의 표시법

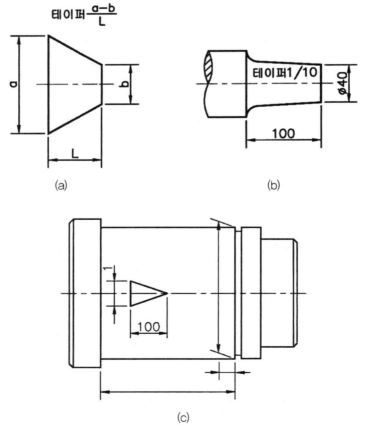

(a) (b)

(c)

그림 11.13 테이퍼의 기입법

구배와 테이퍼를 도형 안에 표시할 때에는 구배는 그림 11.12의 (b)와 같이 경사변의 위에 나란하게 기입하고 테이퍼는 그림 11.13의 (b)와 같이 대칭도형 중심선 위에 기입한다.

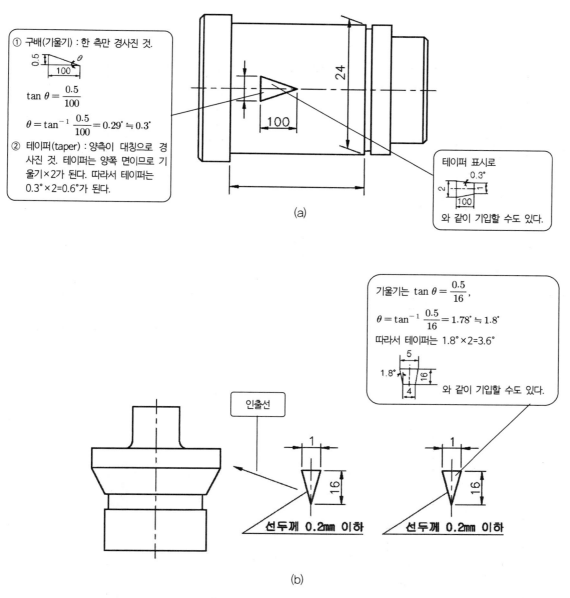

그림 11.14 특별히 테이퍼를 명시할 때

다만 테이퍼를 명시할 필요가 있을 때에는 그림 11.14의 (a)와 같이 중심선 위에 별도로 표시하거나 (b)와 같이 빗면에서 따로 인출선을 끌어내어서 기입해도 된다. 이때 테이퍼 선도는 치수비율에 관계가 없으며 알기 쉽게 간단히 표시하면 된다. 테이퍼=기울기(slope)×2=구배×2=빼기각(draft angle)×2= 경사각(tilting angle 혹은 declination angle)×2, 부품을 예로 들자면 관용(管用, pipe) 테이퍼나사인 PT2[나사의 호칭 2″(50mm)] 등이 있다.

11.3 척용 핸들(Chuck용 handle)의 도면해석

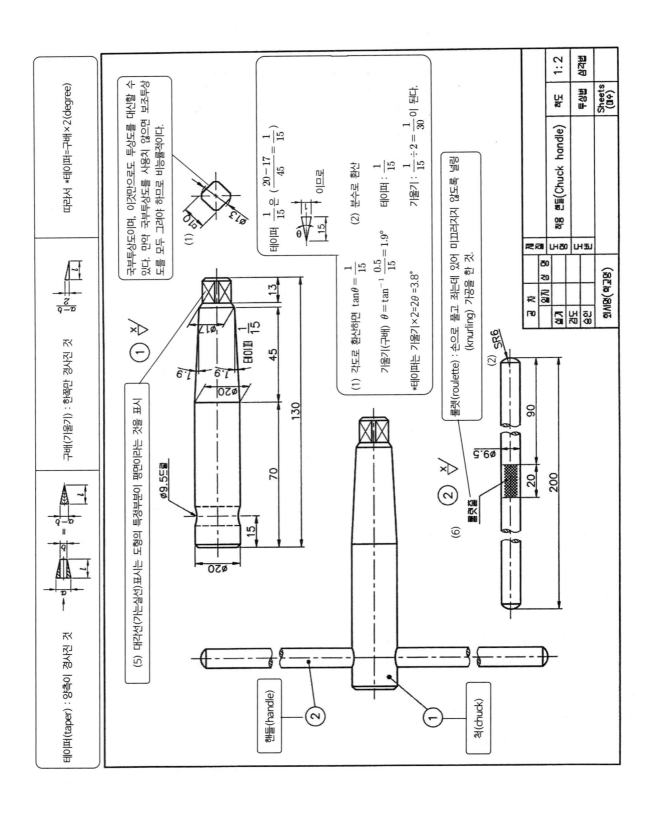

테이퍼(taper) : 양측이 경사진 것

구배(기울기) : 한쪽만 경사진 것

따라서 *테이퍼=구배×2(degree)

(5) 대각선(가는실선) 표시는 도형의 특정부분이 평면이라는 것을 표시

(1)

국부투상도이며, 이것만으로도 투상도를 대신할 수 있다. 만약 국부투상도를 사용치 않으면 보조투상 도를 모두 그려야 하므로 비능률적이다.

이미로

(1) 각도로 환산하면 $\tan\theta = \dfrac{1}{15}$

구배기(구배) $\theta = \tan^{-1}\dfrac{0.5}{15} = 1.9°$

*테이퍼는 기울기×2=2θ=3.8°

테이퍼 $\dfrac{1}{15}$ 은 $\left(\dfrac{20-17}{45} = \dfrac{1}{15}\right)$

(2) 분수로 환산

테이퍼 : $\dfrac{1}{15}$

기울기 : $\dfrac{1}{15} \div 2 = \dfrac{1}{30}$ 이 된다.

룰렛(roulette) : 손으로 몰고 좌눈에 있어 미끄러지지 않도록 널링(Knurling) 가공을 한 것.

작도	1 : 2
투상법	성각법
Sheets(매수)	

척용 핸들(Chuck handle)

검사 성인
실기 검도
승인

위사항(역각형)

핸들(handle)

척(chuck)

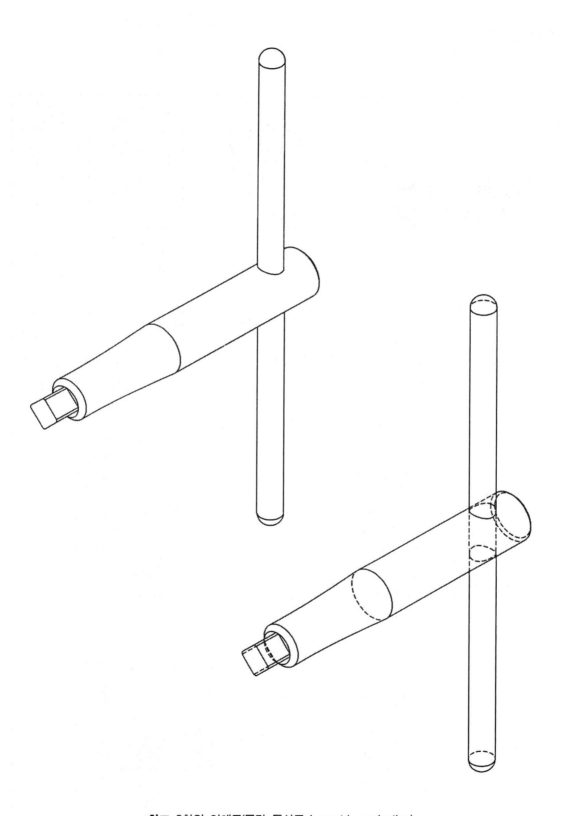

참고 3차원 입체도(등각 투상도 Isometric projection)

11.4 공작용 잭(Jack)

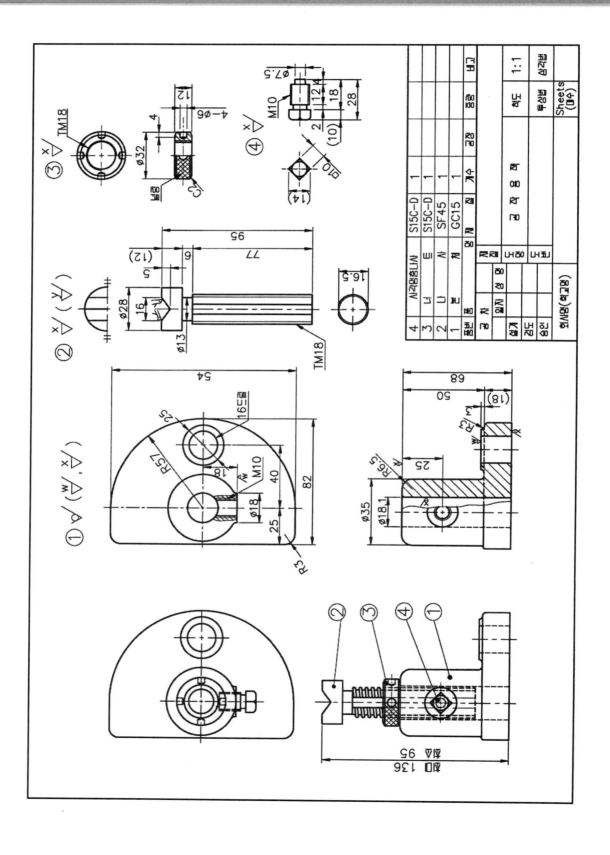

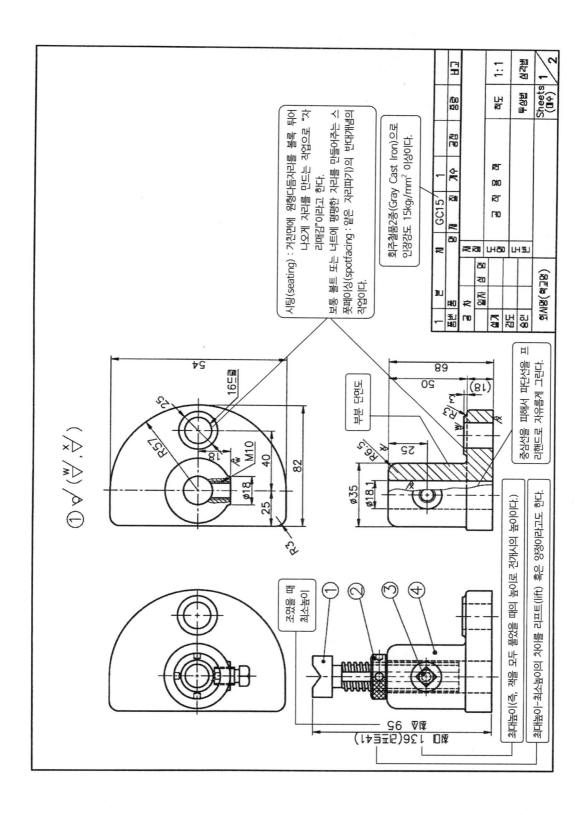

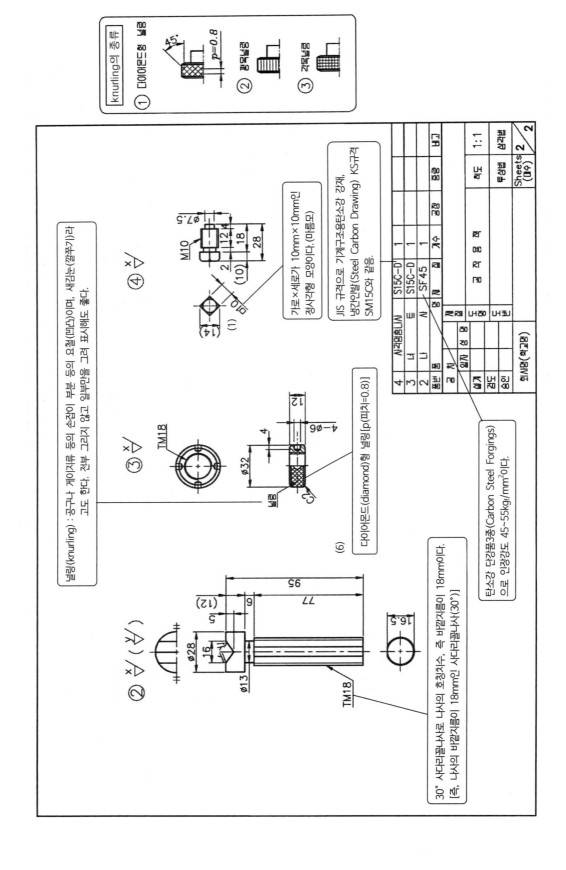

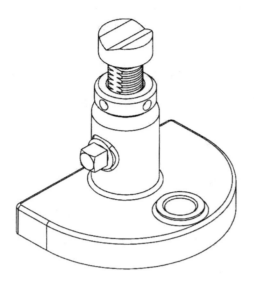

참고 Ass'y 3차원 입체도(등각 투상도 Isometric projection)

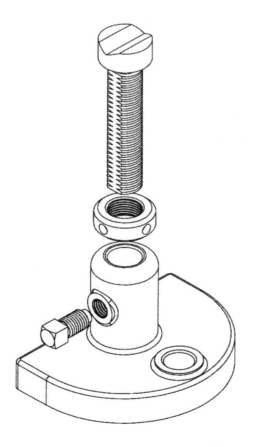

참고 Ass'y 3차원 입체도(등각 투상도 Isometric projection)

11.5 기하공차

기하공차의 필요성은 부품의 기능을 최대한으로 하기 위하여 조립체에서 부품간의 관계, 부품의 치수, 설계치수 및 치수공차, 가공치수, 조립 등의 공정에서 발생되는 문제점을 최소화시켜 생산성을 향상시키는 데 있다.

1) 단독 형체에 대한 공차기입 방법

단독 형체(점, 선, 면으로 정의된 형체를 단독 형체라 칭한다)에 기하공차를 지시하기 위해서는 기하공차의 종류를 나타내는 기호와 공차값을 기입한 사각형의 틀로 나타낸다.

도면에 관련 형체의 기하공차를 규제할 경우에는 기하공차 기입틀과 관련 형체가 직선으로 나타나는 투상에서 해당 직선을 지시선으로 연결한다. 그리고 이 지시선에는 적용하는 기하공차의 기호, 공차값, 데이텀면(datum plane, 기준면을 의미한다)을 기입한다.

도면상에 이를 반영하여야 하며, 가공시에는 이의 기준에 의하여 가공되어져야만 한다. 그리하여 가공 후 조립하는데 발생할 수 있는 문제를 사전에 피할 수가 있다. 그림 11.15는 직사각형의 윗면에 진직도 0.15를 규제한 도면이다.

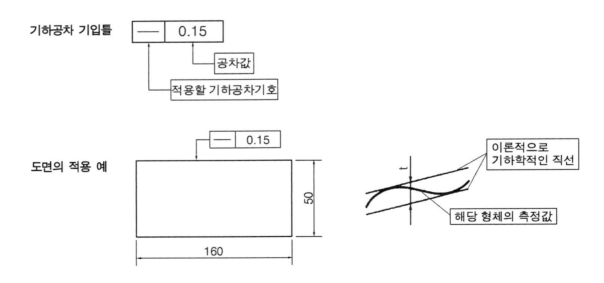

그림 11.15 직사각형의 윗면에 진직도 0.15를 규제한 도면의 예

그림 11.15의 기하공차 규제의 의미는 기하공차 기입틀에서 나온 지시선이 가리키는 곡면을 길이방향으로 일직선으로 측정하였을 때, 측정값이 $t = 0.15\text{mm}$만큼 떨어진 이론적으로 기하학적인 두 개의 직선 사이에 있어야 한다는 것을 규제하는 내용이다.

2) 관련 형체에 대한 기하공차의 종류

관련 형체는 데이텀과 관련하여 대상으로 하는 형체에 기하공차를 부여한 경우이다. 표 11.1에서와 같이 관련 형체에 대한 기하공차 종류에는 자세공차, 위치공차, 흔들림공차 등이 있다.

표 11.1 관련 형체에 대한 기하공차의 종류

적용하는 형체	공차의 종류		공차 기호
관련 형체	자세 공차	평행도	//
		직각도	⊥
		경사도	∠
	위치 공차	위치도	⊕
		동심도(또는 동축도)	◎
		대칭도	═
	흔들림 공차	원주 흔들림	↗
		온 흔들림	↗↗

그림 11.16은 관련 형체에 평행도 기하공차를 부여한 도면이다. 기하공차 기입틀에서 나온 지시선이 지시하는 곡면을 측정하였을 때, 측정값은 데이텀 A(직사각형의 바닥면)에 평행하고 $t = 0.15\text{mm}$만큼 떨어진 이론적으로 기하학적인 두 개의 평면 사이에 있어야 한다는 것을 규제하는 내용이다.

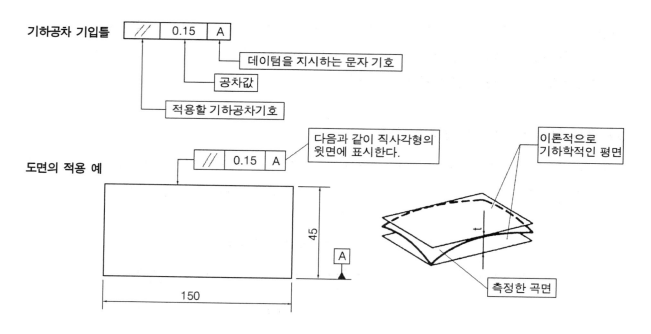

그림 11.16 관련 형체에 기하공차를 부여한 도면
(직사각형의 윗면에 평행도 0.15를 규제한 도면의 예)

3) 복수 데이텀에 의한 공차기입

그림 11.17과 같이 하나의 형체에 복수의 데이텀을 지정하여 기하공차를 기입하는 경우에는 제1 데이텀을 가장 먼저 쓰고, 그 다음에 제2 데이텀, 제3 데이텀을 순차적으로 기입한다.

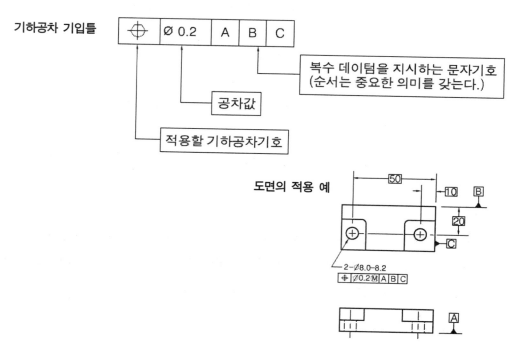

그림 11.17 복수의 데이텀을 지정하여 기하공차를 기입한 도면(1)

4) 기준면의 설정

데이텀은 부품을 설계할 때 중요한 부위가 어디인가를 생각하고 설정해야 한다. 일반적으로 세 개의 데이텀은 서로 직각을 이루게 한다. 이 세 개의 데이텀을 데이텀 참조 평면(datum reference plane)이라고 한다. 데이텀 참조 평면을 이루는 세 개의 데이텀을 각각 제1 데이텀(primary datum), 제2 데이텀 (secondary datum), 제3 데이텀(tertiary datum)이라 한다. 제1 데이텀은 제일 중요한 데이텀이다.

그림 11.18은 서로 직각을 이루는 세 개의 데이텀 참조 평면으로부터 부품이 어떤 방향으로 측정되어야 하는지를 보여준다.

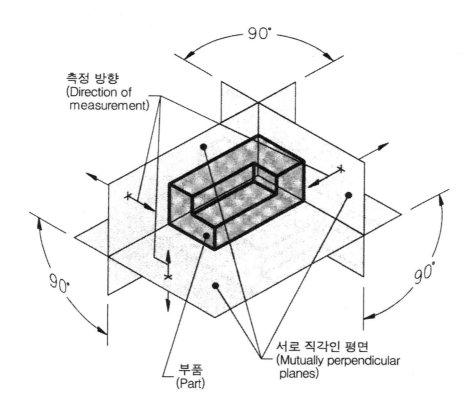

그림 11.18 기준면의 설정

도면에 기입한 데이텀 기호 A, B, C는 부품의 데이텀 형체와 관련이 있다. A, B, C 순서는 매우 중요한 의미를 가지고 있다. 데이텀 A는 제1 데이텀, 데이텀 B는 제2 데이텀, 데이텀 C는 제3 데이텀을 나타낸다. 그림 11.19는 세 개의 참조 평면이 만들어지는 과정을 도면을 참고하여 설명한다. 도면에 표시한 것과 같이 제1 데이텀 A는 우측의 입체도에서 바닥면을 나타내고, 제2 데이텀 B는 뒷면을, 제3 데이텀은 우측면을 나타낸다.

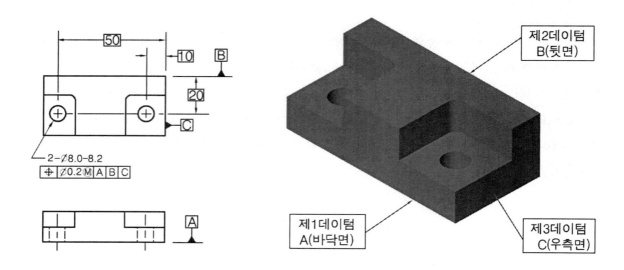

그림 11.18 3개의 기준면 설정

그림 11.19와 같이 제1 데이텀으로 지정한 부품의 곡면은 아래의 그림과 같이 정반 위에 놓는다. 제1 데이텀으로부터 기입한 치수는 정반을 기준점 '0'으로 하여 높이를 측정하게 된다.

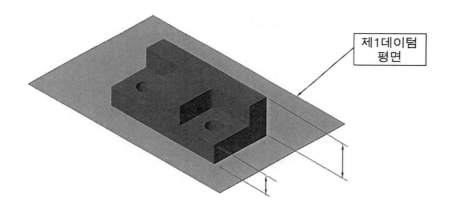

그림 11.19 제1 기준면 설정

그림 11.20과 같이 부품을 기준으로 제1 데이텀에 수직하게 제2 데이텀을 설정한다.

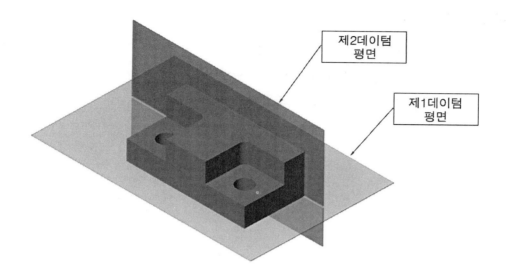

그림 11.20   제2 기준면 설정

부품을 기준으로 아래의 그림 11.21과 같이 제1 데이텀과 제2 데이텀에 수직하게 제3 데이텀을 설정한다.

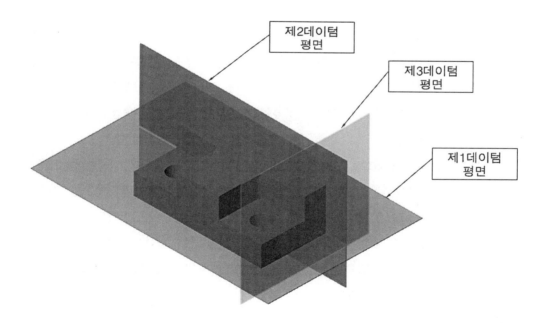

그림 11.21   제3 기준면 설정

5) 기하공차의 적용 예

① 기하공차의 필요성(지름공차로 규제된 구멍과 축)

다음 그림 11.22와 같이 구멍과 축과의 관계를 나타내는 도면이다. 종래의 끼워맞춤 기호에 의한 일반적인 도면으로 축이 구멍에 끼워져 조립되는 구조이다.

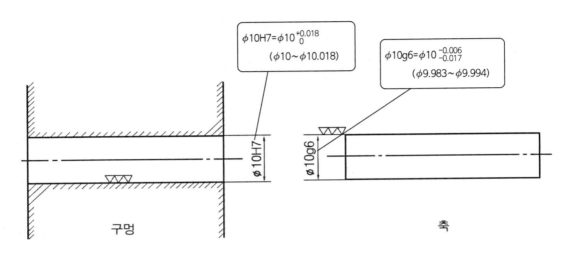

$\phi10H7 = \phi10^{+0.018}_{0}$
$(\phi10 \sim \phi10.018)$

$\phi10g6 = \phi10^{-0.006}_{-0.017}$
$(\phi9.983 \sim \phi9.994)$

$\phi10H7$ $\phi10g6$

구멍 축

그림 11.22 일반적인 조립구조

㉮ 위의 도면에서 구멍과 축과의 조립을 위한 치수공차에는 문제는 없다. 그러한 치수공차만으로는 아래 그림과 같이 가공시 축의 구부러짐(휨)에 대한 규제(규정)이 없기 때문에 반드시 구멍에 축이 들어가 정확히 조립된다고는 할 수 없다. 즉, 치수공차(지름공차)로만 규제된 구멍(hole)과 축의 대표적인 요소부품인 핀(pin)이 결합되는 부품이 치수공차상으로 결합되도록 치수공차가 주어져 있다.

구멍과 축(핀)의 치수가 $\phi10mm$로 같을 때 결합될 수 있는 조건은 두 부품의 형상(즉, 진직도)이 완전해야만 한다. 두 부품의 형상이 완전하지 않고 조금이라도 완전 형상에서 벗어나 변형되었다면 결합될 수가 없다.

다음 그림 11.23의 예와 같이 제작상 불가피하게 발생되는 생김새(형상, 형체)의 변화된 범위를 기하공차라 하며, 모양의 변화범위를 공차기호와 공차의 범위를 값으로 지시한다. 가공방법과 공정에 따른 문제가 발생된다.

구멍과 축의 경우에는 일반적으로

㉠ 가공방법

㉡ 공정순서

㉢ 어떤 정밀도를 갖는 기계에서 가공했느냐에 따라(가공기계의 정밀도)

아래 그림 11.23과 같이 구멍이나 축에 실제로 휘어짐이 생겨서 설계도면에서 요구한 본래의 기능을 잃게 되어 작동하지 않거나, 조립의 자동화 생산이 어려워진다.

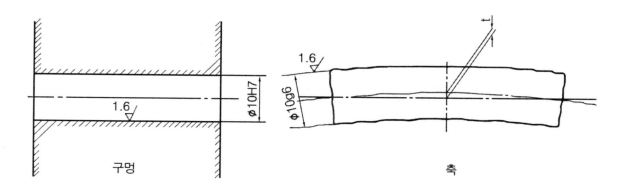

그림 11.23 기하공차의 적용이 필요한 사례

그래서 아래 그림 11.24와 같은 기호를 사용해서 $t < 0.05$mm로 해서 축 중심선의 구부러짐(휨)의 정도를 규제해주면 축은 구멍에 들어가게 되어져 조립(assembly)된다. 이것을 기하공차라고 하는 것으로, 여기서는 축의 진직도 공차를 규제한 것이다.

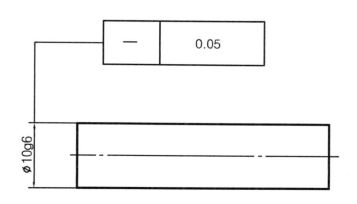

그림 11.24 기하공차의 적용 예

④ 기하공차(geometric tolerance)
 - 형상공차(form tolerance)
 - 형체 : 점, 선, 축선, 면 또는 중심면으로 정밀도의 대상이 된다.

이와 같은 문제점을 고려하여 설계자(designer)는 각 부품과의
 ㉠ 조립상태의 기능과 작동을 고려하고
 ㉡ 가공기계의 정밀도
 ㉢ 가공자의 숙련도 등을 최소한 고려하여

치수기입, 공차(치수공차, 기하공차의 기호 및 그 값 기입 등), 가공방법, 다듬질정도, 재료 등을 제원(사양)으로 기입한다. 가공자와 제작전에 도면협의가 반드시 필요하다.

위와 같은 문제(트러블)은 가공 도면에 기하공차의 표시가 있으면 미연에 방지할 수가 있으나, 도면에 지시가 없기 때문에 관례상 작업자가 조정하면서 끼우거나, 시행착오를 거쳐서 일을 진행하여 왔다. 특히, 설계자도 이를 인지하지 못하고 그리는 도면이 일반적이었다.

가공 작업자도 이의 중요성을 깨닫지 못하고, 가공을 하여왔다. 그런데, 최근에는 고정밀도의 제품이나 장치, 시스템에 대한 요구가 많아져, 이 기하공차의 필요성과 중요성이 점점 높아지고 있다. 더불어 이는 정확한 설계시의 품질(형상정의, 구조, 부품 등의 설계와 치수기입, 치수공차, 기하공차, 다듬질기호 등), 재료선정, 열처리 가공 등과 더불어 제품의 생산성을 향상하는 주요 요소가 된다.

② 기하공차의 적용 예

그림 11.25에서와 같이

D : 구멍의 지름 F : 구멍의 직각도와 진직도 공차

d : 핀의 지름 f : 핀의 직각도와 진직도 공차

D_f : 구멍에 내접하는 이상적인 원통 F_f : 핀에 외접하는 이상적인 원통

$$D_f = D - F, \quad F_f = d + f$$

의 식이 성립된다. 또한 간섭없이 결합이 가능한 조건은 $F_f \leqq D_f$가 된다.

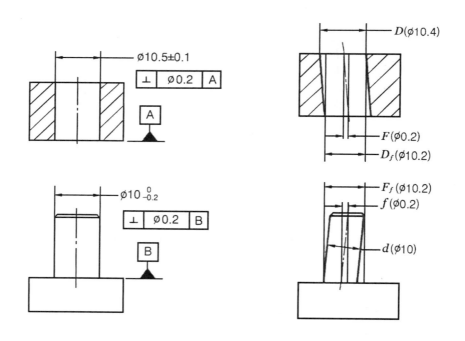

(a) 직각도로 규제된 도면   (b) 가장 나쁜 극한상태에서 결합되는 조립형상

그림 11.25 직각도와 치수공차의 관계

그림 11.26의 (b)에서도

D : 구멍의 지름 F : 구멍의 직각도와 진직도 공차

d : 핀의 지름 f : 핀의 직각도와 진직도 공차

D_f : 구멍에 내접하는 이상적인 원통 F_f : 핀에 외접하는 이상적인 원통

$$D_f = D - F, \; F_f = d + f$$

의 식이 성립된다. 또한 간섭 없이 결합이 가능한 조건은 $F_f \leqq D_f$ 가 된다.

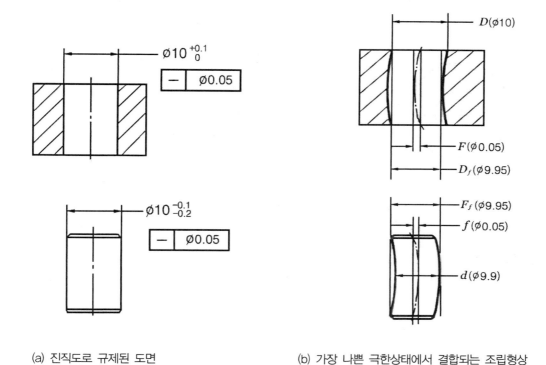

(a) 진직도로 규제된 도면   (b) 가장 나쁜 극한상태에서 결합되는 조립형상

그림 11.26 진직도와 치수공차의 관계

③ 동축에 관한 형체

부품의 기능이나 결합상태에 따라 동축(동일축)에 대한 편심량(어긋난 량)을 규제하지 않으면 기능상, 성능상 문제가 발생되는 경우가 있다. 그림 11.27 (a)와 같이 도면상으로는 안지름(ϕA)과 바깥지름(ϕB)의 중심이 동축으로 일치해 있지만 실제 제작에 있어서는 동축으로 ϕA와 ϕB의 중심이 일치하게 제작된다는 보장이 없다. 따라서, 그림 (e)와 같이 동심도(동심도 기하공차)를 적용하여 중심의 편위량을 기하공차로 규제할 필요가 있다.

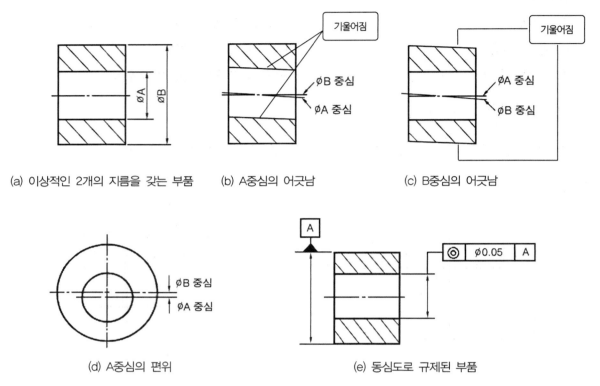

(a) 이상적인 2개의 지름을 갖는 부품   (b) A중심의 어긋남   (c) B중심의 어긋남

(d) A중심의 편위   (e) 동심도로 규제된 부품

그림 11.27 내외 원통 각 중심의 어긋남(중심이 맞지 않음)

그림 11.28은 그림 11.27에서의 동축 구멍에 조립되는 축이다.

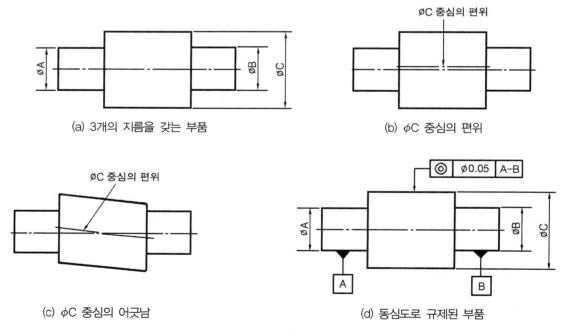

(a) 3개의 지름을 갖는 부품   (b) ØC 중심의 편위

(c) ØC 중심의 어긋남   (d) 동심도로 규제된 부품

그림 11.28 ØC 중심의 어긋남

④ 직각에 관한 형체

서로 결합(조립)되는 부품들(구멍, 축을 갖는)을 가공시, 만일 구멍과 축중심이 기울어진다면 얼마만큼 기울어질 것인가. 그러면 그때 결합은 어떻게 될 것인가를 판단할 수 있는 여러 가지의 적용 예를 다음 그림 11.29에서 11.32까지 보여주고 있다.

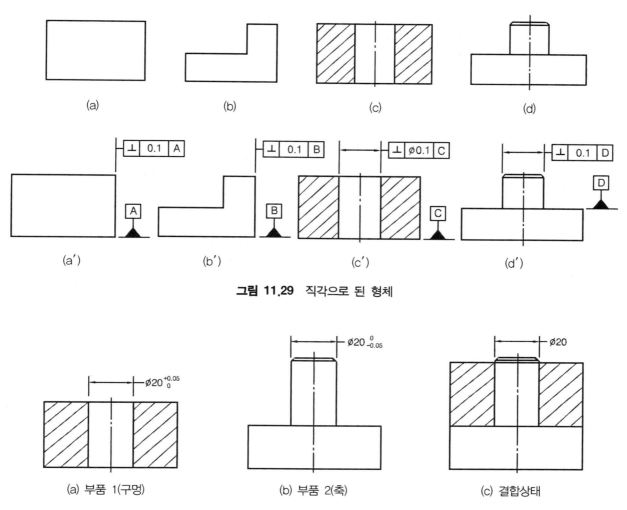

그림 11.29 직각으로 된 형체

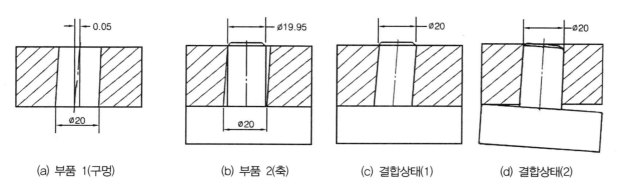

(a) 부품 1(구멍)　　　(b) 부품 2(축)　　　(c) 결합상태

그림 11.30 치수공차만으로만 규제된 부품과 결합(조립)상태

(a) 부품 1(구멍)　(b) 부품 2(축)　(c) 결합상태(1)　(d) 결합상태(2)

그림 11.31 구멍과 축중심이 기울어졌을 경우의 두 부품의 결합(조립) 상태

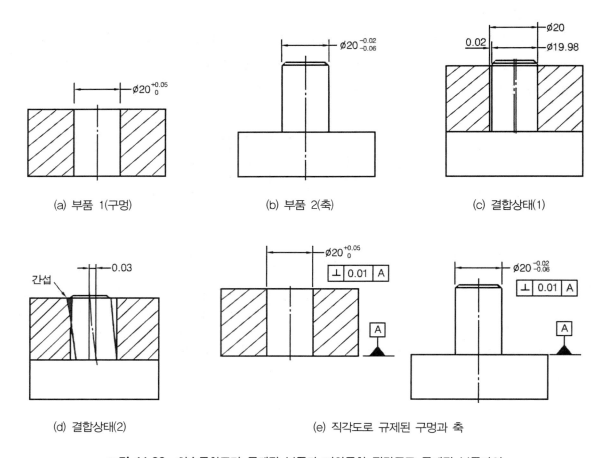

(a) 부품 1(구멍) (b) 부품 2(축) (c) 결합상태(1)

(d) 결합상태(2) (e) 직각도로 규제된 구멍과 축

그림 11.32 치수공차로만 규제된 부품과 기하공차 직각도로 규제된 부품과의
결합(조립)상태 비교

⑤ 평행에 관한 형체

다음 그림 11.33과 11.34는 평행에 관한 형체의 조립에 관한 기하공차 평행도의 적용 예이다.

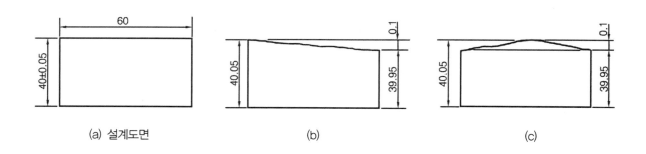

(a) 설계도면 (b) (c)

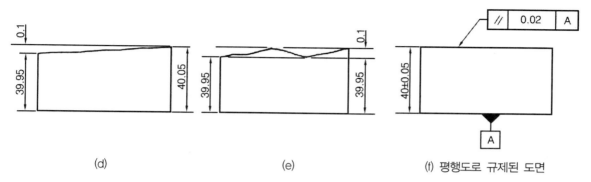

(d)   (e)   (f) 평행도로 규제된 도면

그림 11.33 치수공차로만 규제된 도면과 평행도로 규제된 도면의 비교 예시

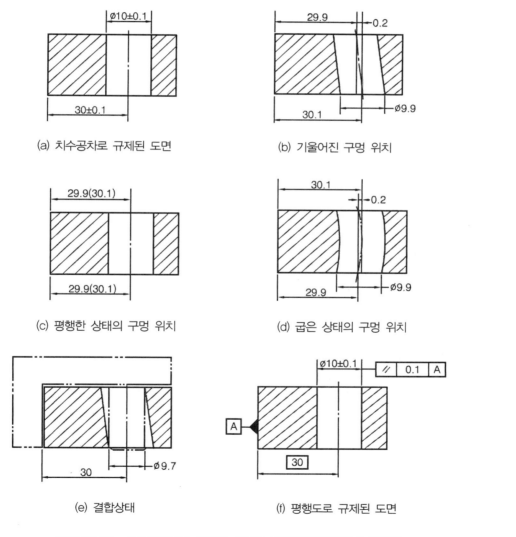

(a) 치수공차로 규제된 도면   (b) 기울어진 구멍 위치

(c) 평행한 상태의 구멍 위치   (d) 굽은 상태의 구멍 위치

(e) 결합상태   (f) 평행도로 규제된 도면

그림 11.34 치수공차로만 규제된 도면과 기하공차(평행도)가 적용된
평행한 구멍 위치 및 조립상태의 비교

축과 축이음

축(shaft)은 막대모양의 원형 부품으로서 주로 회전운동에 의하여 동력을 전달하는데 쓰이며, 단면은 주로 원형이 많고, 속이 구멍이 뚫린 속빈축(hollow shaft)과 실제축(solid shaft)로 나눈다.

재료는 0.4% 이하의 탄소강을 주로 사용하며, 큰 하중을 받는 전동축에는 니켈강(SN), 니켈크롬강 (SNC)이나 특수강이 사용된다.

1) 축의 제도의 간략법(그림 12.1)

① 축은 일반적으로 길이방향으로 절단하지 않으며, 필요에 따라서는 부분 단면이 가능하다.

② 긴 축은 간략도법이나 파단선 등을 사용하여 단축하여 그릴 수는 있으나, 치수는 실제길이로 기입해야 한다.

③ 축이나 보스의 구석 부위의 라운드(round, R) 가공부는 부품도 옆이나 주기(註記)란에 기입하여야 한다.

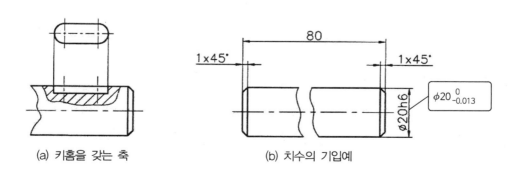

(a) 키홈을 갖는 축   (b) 치수의 기입예

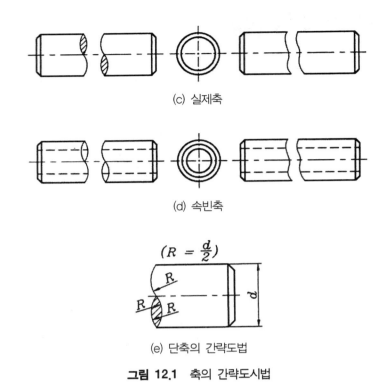

(c) 실제축

(d) 속빈축

(e) 단축의 간략도법

그림 12.1 축의 간략도시법

12.2 축이음(커플링, 클러치)

원동축과 종동축을 연결하여 동력을 전달시키는 기계요소로서 커플링(coupling)과 클러치(clutch)가 있다.

12.2.1 커플링

커플링(coupling)은 운전중에는 결합을 끊을 수 없는(즉, 절대로 연결하거나 풀 수 없다) 영구적인 축이음으로, 장치된 후에는 분해하지 않으면 연결을 분리시킬 수 없다. 가장 많이 쓰이는 축이음으로 플랜지 커플링(flange coupling)이 있다.

1) 플랜지 커플링(flange coupling)

보스(boss)를 축의 끝에 끼워 키(key)로 고정하고, 볼트(bolt)로 죄어 동력을 전달시키는 축이음으로 일반적으로 큰 하중에 사용된다(그림 12.2).

표 12.1은 플랜지 커플링의 치수를 나타내는 표이다.

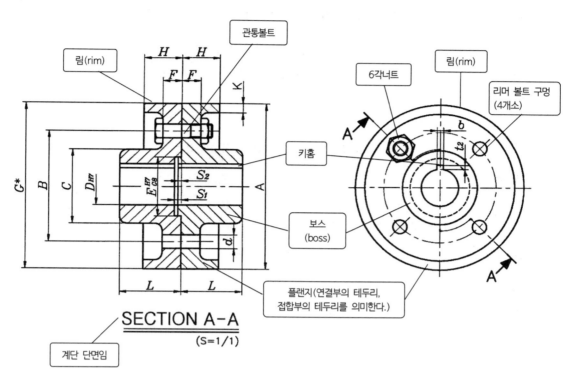

그림 12.2 플랜지 커플링

표 12.1 플랜지 커플링의 치수표

(단위 : mm)

축지름 D_{H7}	보스 길이 L	보스 지름 C	볼트 구멍간의 지름 B	리머볼트 구멍의 지름		플랜지 두께 F	림(rim)			요철(凹凸)부		
				d (지름)	n (개수)		바깥 지름 A	나비 H	두께 K	지름 E	길이 S_1	높이 S_2
25	35	50	80	10	4	9	125	20	4	40	4	2.5
30	35.5	63	100	10	4	11.2	150	25	4	50	4	2.5
35	45	71	100	10	4	14	150	28	4	50	4	2.5
40	50	71	125	14	4	14	180	31.5	4	63	5	3.15
45	63	80	125	14	4	18	190	35.5	6.3	63	5	3.15
50	80	90	160	14	6	18	224	35.5	6.3	80	5	3.15
55	90	100	160	16	6	22.4	236	45	6.3	80	6.3	5
60	100	125	200	16	6	22.4	280	45	6.3	100	6.3	5
70	100	140	200	20	6	28	300	56	10	100	6.3	5
80	140	140	250	20	6	28	355	56	10	125	8	6.3
90	140	160	250	25	6	35.5	375	71	10	125	8	6.3

주 : 림(rim)이 필요 없을 때에는 G^*의 치수로 하는 것이 좋다.

2) 플랜지형 가요성 커플링(flange형 flexible coupling)

축이음(coupling)에서 가장 널리 사용되는 플랜지 커플링 중에서 플랜지형 가요성 커플링은 두 축의 축선이 정확히 일치되기 어려울 때 사용되고, 진동을 흡수하는데 도움이 되어 또한 널리 사용된다. 표 12.2는 축이음의 각 부에 사용되는 재료를 표시한다.

표 12.2 이음의 재료(KS B 1552)

부 품	재 료
본 체	KS D 4301, 회주철품의 GC20, KS D 4101 탄소강주강품의 SC42, KS D 3710 탄소강단강품의 SF45A 또는 KS D 3752 기계구조용 탄소강강재의 SM25C
볼 트	KS D 3503 일반구조용 압연강재의 SS41
너 트	KS D 3503의 SS41
와 셔	KS D 3503의 SS41
스프링 와셔	KS D 3559 경강선재의 HSWR 62 (A, B)
부 시	KS M 6617 방진 고무의 고무재료

주 : 1. 이음 볼트란 볼트, 너트, 와셔, 스프링 와셔 및 부시를 조립한 것을 말한다.
    2. 부시는 내유성의 가유 고무이다.
    3. 회주철(GC)을 FC(Ferrum Casting)라고도 한다.

표 12.3은 플랜지형 가요성 커플링의 규격을 나타낸다.

표 12.3 플랜지형 가요성 커플링의 규격[KS B 1552]

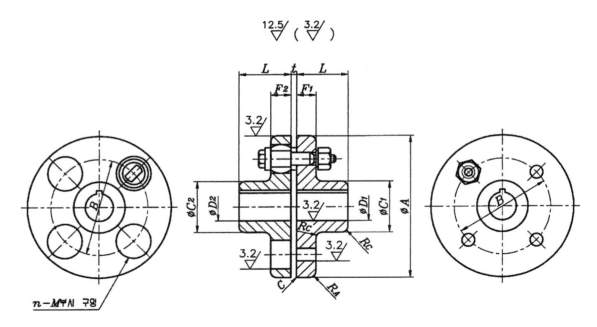

※ 볼트구멍의 배치는 키홈에 대하여 대체적으로 등분하여 배분한다. 모떼기 C는 약 1로 한다.

12.3 크랭크축(Crank shaft)의 도면해석

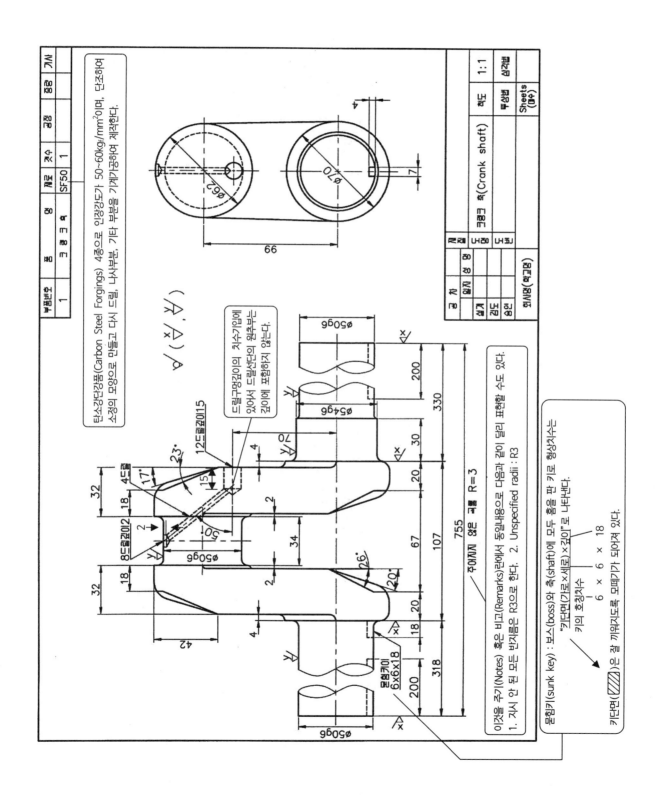

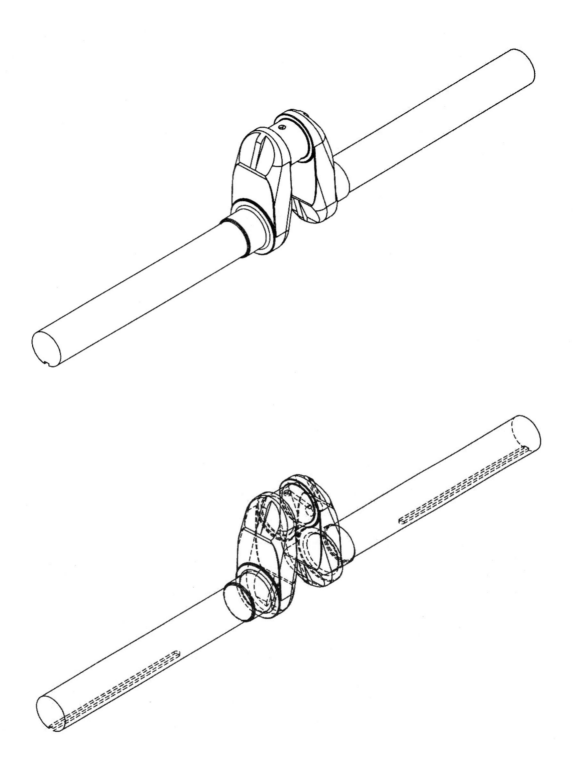

참고 3차원 입체도(등각 투상도 Isometric projection)

12.4 플랜지형 가요성 축이음(II) (Flange형 flexible coupling)의 도면해석

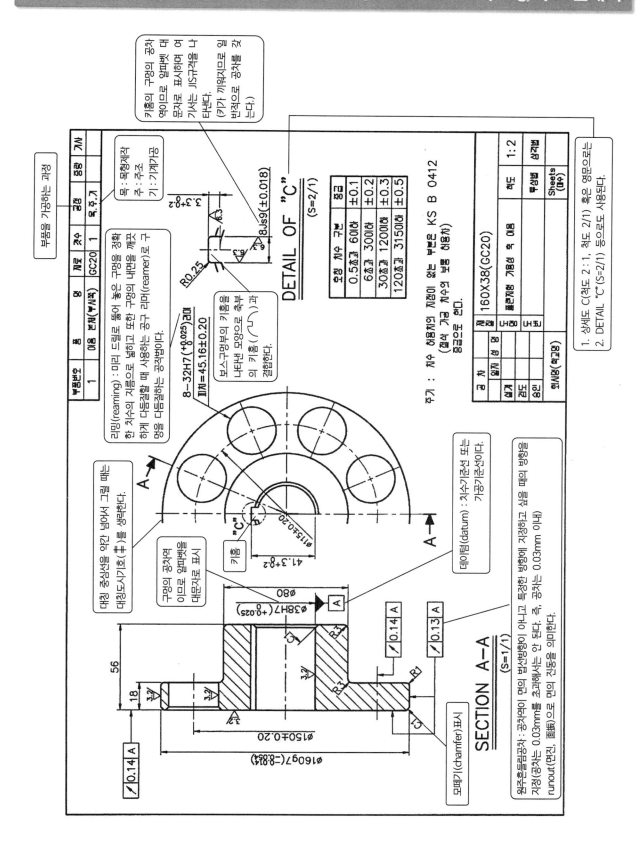

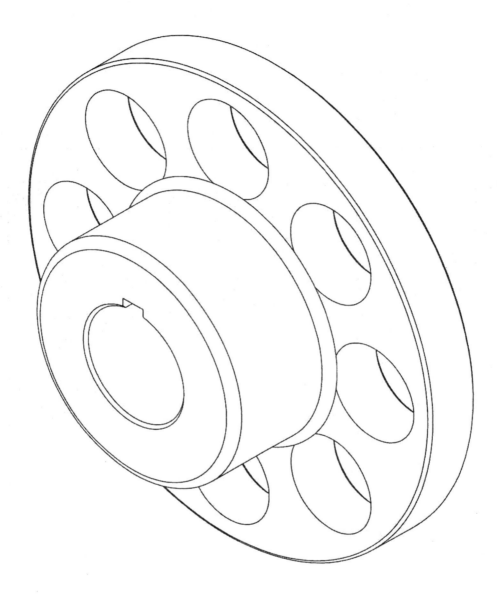

참고 3차원 입체도(등각 투상도 Isometric projection)

12.5 플랜지형 고정 축이음(Flange형 fixed coupling)의 도면해석

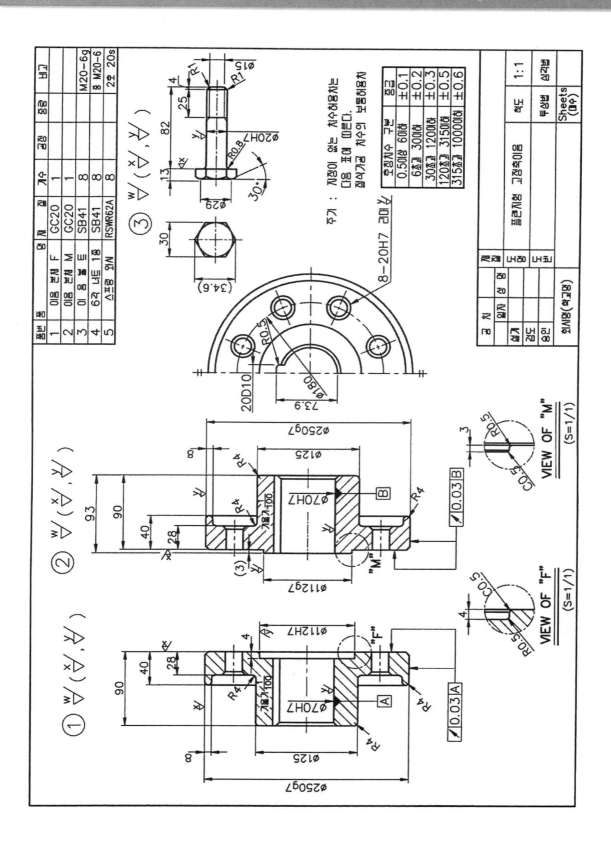

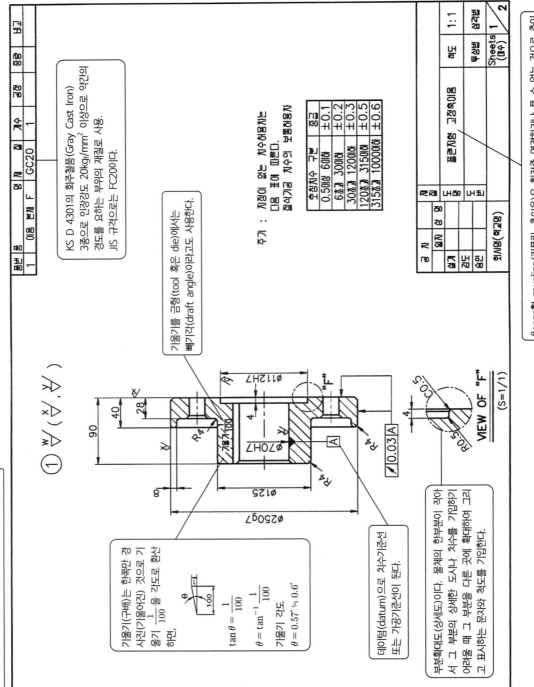

기울기(declination)=빼기각(draft angle)=물매

기울기(구배)는 한쪽만 경사진(기울어진) 것으로 기울기 $\frac{1}{100}$ 을 각도로 환산하면,

$$\tan\theta = \frac{1}{100}$$

$$\theta = \tan^{-1}\frac{1}{100}$$

기울기 각도

$$\theta = 0.57° ≒ 0.6°$$

기울기를 금형(tool 혹은 die)에서는 빼기각(draft angle)이라고도 사용한다.

데이텀(datum)으로 치수기준선 또는 가공기준선이 된다.

부분확대도(상세도)이다. 물체의 한부분이 작아서 그 부분의 상세한 도시나 치수를 기입하기 어려울 때 그 부분을 다른 곳에 확대하여 그리고 표시하는 문자와 척도를 기입한다.

주기 : 지정이 없는 치수허용차는 다음 표에 따른다.
절삭가공 치수의 보통허용차

호칭치수 구분	등급
0.5이상 6이하	±0.1
6초과 30이하	±0.2
30초과 120이하	±0.3
120초과 315이하	±0.5
315초과 1000이하	±0.6

품번	품 명	재 질	개수	무게	공정	검정	비고
1	이음 본체 F	GC20	1				

KS D 4301의 회주철품(Gray Cast Iron) 3종으로 인장강도 20kg/mm² 이상으로 약간의 경도를 요하는 부위의 재질로 사용. JIS 규격으로도는 FC200이다.

flange형 coupling(커플링, 축이음)은 회전중 연결하거나 풀 수 없는 것으로 축이음중 가장 널리 사용되는 축이음 기계 요소로 비교적 큰 하중에 사용한다.

					척도	1:1
				작성명 산업명	Sheets 1	2
검	도	성	명			
사	실기					
자	검도					
	승인					
화M명(작@명)				플랜지형 고정축이음		

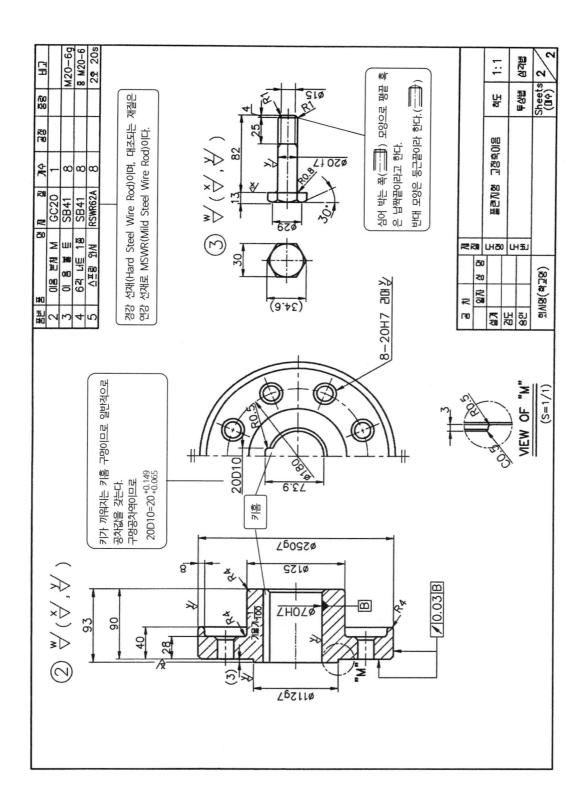

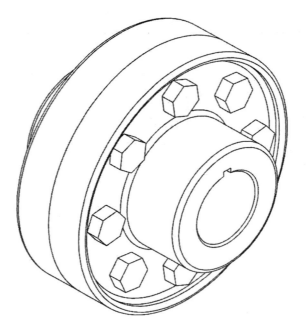

참고 Ass'y 3차원 입체도(등각 투상도 Isometric projection)

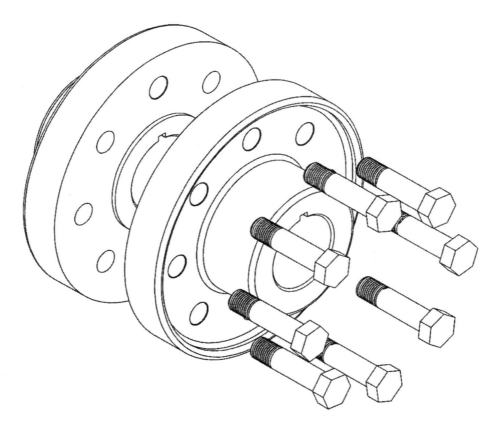

참고 3차원 분해도(등각 투상도 Isometric projection)

12.6 유니버설 조인트(Universal joint)의 도면해석

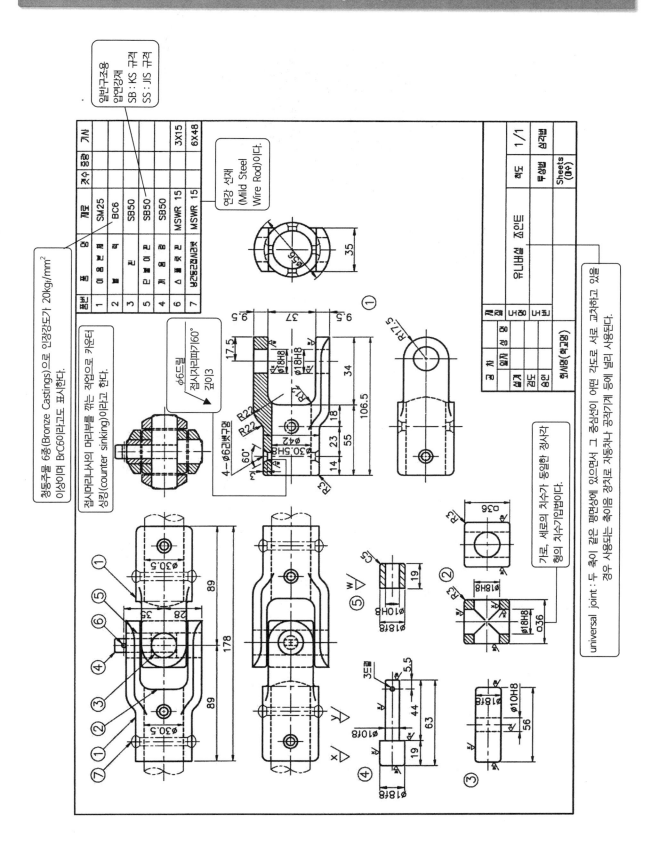

일반구조용
압연강재
SB : KS 규격
SS : JIS 규격

연강 선재
(Mild Steel
Wire Rod)이다.

청동주물 6종(Bronze Castings)으로 인장강도가 20kgf/mm²
이상이며 BrC60라고도 표시한다.

접시머리나사의 머리부를 앉는 작업으로 카운터
싱킹(counter sinking)이라고 한다.

φ6드릴
접시자리파기60°
깊이3

가로, 세로의 치수가 동일한 정사각
형의 치수기입법이다.

universal joint : 두 축이 같은 평면상에 있으면서 그 중심선이 어떤 각도로 서로 교차하고 있을
경우 사용되는 축이음 장치로 자동차나 공작기계 등에 널리 사용된다.

품번	품명	재료	갯수 공칭	기사
1	이음쇠틀	SM25		
2	십자축	BC6		
3	핀	SB50		
5	단붙이키	SB50		
4	캐들쇠	SB50		
6	스프링핀	MSWR 15		3X15
7	분할멈춤나사	MSWR 15		6X48

	유니버설 조인트	척도	1/1
		투상법	3각법
		Sheets (매수)	

정	제도		척도
검	일자		척도
	검도		
	승인		회사명(학교명)

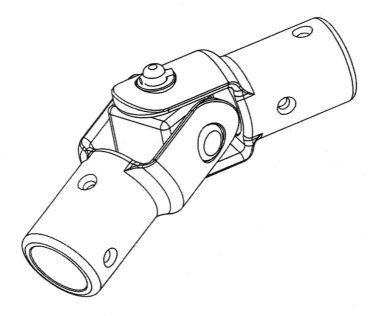

참고 Ass'y 3차원 입체도(등각 투상도 Isometric projection)

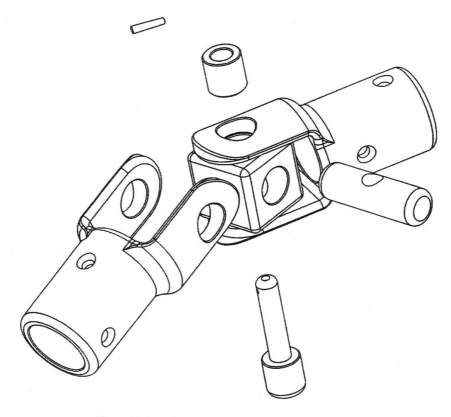

참고 3차원 분해도(등각 투상도 Isometric projection)

12.7 릴용 축(Reel용 shaft)의 도면해석

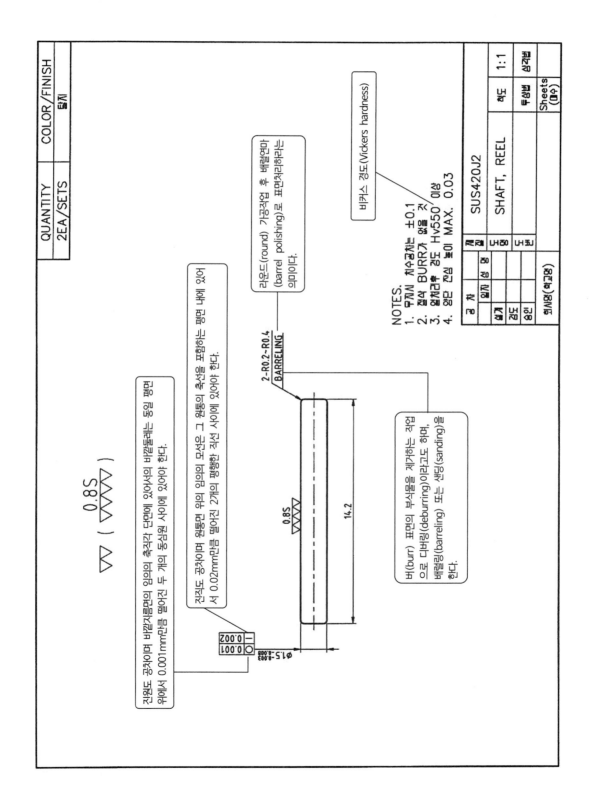

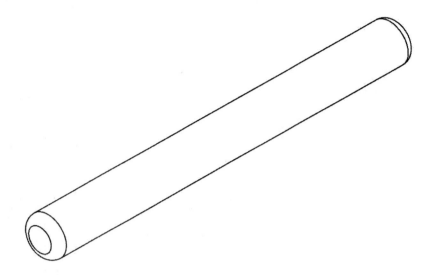

참고 3차원 입체도(등각 투상도 Isometric projection)

12.8 클러치(Clutch)의 도면해석

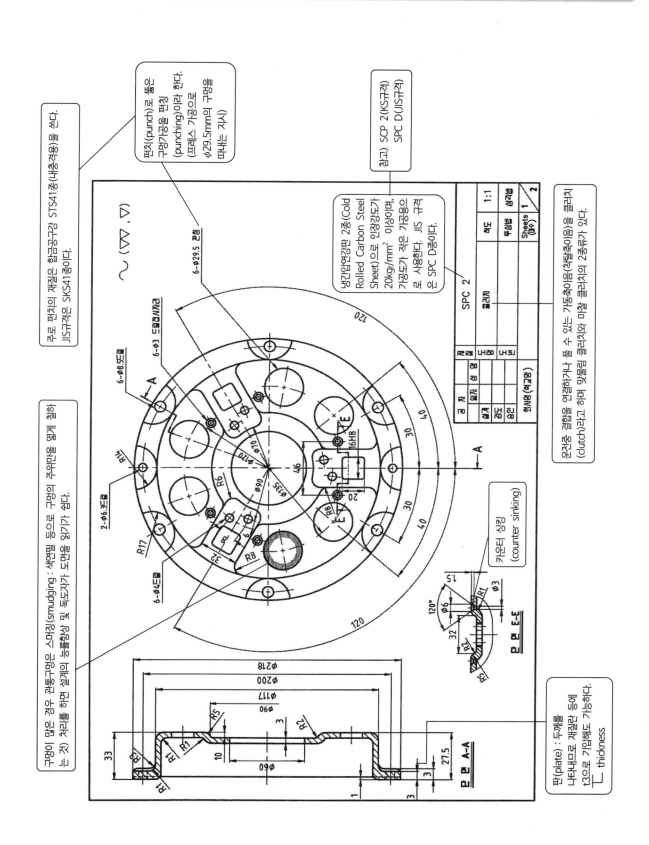

펀치(punch)로 똟은 구멍가공을 편칭 (punching)이라 한다. (프레스 가공으로 φ29.5mm의 구멍을 똟는다 지시)

주로 펀치의 재질은 합금공구강 STS41종(내충격용)을 쓴다. JIS규격은 SKS41종이다.

참고) SCP 2(KS규격) SPC D(JIS규격)

냉간압연강판 2종(Cold Rolled Carbon Steel Sheet)으로 인장강도가 20kg/mm² 이상이며, 가공도가 작은 가공용으로 사용한다. JIS 규격은 SPC D종이다.

운전중 결합을 연결하거나 풀 수 있는 가동축이음(착탈축이음)을 클러치 (clutch)라고 하며 맞물림 클러치와 마찰 클러치의 2종류가 있다.

구멍이 많은 경우 관통구멍은 스머징(smudging : 색연필 등으로 구멍이 주어면을 옅게 칠하 는 것) 처리를 하면 설계의 능률향상 및 독도자가 도면을 읽기가 쉽다.

가운터 싱킹 (counter sinking)

판(plate) : 두께를 나타내므로 재질란 등에 t3으로 기입해도 가능하다. ∟ thickness

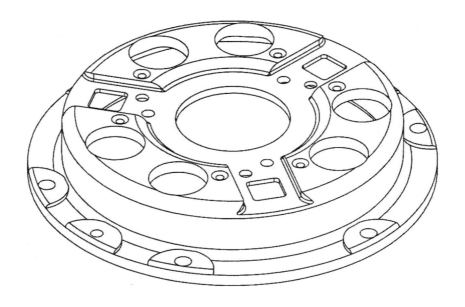

참고 3차원 입체도(등각 투상도 Isometric projection)

12.8.1 구멍(Hole)의 가공

1) 드릴 구멍(drill 구멍)

드릴 가공에 의한 구멍

2) 펀치 구멍(punch 구멍)

프레스(press) 가공에 있어 펀치로 따낸 구멍(그림 12.3 참조)

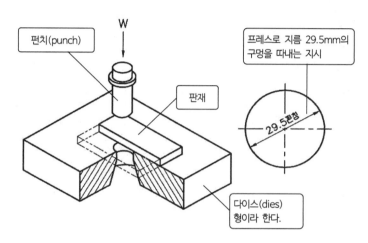

그림 12.3 펀치 구멍의 치수기입

3) 주물 구멍

처음부터 코어(core)를 사용하여 주물에 뚫어 놓은 구멍(그림 12.4 참조)

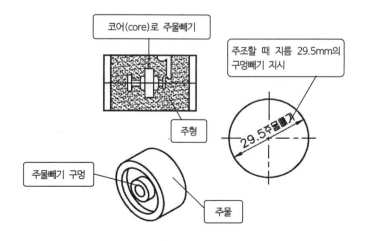

그림 12.4 주물 구멍의 치수기입

12.8.2 클러치(Clutch)

운전중 결합을 연결하거나 풀 수 있는 가동축이음(착탈축이음)으로 맞물림 클러치와 마찰 클러치가 있다. 그림 12.5는 가장 널리 사용되며, 맞물리는 면의 모양에 따라 회전상태를 달리 할 수 있는 맞물림 클러치(claw clutch)를 보여준다.

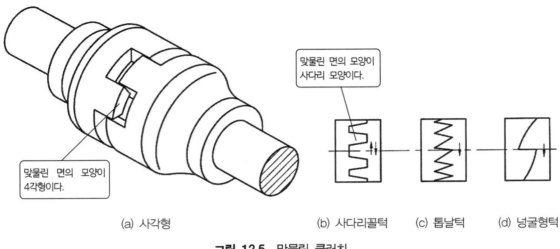

맞물린 면의 모양이
사다리 모양이다.

맞물린 면의 모양이
4각형이다.

(a) 사각형   (b) 사다리꼴턱   (c) 톱날턱   (d) 넝굴형턱

그림 12.5 맞물림 클러치

12.8.3 프레스(Press) 가공

1) 프레스 가공의 종류

프레스 가공의 종류는 대단히 많고, 또 그 가공방법의 내용과 병행하면 복잡하지만 가공 또는 성형(成形) 방법이 유사한 것을 그룹별로 정리하면 그림 12.6과 같이 전단타발가공, 굽힘성형가공, 압축가공, 드로잉(drawing) 가공 등의 4가지로 분류할 수 있다.

그룹	가공명칭	설 명	그 림
전 단 타 발 가 공 그 룹	blanking (블랭킹)	프레스 작업에서 다이구멍 속으로 떨어지는 쪽이 제품으로 되고, 외부에 남아 있는 부분은 스크랩이 되는 가공을 말한다.	
	cutting (절단)	재료의 일부를 절단, 분리하는 가공으로 완성된 제품은 shearing 의 경우와 같다.	

그룹	가공명칭	설 명	그 림
전단타발가공그룹	dinking (딩킹)	고무, 가죽, 금속, 박판 등의 blanking 또는 piercing 가공할 때 쓰이며 펀치의 절삭날은 20° 이하의 예각으로 하며 다이는 목재, 화이버 등의 평평한 판을 사용한다.	
	half blanking (하프 블랭킹)	타발 가공의 일종으로 재료의 타발을 도중에서 정지하면, 펀치 하면의 재료는 펀치가 먹어 들어간 양만큼 밀려난다. 이와 같이 절반쯤 타발하는 것을 반타발이라 한다.	
	notching (노칭)	재료 또는 부품의 가장자리를 여러 모양으로 따내는 가공을 말한다.	
	perforating (퍼훠레이팅)	동일 치수의 구멍을 미리 정해져 있는 배열에 따라 순차적으로 다수의 구멍 뚫기를 하는 가공을 말한다.	
	piercing (피어싱)	재료에 형을 사용하여 구멍을 뚫는 작업으로 타발된 쪽이 스크랩이 되는 것으로 blanking과는 반대이다.	
	shaving (셰이빙)	프레스 가공에 의한 제품의 절단면은 절단면, 파단면 등으로 이루어졌으며 약간의 경사를 갖고 있다. 제품의 용도에 따라 이 점이 곤란할 때 경사면을 깎아서 양호한 절단면을 얻는 가공을 말한다.	
	shearing (전단 절단)	각종 전단기를 사용하여 재료를 직선 또는 곡선에 맞춰 전단하는 가공을 말한다.	

그룹	가공명칭	설 명	그 림
전단타발가공그룹	slit forming (슬릿 포오밍)	재료의 일부에 slit을 내거나, slit을 냄과 동시에 성형하는 가공을 말한다.	
	slitting (슬리팅)	둥근 칼날을 회전하여 장척의 판재를 일정한 쪽으로 잘라내는 가공을 말한다.	회전날　재료
	trimming (트리밍)	드로잉된 용기의 나머지 살을 잘라내기 위한 가공을 말한다.	
굽힘성형가공그룹	beading (비딩)	판이나 용기의 일부에 장식 또는 보강의 목적으로 좁은 폭의 비드를 만드는 가공을 말한다.	비드
	bending (굽히기)	굽히기 작업의 총칭으로 V, U, channel, hemming, curling, seaming 등도 이에 속한다.	
	bulging (벌징)	원통의 용기나 관재의 일부를 넓혀서 지름(직경)을 크게 하기 위한 가공을 말한다.	
	burring (버링)	평판에 구멍을 뚫고 그 구멍보다 큰 직경을 가진 펀치를 밀어넣어서 구멍에 플랜지를 만드는 가공을 말한다.	
	curling (컬링)	판 또는 원통 용기의 가장자리에 원형 단면의 테두리를 만드는 가공을 말한다.	

그룹	가공명칭	설 명	그 림
굽힘성형가공그룹	embossing (엠보싱)	금속판의 두께를 변화하지 않고, 여러 가지 형태의 비교적 얕은 凹凸을 만드는 가공을 말한다.	
	flanging (플랜징)	그릇 따위의 단부에 형을 사용하여 플랜지를 만드는 가공을 말한다.	
	flattening (프래트닝)	재료의 표면을 평평하게 고르는 작업을 말한다.	
	forming (포밍)	drawing, bending, flanging 등의 가공을 모두 포함하나 협의의 forming은 판 두께의 변화없이 용기를 만드는 가공을 말한다.	
	hemming (헤밍)	전 가공에서 굽힘가공된 제품의 가장자리를 약간 젖혀서 눌러 접어두는 가공을 말한다.	
	necking (네킹)	통 또는 원통 용기의 단부 부근의 지름을 감소시키는 가공을 말한다.	
	restriking (리스트라이킹)	전 공정에서 만들어진 제품의 형상이나 치수를 정확하게 하기 위해 변형된 부분을 교정하는 마무리 가공을 말한다.	
	seaming (시밍)	다중 굽힘에 의해 2장의 판을 굽혀 겹쳐서 눌러 접합하는 가공을 말한다.	

그룹	가공명칭	설 명	그 림
굽힘성형가공그룹	coining (코이닝)	재료를 밀폐된 형 속에서 강하게 눌러 형과 같은 凹凸을 재료의 표면에 만드는 가공을 말한다.	
	cold extrusion (냉간 압출)	다이 속에 금속 재료를 넣고 펀치로 재료를 눌러 붙이면 다이의 구멍(전방압출), 펀치와 다이의 틈새(후방압출), 펀치와 다이의 틈새 및 다이 구멍(복합압출)으로 재료가 이동하여 형상을 만드는 가공을 말한다.	
압축가공그룹	heading (헤딩)	막대모양의 재료의 일부를 상하로 압축하여 볼트, 리벳 등과 같은 부품의 두부를 만드는 일종으로 upsetting 가공을 말한다.	
	impact extrusion (충격 압출)	치약 튜브와 같은 얇은 벽의 깊은 용기를 만들 때 적용되는 일종의 후방압출 가공을 말한다. 다이에 경금속을 넣고 펀치가 고속으로 하강하면 재료는 그 충격으로 신장된다.	
	swaging (스웨이징)	재료를 상하방향으로 압축하여 지름이나 두께를 감소시켜 길이나 폭을 넓히는 가공을 말한다.	
	upsetting (업세팅)	재료를 상하방향에서 압축시켜 높이를 줄이고 단면을 넓히는 가공을 말한다.	

그룹	가공명칭	설 명	그 림
드로잉가공그룹	drawing (드로잉)	평판에서 형을 사용하여 용기를 만드는 가공을 말한다.	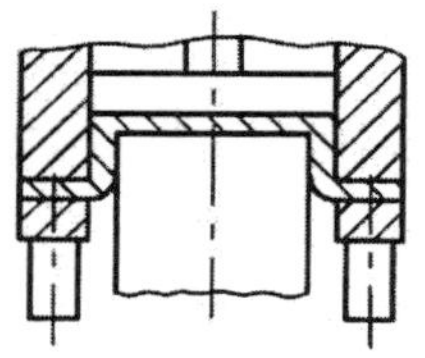
	redrawing (리드로잉)	용기의 지름을 감소시키면서 깊이를 증가시키는 가공이다.	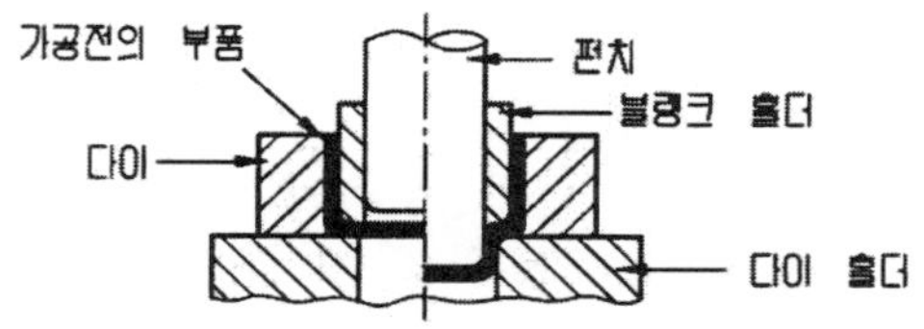
	ironing (아이어닝)	제품의 측벽 두께를 얇게 하면서 제품의 높이를 높게 하는 훑기 가공을 말한다.	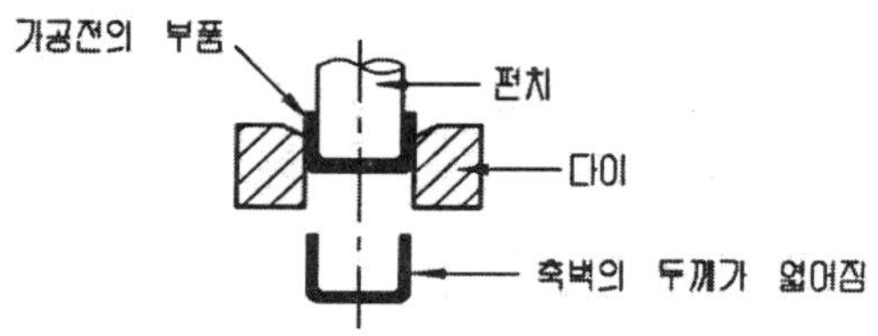

그림 12.6 프레스 가공의 종류

2) 가공의 예(전단가공)

재료의 전단가공은 그림 12.7과 같이 예리한 날을 가진 펀치(punch)와 다이(die)의 전단력으로 재료를 절단 분리시키는 것이다. 분리될 때 버(burr)가 발생하게 된다.

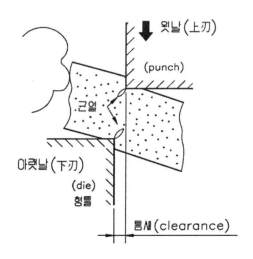

그림 12.7 전단가공

CHAPTER 13

베어링(Bearing)

회전 또는 왕복운동을 하는 축을 지지하고, 이것들의 운동을 원활하게 시키는 부분을 베어링(bearing)이라 하고, 이 베어링에 들어 있는 축의 부분을 저널(journal)이라고 한다. 이들 베어링은 궤도륜(내륜, 외륜), 전동체(볼, 롤러), 유지기(리테이너)의 3부분으로 구성된다.

13.1 베어링의 종류(그림 13.1)

1) 하중의 작용방식에 따른 분류

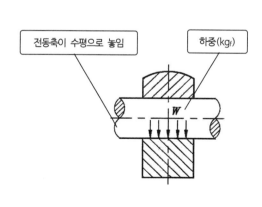
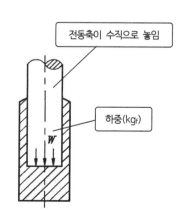

(a) 레이디얼 베어링   (b) 스러스트 베어링

그림 13.1 베어링의 종류

(1) 레이디얼 베어링(radial bearing)

하중이 축에 직각으로 작용할 때, 즉 직각방향의 하중을 받는 베어링

(2) 스러스트 베어링(thrust bearing, axial bearing)

하중이 축방향으로 작용할 때, 즉 단면방향에 힘이 작용하는 베어링

2) 저널과 베어링의 상대운동에 따른 분류

(1) 미끄럼 베어링(sliding bearing)

면 접촉에 의하여 축을 지지하는 베어링

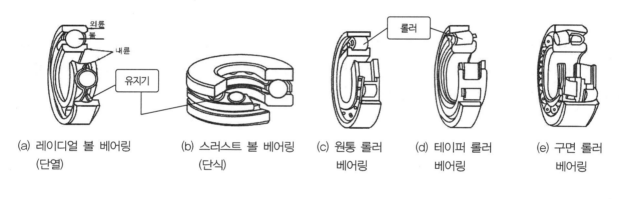

(a) 레이디얼 볼 베어링 (단열)   (b) 스러스트 볼 베어링 (단식)   (c) 원통 롤러 베어링   (d) 테이퍼 롤러 베어링   (e) 구면 롤러 베어링

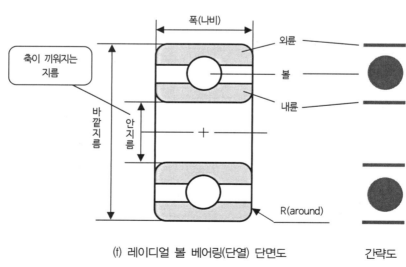

(f) 레이디얼 볼 베어링(단열) 단면도   간략도

그림 13.2 구름 베어링의 구조

(2) 구름 베어링(rolling bearing)

상대하는 한 조의 구름체에 끼워져 있는 볼(ball), 또는 롤러(roller)의 원주에 여러 개를 배열하여 구름접촉기에 일정한 간격을 가지면서 축과 베어링이 구름운동(구름접촉)이 되도록 한 구조를 갖는 베어링으로 일반적으로 미끄럼 베어링보다 마찰이 적고 고속 회전이 가능하다(그림 13.2).

구름 베어링의 구조는 궤도륜인 내륜(inner race), 외륜(outer race) 및 강철구(steel ball), 유지기(retainer)로 되어 있으며, 내륜과 외륜 사이에 전동체(轉動體)인 볼 또는 롤러를 넣는 것에 따라 볼 베어링과 롤러 베어링으로 구분된다.

또한 이들 볼(ball) 또는 롤러(roller)가 일정한 간격을 유지하도록 유지기(리테이너)를 끼워서 고정시킨 것이다.

13.2 베어링의 호칭 번호

베어링의 호칭 번호는 베어링의 형식, 주요치수 및 기타 사항을 표시하고, 기본번호와 보조기호로 구성되며, 배열은 표 13.1과 같다.

표 13.1 베어링의 호칭 번호의 배열

기본 번호					보조 기호				
베어링 계열번호			안지름번호	접촉각기호*	retainer 기호	seal, shield 기호	궤도륜 형상 기호	틈새 기호	등급 기호
형식기호	치수 기호								
	폭 또는 높이기호	지름 기호							

*접촉각 기호는 angular ball bearing 및 둥근 roller bearing에만 적용한다.

비고 : 접촉각 기호 및 보조기호는 해당하는 것만 나타내고, 해당하지 않는 것은 생략한다.

(예)

①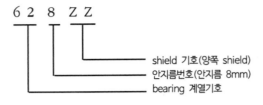

②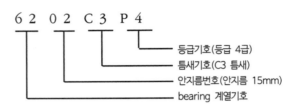

③

④

13.3 베어링의 도면해석

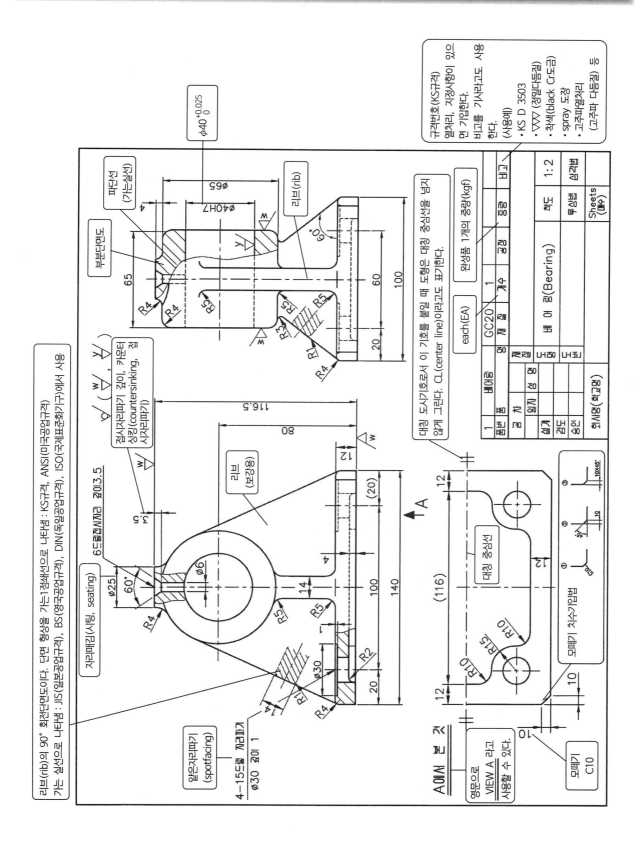

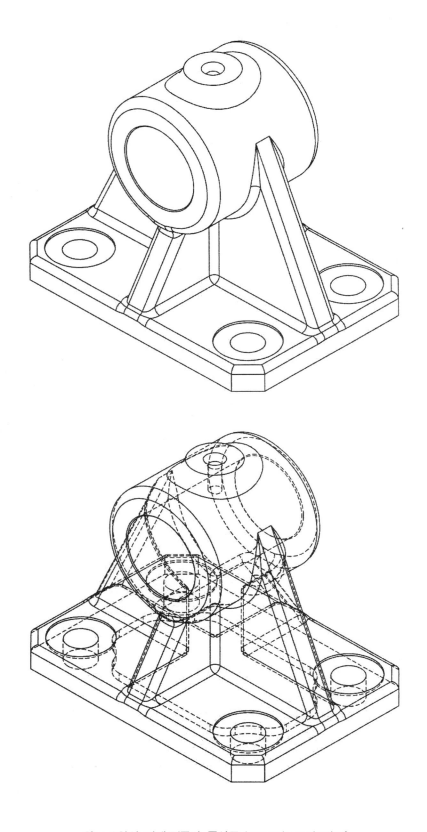

참고 3차원 입체도(등각 투상도 Isometric projection)

13.4 분해형 저널 베어링(Disassemble journal bearing)의 도면해석

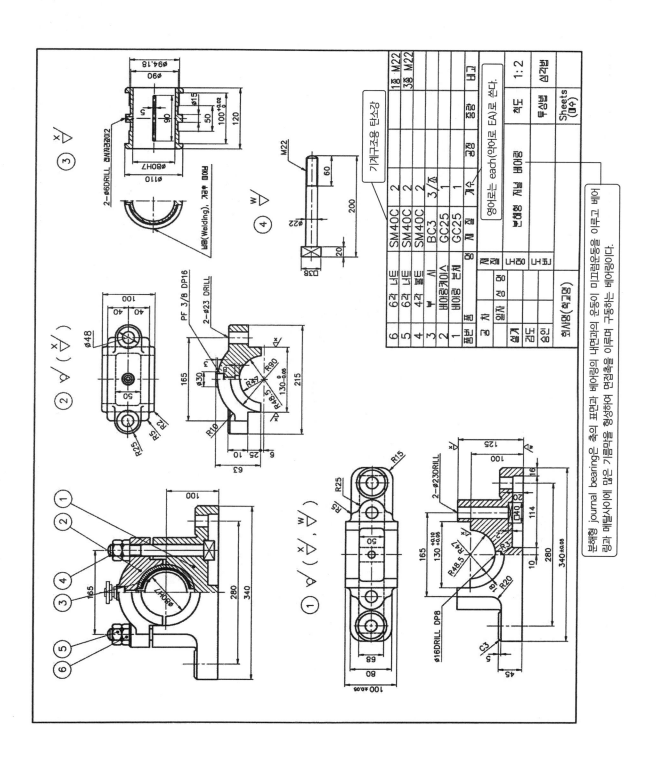

6	6각 너트	SM40C	2		1조 M22
5	6각 너트	SM40C	2		3조 M22
4	각 볼트	SM40C	2		
3	부 시	BC3	3/조		
2	베어링케이스	GC25	1	주철	
1	베어링 본체	GC25	주철		
품번	품명	재질	개수	공정	비고

영어로는 each(약어로 EA)로 쓴다.

기계구조용 탄소강

분해형 저널 베어링은 축이 표면과 베어링의 내경이 가는 운동을 이루며 미끄럼운동을 이루는 곳에
많은 기름막을 형성하여 면경축을 이루며 구동하는 곳에 사용한다.

분해형 journal bearing은 축이 표면과 베어링의 내경이 가는 운동을 이루며 미끄럼운동을 이루는 곳에
많은 기름막을 형성하여 면경축을 이루며 구동하는 곳에 사용한다.
랑과 매달사이에 베어링을 지지한다.

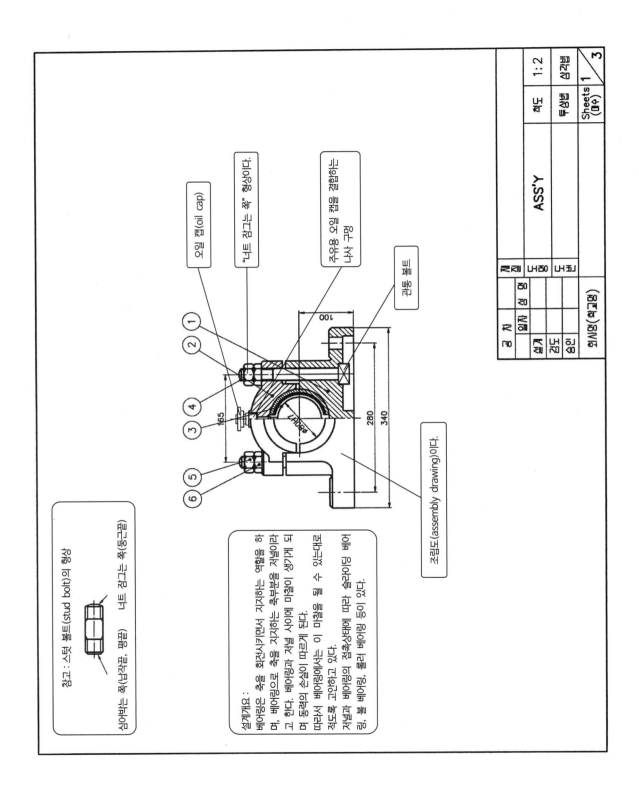

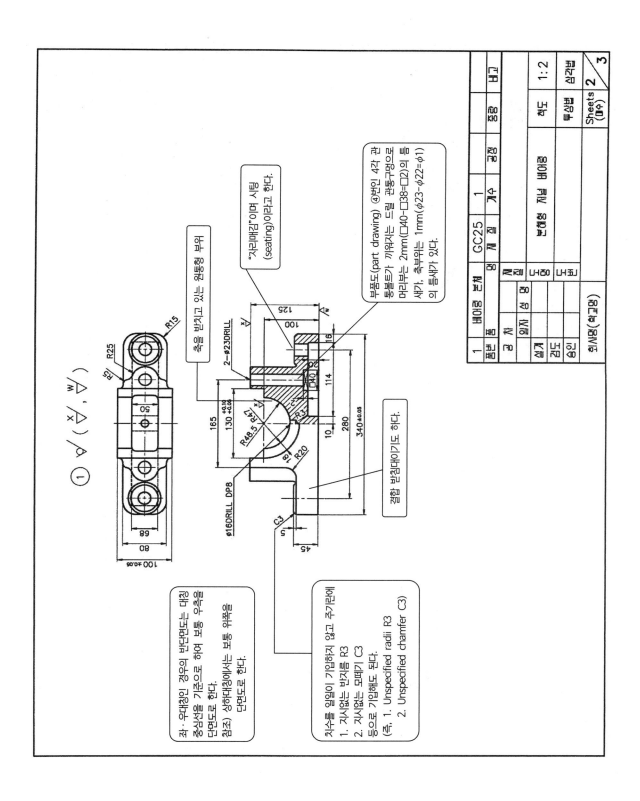

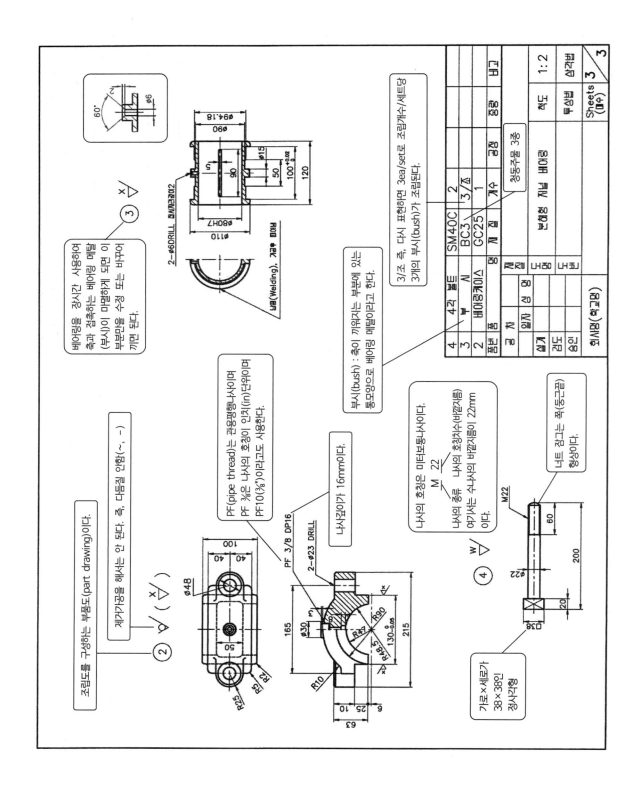

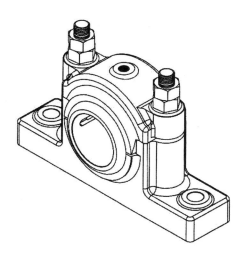

참고 Ass'y 3차원 입체도(등각 투상도 Isometric projection)

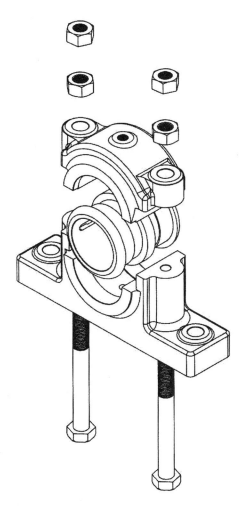

참고 3차원 분해도(등각 투상도 Isometric projection)

두 축이 떨어져 있는 경우에 있어, 동력을 전달할 때에는 벨트(belt), 로프(rope), 체인(chain) 등을 사용하여 원동차(原動車)에서 종동차(縱動車)로 동력을 전달한다. 이러한 동력을 전달하는 장치를 전동장치(transmission)라고 한다. 이때 축간 거리와 속도비 등에 따라 적당한 것을 선택하여 사용해야 한다. 표 14.1은 전동장치의 적용범위를 나타낸다.

표 14.1 전동장치의 적용범위

종류(매개물)		축간 거리(m)	속도비	속도(m/s)
벨 트	평벨트	10 이하	1 : 1~6 최대 1 : 15	10~30 최대 50
	V 벨트	5 이하	1 : 1~7 최대 1 : 10	10~18 최대 25
로 프	섬 유	10~30	1 : 1~2 최대 1 : 5	15~30
	강 철	50~100, 최대 150	보통 1 : 1	최대 25
체 인	사일렌트	4 이하	1 : 1~5 최대 1 : 8	5 이하 최대 10
	롤 러			7 이하 최대 10

14.1 평벨트 전동(KS B 1402)

1) 평벨트의 종류

2개의 축에 벨트 풀리(belt pulley)를 고정하고 평벨트(flat belt)를 매개물로 하여 동력을 전달시키는 것을 평벨트 전동이라 한다. 그림 14.1과 같이 양축이 평행할 때, 벨트를 거는 방법에 따라 바로걸기

(open belt)와 엇걸기(cross belt)로 나눈다. 바로걸기는 두 축의 회전방향이 서로 같고, 엇걸기는 두 축의 회전방향이 서로 반대가 된다.

벨트는 사용되는 재료에 따라 가죽벨트, 직물벨트, 고무벨트, 강철벨트 등이 있다. 표 14.2는 각종 평벨트의 인장강도를 나타낸다.

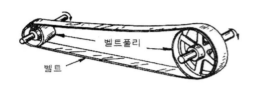

(a) 바로걸기(회전방향이 같음)   (b) 엇걸기(회전방향이 반대)

그림 14.1 벨트 거는 방법

표 14.2 각종 평벨트의 인장강도

벨트의 종류	인장강도(kg_f/cm^2)	허용응력(kg_f/cm^2)
가죽벨트	250~350	25~35
직물한겹	450~600	20~25
직물두겹	350~550	20~25
고무벨트	400~450	20~25
강철벨트	13,000~15,000	1,250

2) 평벨트의 호칭법

명칭	등급 또는 종류	치수(폭×층수)

보기   평가죽벨트 1급 114×2

평고무벨트 1종 50×3

3) 평벨트 풀리의 구조(그림 14.2)

풀리는 다음 세 부분으로 구성되며, 구조상 일체형과 분할형으로 나눈다. 대부분은 일체형이지만 지름이 크거나 긴 축의 중간에 부착시키는 것에는 분할형이 사용된다.

① 림(rim) : 풀리의 둘레를 구성하는 얇은 살을 가진 원통형의 바퀴둘레를 말한다.

② 보스(boss) : 전동축을 끼울 수 있는 축구멍을 구성하는 가운데 부분을 말한다.

③ 암(arm) : 림과 보스 부분을 방사선의 형상으로 연결하는 몇 개의 막대 부분을 말한다. 암대신 평판형을 사용한 것도 있다.

재료로는 일반적으로 주철로 된 것이 사용되며, 고속(대략 원주속도 30m/s 이상)일 때에는 주강으로 만든 것이 쓰인다. 또 풀리가 클 때는 풀리를 두 개로 쪼개어 제작하기도 한다(그림 14.3).

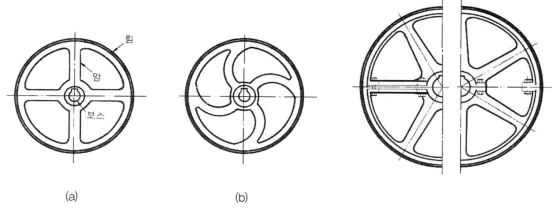

그림 14.2 풀리의 구조(일체형)   **그림 14.3** 스플릿(split) 풀리의 분할방법(분할형)

4) 평벨트 풀리의 호칭법

명칭	종류	호칭지름×호칭폭	재질

보기   평벨트 풀리 일체형 1형 125×25 주철

5) 벨트 풀리의 제도(그림 14.4)

① 벨트 풀리는 대칭형이므로 전부를 표시하지 않고 그 일부만을 표시할 수 있다.

② 암은 길이 방향으로 절단하지 않으며, 단면형은 도형의 밖이나 도형 속에 표시한다.

③ 테이퍼 부분의 치수는 치수보조선을 빗금 방향(수평과 30° 또는 60°)으로 그어도 좋다.

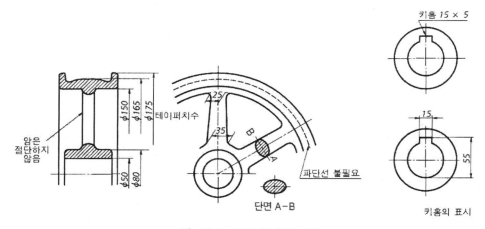

그림 14.4 벨트 풀리의 제도

14.2 V 벨트 전동(KS B 1403)

V 벨트는 사다리꼴의 단면을 가진 벨트로서, 림에 V형의 홈(groove)이 파져있는 V 풀리(V-pulley)에 밀착시켜 구동하는 방법이다. 기어와 평벨트 중간쯤의 축간 거리에 주로 사용하며, 평벨트에 비하여 운전이 조용하고 접촉면이 넓어 높은 속도비가 얻어진다. 평벨트에 비해 다음과 같은 장점이 있다.

① 속도비는 1 : 7 정도가 보통이나 1 : 10 정도도 가능하다(회전비를 크게 할 수 있다).

② 비교적 작은 장력으로 많은 동력을 전달할 수 있다.

③ 벨트가 벗겨질 염려가 없으며 두 축 사이의 거리가 단축된다.

1) V 벨트의 치수

V 벨트의 치수는 단면의 치수로 표시하며, 단면의 크기에 따라 A, B, C, D, E형으로 나눈다. 단면은 좌우대칭이며, KS M 6535에는 단면의 치수를 다음과 같이 규격화하고 있다(표 14.3, 14.4).

표 14.3 V 벨트 표준치수(KS M 6535)

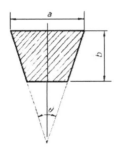

치수 형별	a(mm) 치수	a(mm) 허용값	b(mm) 치수	b(mm) 허용값	θ(°) 치수	θ(°) 허용값	인장강도 (kg$_f$/가닥)	굴곡후의 인장강도 (kg$_f$/가닥)	영구 신장률 (%)
A	12.5	±0.7	9.5	±1.0	40	±1.0	180 이상	140 이상	0.7 이하
B	16.5	±0.8	11.5	±1.0	40	±1.0	300 이상	240 이상	0.7 이하
C	22.0	±1.0	14.5	±1.5	40	±1.0	500 이상	400 이상	0.7 이하
D	31.5	±1.5	20.0	±1.5	40	±1.0	1000 이상	800 이상	0.7 이하
E	38.5	±1.5	25.5	±2.0	40	±1.0	1500 이상	1200 이상	0.7 이하

표 14.4 V 벨트 홈 부의 모양과 치수표(KS B 1403)

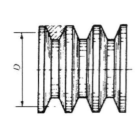

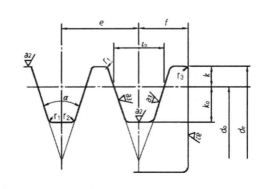

(단위 : mm)

V벨트의 종류[1]	호칭지름	α(°)	l₀	k	k₀	e	f	r₁	r₂	r₃	(참고) V벨트의 두께
M	50 이상 71 이하 71 초과 90 이하 90을 초과	34 36 38	8.0	2.7	6.3	—[1]	9.5	0.2~0.5	0.5~1.0	1~2	5.5
A	71 이상 100 이하 100 초과 125 이하 125를 초과	34 36 38	9.2	4.5	8.0	15.0	10.0	0.2~0.5	0.5~1.0	1~2	9
B	125 이상 160 이하 160 초과 200 이하 200을 초과	34 36 38	12.5	5.5	9.5	19.0	12.5	0.2~0.5	0.5~1.0	1~2	11
C	200 이상 250 이하 250 초과 315 이하 315를 초과	34 36 38	16.9	7.0	12.0	25.5	17.0	0.2~0.5	1.0~1.6	2~3	14
D	355 이상 450 이하 450을 초과	36 38	24.6	9.5	15.5	37.0	24.0	0.2~0.5	1.6~2.0	3~4	19
E	500 이상 630 이하 630을 초과	36 38	28.7	12.7	19.3	44.5	29.0	0.2~0.5	1.6~2.0	4~5	25.5

주 : (1) M형은 원칙으로 한 줄만 걸친다.

2) V 벨트 풀리의 치수

KS B 1403의 규격에는 벨트 풀리의 홈모양에 대해 규정하고 있으며, 재료는 주철제가 쓰인다. 홈부분의 형상은 보스 위치의 구별에 따라 I~V의 5계열로 나눈다.

3) V 벨트 풀리의 호칭법

| 규격번호 또는 명칭 | 호칭지름 | 종류 | 보스의 위치구별 |

특히 보스 구멍의 가공을 지정할 때에는 | 구멍의 기준치수 | , | 종류 및 등급 | 을 덧붙인다.

보기   KS B 1403 250 A 1 Ⅲ
주철제 V 벨트 풀리 250 B 3 Ⅲ 40 H8

14.3 평벨트 풀리(Belt pulley)의 도면해석

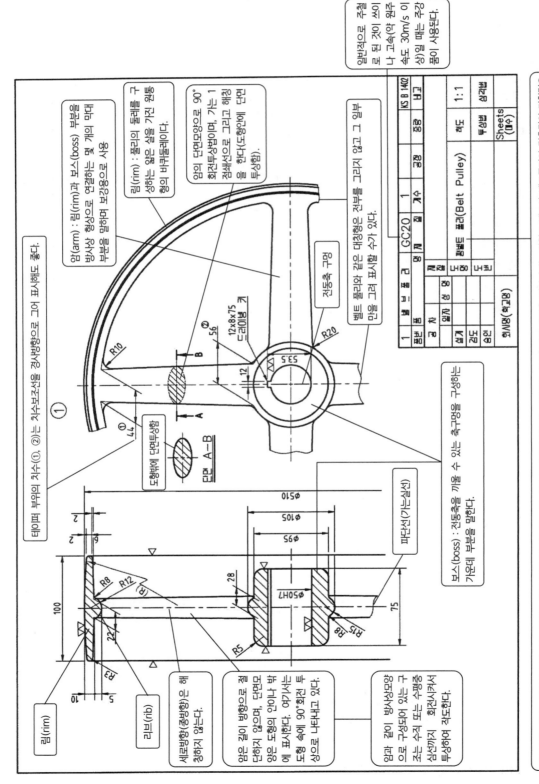

벨트 전동장치는 서로 떨어져 있는 2개의 축에 벨트 풀리(belt pulley)를 고정하여 벨트를 매개물로 운동차에서 동력을 전달시키는 장치로 벨트와 벨트풀리의 접촉면의 마찰력으로 운동해며 중심거리가 비교적 크고, 정확한 회전을 필요로 하지 않는 경우에 사용된다. 양축이 평행할 때 벨트를 거는 방법에 따라 ① 바로 걸기(open belt)는 두 축의 회전방향이 서로 같다. ② 엇 걸기(cross belt)는 두 축의 회전방향이 서로 반대이다. 또한 사용상 주의사항으로 (i) 최대 속도비는 1:5 이하로 한다. (ii) 두 축간의 최소 중심거리 C는 바로 걸기(평행걸기)시는 C≧1.5(D1+D2) 또는 C≧4D(근축), 엇걸기시는 C≧20b(b : 벨트 폭) (iii) 벨트는 풀리의 중앙부분에 걸리도록 한다.

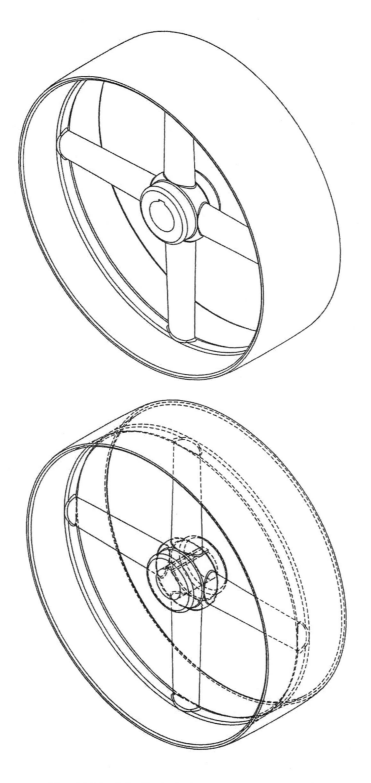

참고 3차원 입체도(등각 투상도 Isometric projection)

14.4 V풀리(V-pulley)의 도면해석

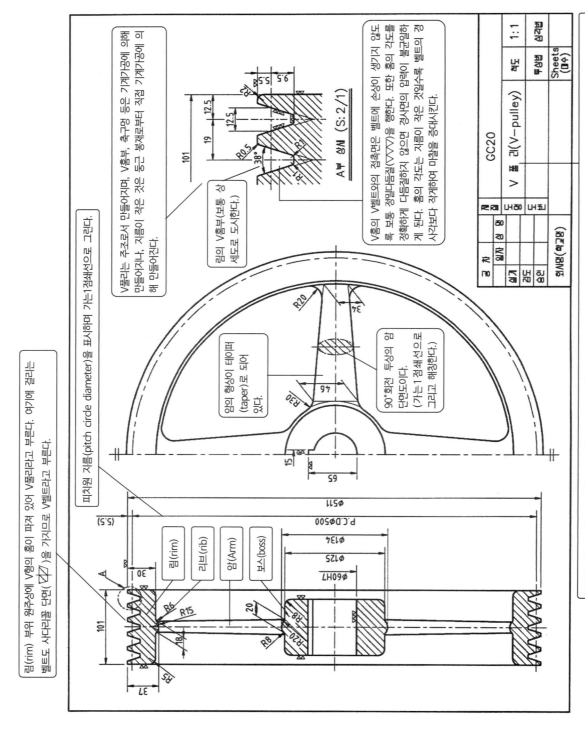

V풀리는 주조로서 만들어지며, V홈부, V홈부, 축구멍 등은 기계가공에 의해 만들어지나, 지름이 작은 것은 둥근 봉재로부터 직접 기계가공에 의해 만들어진다.

림의 V홈부(보통 상 세도로 도시한다.)

A부 상세 (S: 2/1)

V홈이 V벨트와의 접촉면은 벨트에 손상이 생기지 않도록 보통 정밀다듬질(▽▽▽)을 행한다. 또한 홈이 밑으로 경사각도를 정확하게 다듬질하지 않으면 경사면의 압력이 불균일하게 된다. 홈이 각도는 지름이 작은 것일수록 벨트의 경사각보다 작게하여 마찰을 증대시킨다.

피치원 지름(pitch circle diameter)을 표시하며 가는1점쇄선으로 그린다.

암(Arm)은 행상이 테이퍼 (taper)로 되어 있다.

90° 회전 투상이 암 단면도이다.
(가는 1점쇄선으로 그리고 해칭한다.)

림(rim)

리브(rib)

암(Arm)

보스(boss)

림(rim) 부위 원주상에 V형의 홈이 파져 있어 V풀리라고 부른다. 여기에 걸리는 벨트도 사다리꼴 단면(▽▽)을 가지므로 V벨트라고 부른다.

GC20

V 풀 리(V-pulley)

척도 1:1

투상법 3각법

Sheets (매수)

인제명(척도명)

V풀리는 면포, 고무 또는 가죽으로 만들어진 단면 V자형(사다리꼴)의 V벨트용이 풀리로서, 그 벨트의 홈수만큼 림의 홈이 홈이 원주상에 파져있다.

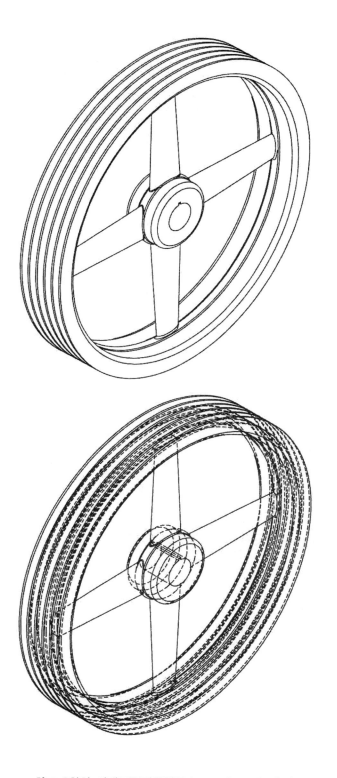

참고 3차원 입체도(등각투상도 Isometric projection)

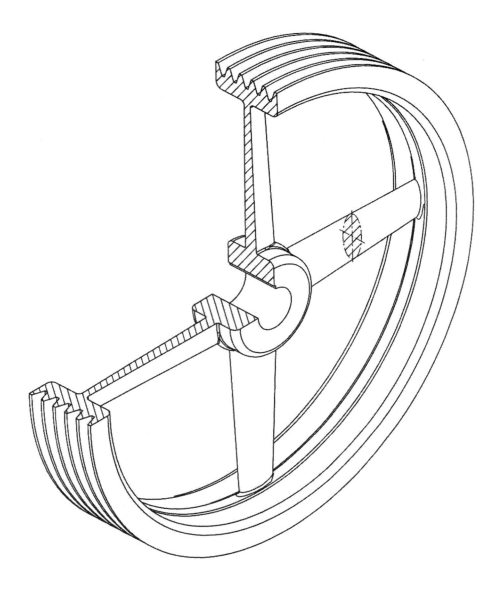

그림 14.5 V풀리의 3차원 입체도(등각투상도 Isometric projection)

14.5 스플릿 풀리(Split pulley)의 도면해석

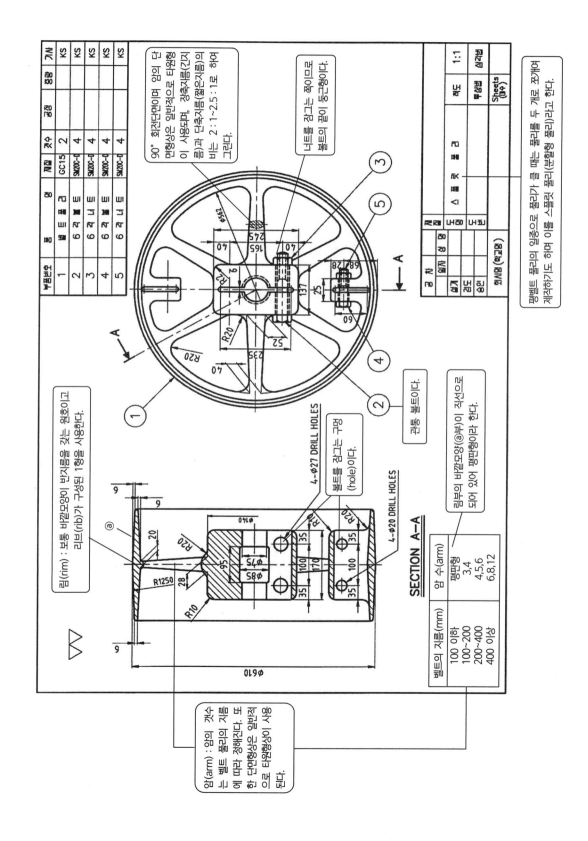

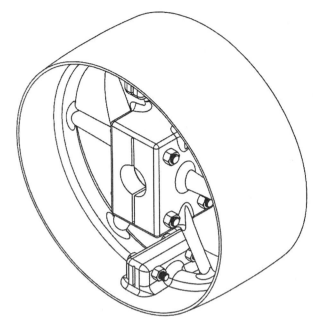

참고 Ass'y 3차원 입체도(등각투상도 Isometric projection)

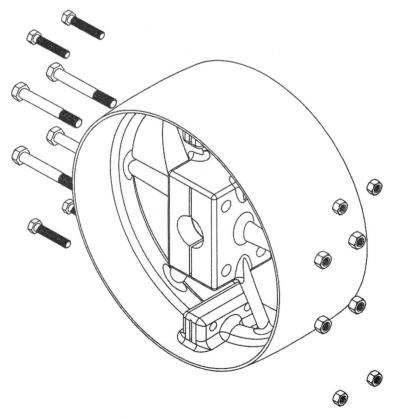

참고 3차원 분해도(등각투상도 Isometric projection)

14.6 아이들러 풀리(Idler pulley)의 도면해석

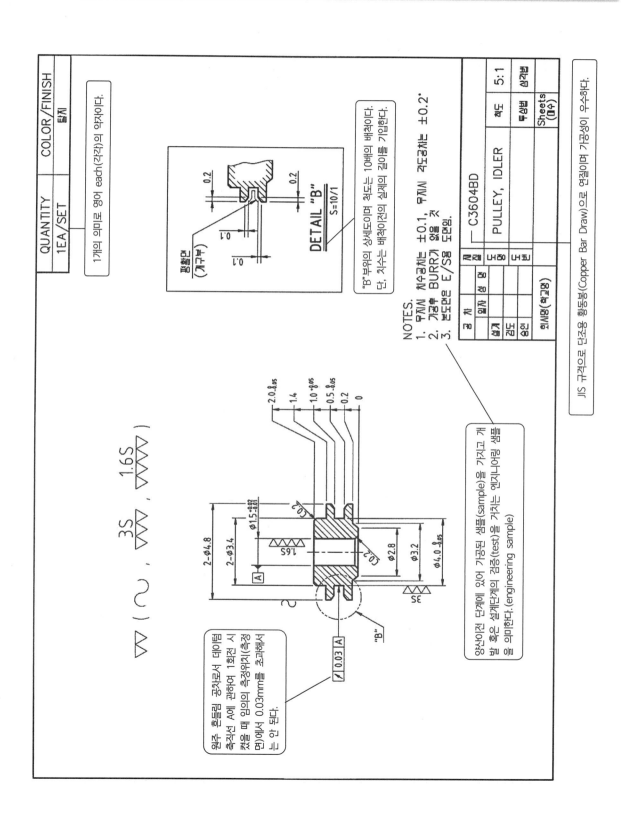

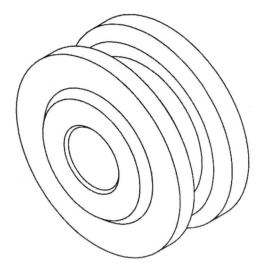

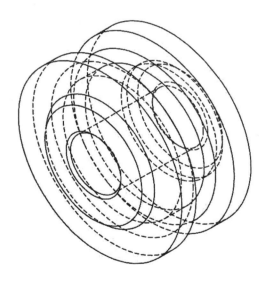

참고 3차원 입체도(등각투상도 Isometric projection)

CHAPTER 15 기어(Gear)

한 쌍의 마찰차(friction wheel)의 접촉면에 치형(齒形)을 만들어 서로 물리게 하여 한 축에서 다른 축에 일정한 속도비로 회전운동을 전달시키는데 사용되는 기계요소를 기어(gear, 치차 : 齒車, toothed wheel)라고 한다.

15.1 기어의 종류(그림 15.1, 그림 15.2)

이 기어는 2축간의 중심거리가 짧은 경우에 이용되고, 강력한 전달력과 확실한 속도비를 갖는다. 그리고 한 쌍의 기어 중에 큰 기어를 기어(gear)라 하고, 작은 기어를 피니언(pinion)이라고 한다. 또 피치원이 무한대로 되어 직선 기어가 되어 있는 것을 랙(rack)이라고 한다. 또한 기어는 그 모양에 따라서 여러 가지 종류로 분류한다.

1) 두 축의 상대위치에 의한 기어의 분류(KS B 0102)

(1) 2축이 평행으로 되어 회전력을 전달하는 것

① 스퍼 기어(spur gear, 평기어) : 이 끝이 직선이고 축에 평행한 원통(圓筒) 기어
② 안 기어(internal gear) : 원통의 안쪽에 치형(齒形)이 만들어져 있는 기어
③ 랙(rack) : 원통 기어의 피치원을 무한대로 한 직선 기어
④ 헬리컬 기어(helical gear) : 이끝이 나선형(螺旋形)을 가지는 원통 기어
⑤ 헤링본 기어(herringbone gear) : 이끝이 양쪽으로 나선형으로 된 2중 헬리컬 기어(double helical gear), 즉 산형(山形) 기어

(2) 2축이 서로 교차되어 회전력을 전달하는 것

① 베벨 기어(bevel gear) : 원뿔형의 기어

(3) 2축이 서로 교차·평행하지도 않는 축에 회전력을 전달하는 것

① 스큐 기어(skew gear) : 스큐 축에 회전력을 전달하는 기어

② 스크루 기어(screw gear) : 헬리컬 기어의 한 쌍을 스큐 축 사이의 운동으로 전달하는 나사 기어

③ 하이포이드 기어(hypoid gear) : 스큐 축간의 운동을 전달하는 원뿔형 기어

④ 웜과 웜 기어(worm and worm gear) : 원통형으로 나사모양의 기어가 웜이고, 이와 한쌍이 되며, 물리어 회전력을 전달시킬 수 있는 기어를 웜 기어라고 한다.

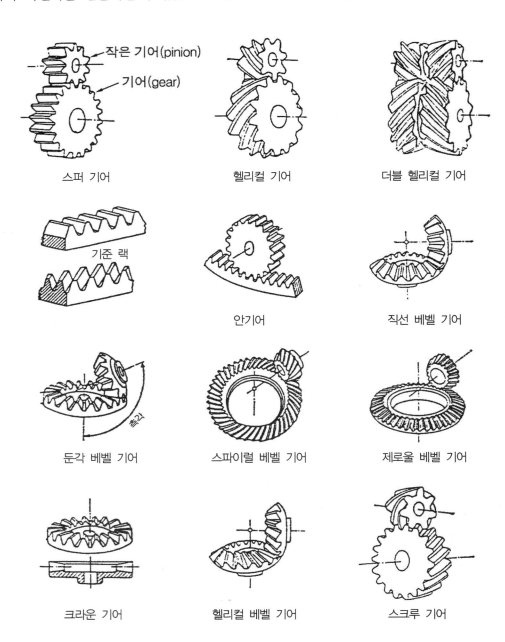

스퍼 기어	헬리컬 기어	더블 헬리컬 기어
기준 랙	안기어	직선 베벨 기어
둔각 베벨 기어	스파이럴 베벨 기어	제로울 베벨 기어
크라운 기어	헬리컬 베벨 기어	스크루 기어

작은 기어(pinion)
기어(gear)
축각

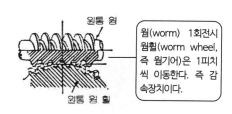

원통 웜

웜(worm) 1회전시 웜휠(worm wheel, 즉 웜기어)은 1피치 씩 이동한다. 즉 감속장치이다.

원통 웜 휠

그림 15.1 기어의 종류

도시한 바와 같이 기어의 종류가 극히 많고, 각 그 물림의 성능상 또는 공작상의 장점과 단점이 있고, 가격 및 형식에 의하여 아주 다르므로 설계할 때 그 선택에 있어서 충분히 신중한 고려가 있어야 될 것이다. 일반적으로 스퍼 기어(平齒車), 헬리컬 기어, 베벨 기어(傘齒車), 웜 기어 등이 가장 많이 사용된다.

2) 기어의 크기, 즉 바깥지름에 의한 분류

① 극대형 기어 : 1,000mm 이상

② 대형 기어 : 250~1,000mm

③ 중형 기어 : 40~250mm

④ 소형 기어 : 10~40mm

⑤ 극소형 기어 : 10mm 이하

보통 자동차 등에 사용하는 기어는 바깥지름 $D_o = 40 \sim 250$mm 정도가 많으므로 중형 기어가 많다.

스퍼 기어   안 기어   랙과 피니언

헬리컬 기어   더블 헬리컬 베벨 기어   베벨 기어

스파이럴 베벨 기어

하이포이드 기어

웜과 웜 기어

그림 15.2 기어의 종류

15.2 치형(齒形)의 각부 명칭(KS B 0102)

기어 치형의 각부 명칭을 그림 15.3에 나타낸다.

① 피치원(pitch circle) : 축에 수직인 평면과 피치면이 만나는 원(D)

② 원주 피치(circular pitch) : 피치원 위의 이에서 이까지의 원호 길이(p)

③ 이끝높이(addendum) : 피치원에서 이끝원까지의 수직 거리(a)

④ 이뿌리 높이(dedendum) : 피치원에서 이뿌리원까지의 수직 거리(e)

⑤ 이높이(whole depth) : 이의 총높이($a+e=h$)

⑥ 유효 이높이(working depth) : 한 쌍의 기어에서 이끝 높이들의 거리(w)

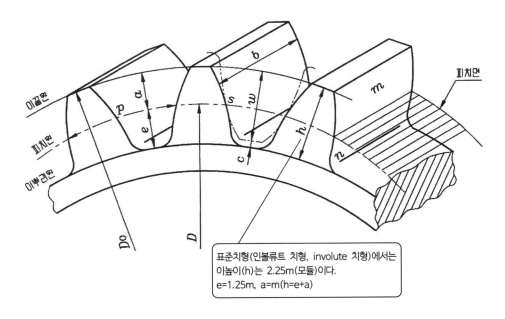

표준치형(인볼류트 치형, involute 치형)에서는
이높이(h)는 2.25m(모듈)이다.
e=1.25m, a=m(h=e+a)

그림 15.3 치형의 각부 명칭

⑦ 클리어런스(clearance) : 이뿌리원부터 이것과 물리는 기어의 이뿌리원까지의 거리(c)

⑧ 뒤틈(back lash) : 한 쌍의 기어를 물리게 했을 때 잇면간의 간격, 옆새라고도 함(s)

⑨ 잇면(tooth surface) : 기어의 이가 물려서 닿는 면

⑩ 이끝면(tooth face) : 이끝의 잇면(m)

⑪ 이뿌리면(tooth flank) : 이뿌리의 잇면(n)

⑫ 이나비(face width) : 이의 축단면(軸斷面)의 길이(b)

⑬ 압력각(pressure angle) : 잇면의 1점에 그 반지름과 치형(齒形)의 접선과 이루는 각(α)

15.3 기어의 크기

기어의 크기를 정하는 데 다음과 같은 3가지 기본 수식을 사용하고 있다.

(1) 원주 피치(circular pitch)

피치원의 원주를 잇수로 나눈 값

$$\text{원주 피치 } p = \frac{\text{피치원의 둘레(mm)}}{\text{잇수}} = \frac{\pi D}{Z} \qquad ①$$

(2) 모듈(module)

피치원의 지름을 잇수로 나눈 값(미터식)

$$\text{모듈 } m = \frac{\text{피치원의 지름(mm)}}{\text{잇수}} = \frac{D}{Z} \qquad ②$$

(3) 지름 피치(diametral pitch)

잇수를 피치원의 지름으로 나눈 값(인치식)

$$\text{지름 피치 } p_d = \frac{\text{잇수}}{\text{피치원의 지름(IN)}} = \frac{Z}{D} \qquad ③$$

여기서 (1), (2), (3)은 상호간에 다음과 같은 관계를 가지고 있다.

$$m = \frac{p(\text{mm})}{\pi} = \frac{\text{원주 피치}}{\pi} = \frac{D}{Z} = \frac{25.4}{P_d} \qquad ④$$

$$P_d = \frac{25.4Z}{D} = \frac{25.4}{m} = \frac{25.4\pi}{p} \qquad ⑤$$

표 15.1은 모듈(mm)에 따른 표준치수를 나타내고, 표 15.2는 지름피치(in)에 따른 표준치수를 나타낸다.

표 15.1 모듈과 원주 피치, 지름 피치에 대한 표준 치수

모듈 m(mm)	원주 피치 p(mm)	지름 피치 P_d(in)	모듈 m(mm)	원주 피치 p(mm)	지름 피치 P_d(in)	모듈 m(mm)	원주 피치 p(mm)	지름 피치 P_d(in)
0.2	0.628	127.000	1.25	3.297	20.320	6	18.850	4.233
0.25	0.785	101.600	1.5	4.712	16.933	7	21.991	3.629
0.3	0.942	84.667	1.75	5.498	14.514	8	25.133	3.175
(0.35)	1.100	72.571	2	6.283	12.700	9	28.274	2.822
0.4	1.257	63.500	2.25	7.069	11.289	10	31.416	2.540
(0.45)	1.414	56.444	2.5	7.854	10.160	11	34.558	2.009
0.5	1.571	50.800	2.75	8.639	9.236	12	37.699	2.117
(0.55)	1.728	46.182	3	9.425	8.467	13	40.841	1.954
0.6	1.885	42.333	3.25	10.210	7.815	14	43.982	1.810
(0.65)	2.042	39.077	3.5	10.996	7.257	15	47.124	1.693
(0.7)	2.199	36.286	3.75	11.781	6.773	16	50.269	1.588
(0.75)	2.356	33.867	4	12.566	6.350	18	56.549	1.411
0.8	2.513	31.750	4.5	14.137	5.644	20	62.832	1.270
0.9	2.827	28.222	5	15.708	5.080	22	69.115	1.155
1.0	3.142	25.400	5.5	17.279	4.618	25	78.540	1.061

주 : ( ) 안의 것은 되도록 사용하지 않는다.

표 15.2 지름 피치와 원주 피치, 모듈에 대한 표준 치수

지름 피치 P_d(in)	원주 피치 p(mm)	모듈 m(mm)	지름 피치 P_d(in)	원주 피치 p(mm)	모듈 m(mm)	지름 피치 P_d(in)	원주 피치 p(mm)	모듈 m(mm)
24	3.325	1.058	9	8.866	2.822	3	26.599	8.466
22	3.627	1.154	8	9.975	3.175	2 ½	31.919	10.160
20	3.990	1.270	7	11.400	3.628	2 ¼	35.465	11.288
18	4.433	1.411	6	13.299	4.233	2	39.898	12.700
16	4.987	1.587	5	15.959	5.080	1 ¾	45.598	14.514
14	5.700	1.814	4 ½	17.733	5.644	1 ½	53.198	16.933
12	6.650	2.116	4	19.949	6.350	1 ¼	63.837	20.320
10	7.980	2.540	3 ½	22.799	7.257	1	79.797	25.400

15.4 스퍼 기어(Spur gear)

평행한 두 축 사이에 회전운동을 전달하며, 치형선(齒形線)이 직선이며, 축에 평행한 기어를 스퍼 기어(平齒車)라 하고, 다음 세 종류가 있다.

(1) 외접(外接) 기어(external gear)

원통의 바깥쪽에 이를 판 것이며, 두 축의 회전방향은 반대가 된다.

(2) 내접(內接) 기어(internal gear)

원통의 안쪽에 이를 판 것이며, 두 축은 같은 방향으로 회전한다(그림 15.4).

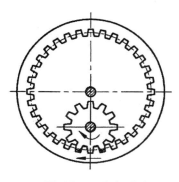

그림 15.4 내접 기어

(3) 랙(rack)

이가 직선 위에 퍼져 있으며, 회전운동이 직선운동으로 변한다(그림 15.5).

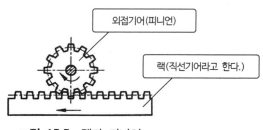

외접기어(피니언)

랙(직선기어라고 한다.)

그림 15.5 랙과 피니언

(4) 표준(標準) 기어(standard gear)

대칭치형(對稱齒形)의 인벌류트 기어이고, 기준 피치원 위의 원호 이두께가 원주 피치의 1/2인 것을 표준 기어라 하며, 각 부의 비율 및 계산식은 표 15.3에 따른다. 그림 15.6은 보통 사용되는 이의 절삭 방법을 표시한다.

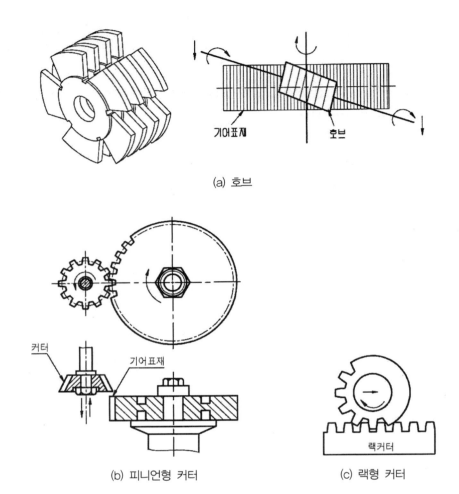

(a) 호브

(b) 피니언형 커터　　　　(c) 랙형 커터

그림 15.6 치절 방법

표 15.3 표준 스퍼 기어의 계산식

No.	항목	기호	공식	No.	항목	기호	공식
1	모 듈	m	표준값	7	이두께	S	$\pi m/2$
2	압력각	α	20°	8	잇 수	Z	d/m
3	피치원지름	d	Zm	9	바깥지름	d_k	$(Z+2)m$
4	이의 높이	h	$2m+C$	10	중심거리	a	$(d_1+d_2)/2,\ (Z_1+Z_2)m/2$
5	이끝높이	h_k	m	11	속 도 비	i	$N_2/N_1=D_1/D_2=Z_1/Z_2$
6	클리어런스	C	$0.25m$	12	회전수/분	N	$60\times1,000v/\pi d$

주 : 1. 클리어런스를 제한 이높이가 2m인 것을 보통이(普通齒)라 한다.

　　2. 이높이가 보통치형(普通齒形)보다 낮은 것을 낮은이[低齒(stub gear)], 높은 것을 높은이[高齒(full depth gear)]라 한다.

15.5 기어의 제도법

15.5.1 제도법 개요

기어를 정확히 그리기에는 대단히 어려우므로 기어 제도법에서 도시법을 쓰고 있다. 이끝원은 굵은 실선, 피치원은 1점쇄선, 이뿌리원은 단면을 표시할 때는 굵은 실선, 단면을 표시하지 않을 때는 가는 실선으로 하고, 그리고 이뿌리원을 전혀 생략하는 수도 있다.

치형·모듈·압력각·잇수·피치원의 지름, 기타 치형을 완성하는데 필요한 사항은 따로 적요란을 설치하여 기입한다. 스퍼 기어가 서로 접촉하였을 때 단면을 하지 않으면 피치원의 부분을 굵은 실선으로 표시하고 이끝원을 생략한다. 기어의 방향을 표시할 필요가 있을 때에는 3개의 평행선을 굵은 실선으로 기어의 중심선에 평행, 혹은 어느 각도만큼 기울여 병기한다.

기어의 부품도는 표와 그림을 병용한다.

(1) 요목표(要目表)

표에는 원칙으로 이의 절삭, 조립, 검사 등에 필요한 사항을 기입한다.

① 기어치형란 : 표준, 전위 등의 구별을 기입한다.

② 공구치형란 : 보통이, 낮은이(低齒) 등의 구별을 기입한다.

③ 모듈란 : 공구의 모듈을 기입한다. 모듈이 아닌 경우는 "지름피치", "원주피치"와 같이 변경한다.

④ 공구압력란 : 공구의 압력각을 20°, 14.5°와 같이 도(°) 단위로 기입한다.

⑤ 기준피치원지름란 : 잇수×모듈의 수치를 기입한다. 도면에 기준피치원지름 치수를 기입할 때에는 치수 앞에 반드시 "PCD"라고 부기(付記)하고, 아울러 이끝높이의 치수를 기입한다.

⑥ 기타 사항 : 이 두께, 다듬질 방법, 정밀도 등을 필요에 따라 기입한다.

(2) 도면

주로 기어 소재(素材)를 제작하는데 필요한 치수를 기입한다. 특히 기준면을 고려하여 가공하는 경우는 "기준"의 문자로 그 장소를 지시한다.

(3) 도시방법(그림 15.7 참조)

① 이끝원 : 굵은 실선으로 표시한다.

② 피치원 : 가는 1점쇄선으로 표시한다.

③ 이뿌리원 : 가는 실선으로 표시한다. 다만, 정면도를 단면으로 도시할 때 이뿌리선은 굵은 실선으로 표시한다. 이뿌리원은 생략하여도 좋다.

④ 치형선(齒形線)의 방향 : 보통 3개의 가는 실선으로 표시한다. 다만, 정면도를 단면으로 도시하는

경우 지면의 앞쪽의 치형선 방향을 3개의 가는 1점쇄선으로 표시한다.

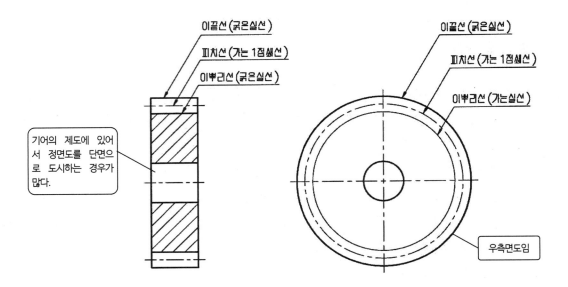

그림 15.7 기어의 제도

15.5.2 스퍼 기어의 제작도 도시방법

(1) 계산

요목표에 기입하는 사항 및 제도에 필요한 치수를 구한다.

① 이모양

② 모듈

③ 압력각

④ 잇수

⑤ 피치원의 지름

⑥ 바깥지름

⑦ 이뿌리원의 지름

⑧ 이의 나비

⑨ 이부분(齒部) 이외(보스, 암, 리브 등)의 치수를 구한다.

그림 15.8은 암(arm)의 단면 모양인 십자(十)형, 타원형, T자형, H자형에 따른 스퍼 기어의 암의 치수 비율을 나타낸다. 그림 15.9는 스퍼 기어를 그리는 도시방법을 나타내며, 그림 15.10은 완성된 스퍼 기어의 제작도이다.

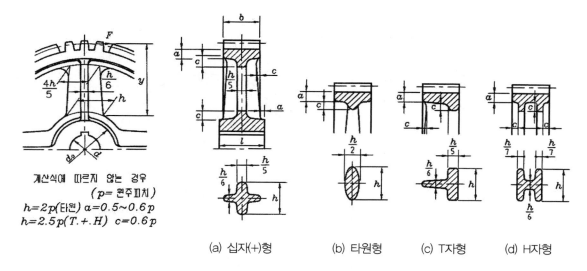

계산식에 따르지 않는 경우
($p=$ 원주피치)
$h=2p$(타원) $a=0.5 \sim 0.6p$
$h=2.5p(T.+.H)$ $c=0.6p$

(a) 십자(+)형   (b) 타원형   (c) T자형   (d) H자형

그림 15.8 스퍼 기어의 치수 비율

(2) 정면도와 측면도의 위치를 정하고, 수평, 수직의 두 중심선을 긋는다.

(3) 측면도의 피치원, 정면도의 피치선, 그리고 이나비의 선을 그린다.

(4) 정면도의 이끝선, 이뿌리선, 측면도의 이끝원을 굵은 실선으로, 또 이뿌리원을 가는 실선으로 그린다.

(5) 그밖의 부분을 그려서 도면을 완성한다.

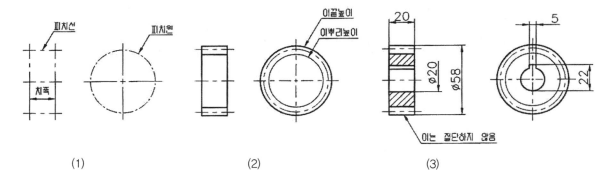

(1)   (2)   (3)

그림 15.9 스퍼 기어를 그리는 방법

(6) 치수를 기입한다.

(7) 기어 가공에 있어서 특히 기준면을 고려하여 가공하는 경우는 "기준"의 문자로 그 부위를 지시한다.

(8) 요목표를 만들고, 필요사항을 기입한다. 그림 5.10은 제작도의 예를 표시한다. 표기사항 중 * 표를 붙인 사항은 반드시 기입한다.

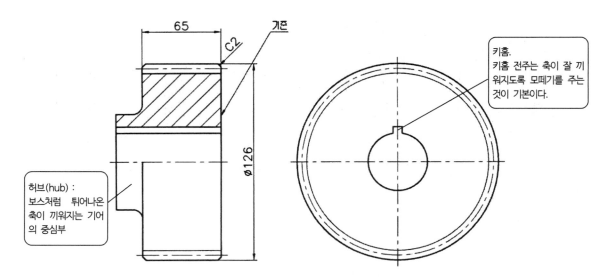

그림 15.10 스퍼 기어의 제작도

스퍼 기어(단위 : mm)

기어 이모양		전위		정밀도 / JIS B 1405 5급
* 공 구	이모양	보통이	비	전위계수 + 0.56 상대편기어 전위계수 20
	모 듈	6		
	압력각	20°		상대적 기어잇수 50
*잇 수		18		
*기준피치 원지름		108		상대편기어와의 중심거리 207.00 물림 압력각 22°10′ 물림피치원지름 109.59
이 두 께	걸침이두께	걸침잇수 = 3	고	
	현이두께	캘리퍼이높이		
	오버핀	$122.68^{-0.21}_{-0.88}$		표준절삭깊이 13.34
	(볼)치수	핀지름 = 8.856		
다듬질 방법 호브 절삭				

15.5.3 간략도(簡略圖)의 도시방법

① 서로 물리는 한 쌍의 기어의 정면도는 이뿌리선을 생략하고, 측면도는 피치원만으로 표시한다(그림 15.11).

② 기어 트레인의 정면도를 정확히 투상(投像)하여 알기 어려울 때에는 전개하여 중심 사이의 실제거리(實距離)를 표시하는 위치로 하여 표시한다. 따라서 이때 기어 중심선의 위치는 측면도의 그것과 일치하지 않게 된다(그림 15.12).

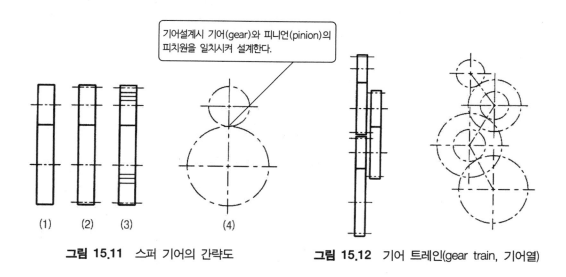

기어설계시 기어(gear)와 피니언(pinion)의
피치원을 일치시켜 설계한다.

(1) (2) (3) (4)

그림 15.11 스퍼 기어의 간략도

그림 15.12 기어 트레인(gear train, 기어열)

15.5.4 스퍼 기어의 각 부의 명칭

그림 15.13은 스퍼 기어의 각 부의 명칭을 나타낸다. 스퍼 기어는 이(tooth), 림(rim), 암(arm), 보스
(boss)의 4개의 부분으로 구성되어 있고, 피치에 대하여 지름이 아주 작은 기어는 통쇠(solid) 혹은 원
판(plate)으로 제작하고, 큰 기어는 암을 만들어서 기어의 중량을 감소시킨다.

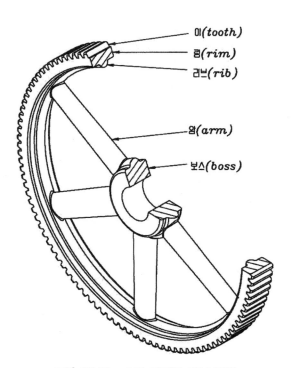

이*(tooth)*
림*(rim)*
리브*(rib)*
암*(arm)*
보스*(boss)*

그림 15.13 스퍼 기어의 각부 명칭

15.6 스퍼 기어의 도시

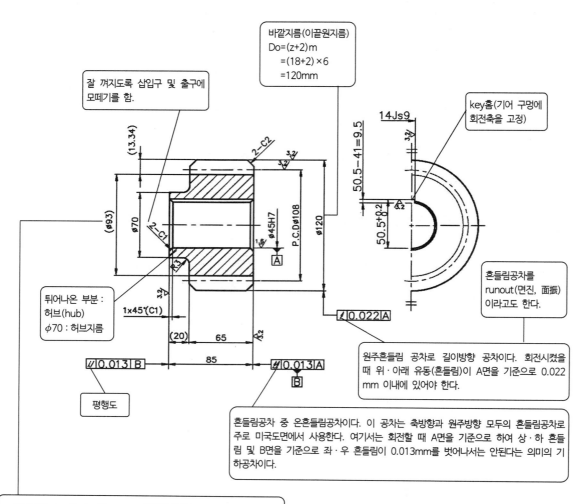

바깥지름(이끝원지름)
$D_o = (z+2)m$
   $= (18+2) \times 6$
   $= 120mm$

key홈(기어 구멍에 회전축을 고정)

잘 꺼지도록 삽입구 및 출구에 모떼기를 함.

혼들림공차를 runout(면진, 面振) 이라고도 한다.

튀어나온 부분 : 허브(hub)
$\phi 70$: 허브지름

평행도

원주혼들림 공차로 길이방향 공차이다. 회전시켰을 때 위·아래 유동(혼들림)이 A면을 기준으로 0.022 mm 이내에 있어야 한다.

혼들림공차 중 온혼들림공차이다. 이 공차는 축방향과 원주방향 모두의 혼들림공차로 주로 미국도면에서 사용한다. 여기서는 회전할 때 A면을 기준으로 하여 상·하 혼들림 및 B면을 기준으로 좌·우 혼들림이 0.013mm를 벗어나서는 안된다는 의미의 기하공차이다.

- O.C.D(Outer Circle Diameter, 이끝원지름) = P.C.D + 2m(2×1m)
- I.C.D(Inner Circle Diameter, 이뿌리원지름) = P.C.D − (2×1.25m)
  즉 I.C.D=$\phi 108 − (2 \times 1.25 \times 6) = \phi 93$

표 15.4 스퍼 기어 요목표(예) (단위 : mm)

스퍼 기어					
기어 치형		전 위	다듬질 방법		호브 절삭
기준랙	치 형	보 통 이	정밀도(KS B 1405 5급)		
	모 듈	6	비 고	상대 기어 전위량	0
	압력각	20°		상대 기어 잇수	50
잇 수		18		중심거리	207
기준피치원지름(P.C.D ϕ)		108		백래시	0.20∼0.89
전위량		+3.16		* 재 료　　SNCM415	
전체이높이(총이높이)		13.34		* 열처리　　침탄 퀜칭	
이두께	벌림 이두께	$47.96^{-0.08}_{-0.38}$ (벌림 잇수=3)		* 경 도　　HRC 55∼61 (표면경도임)	

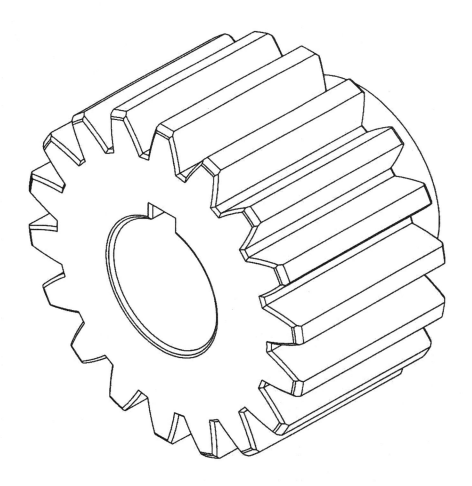

참고 3차원 입체도(등각투상도 Isometric projection)

15.7 스퍼 기어(Ⅰ) (Spur gear)의 도면해석

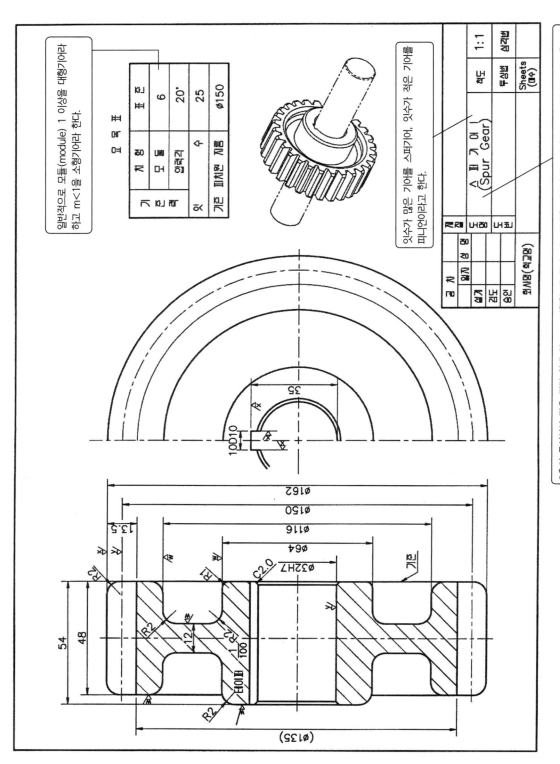

일반적으로 모듈(module) 1 이상을 대형기어라 하고 m<1을 소형기어라 한다.

요목표

기어 치형		표준
	치 형	표준
공 구	모 듈	6
	압력각	20°
	잇 수	25
	기준 피치원 지름	Ø150

잇수가 많은 기어를 스퍼기어, 잇수가 적은 기어를 피니언이라고 한다.

스 퍼 기 어 Ⅰ
(Spur Gear)

2축의 중심선이 같은 평면 위에 있고 또 평행할 때 동력 또는 회전을 전달시키는 기어이며, 그 기어의 이가 축심과 평행하게 직선으로 깎아진 기어를 스퍼기어(spur gear) 또는 평기어라고 한다. 기어를 치차라고도 한다.

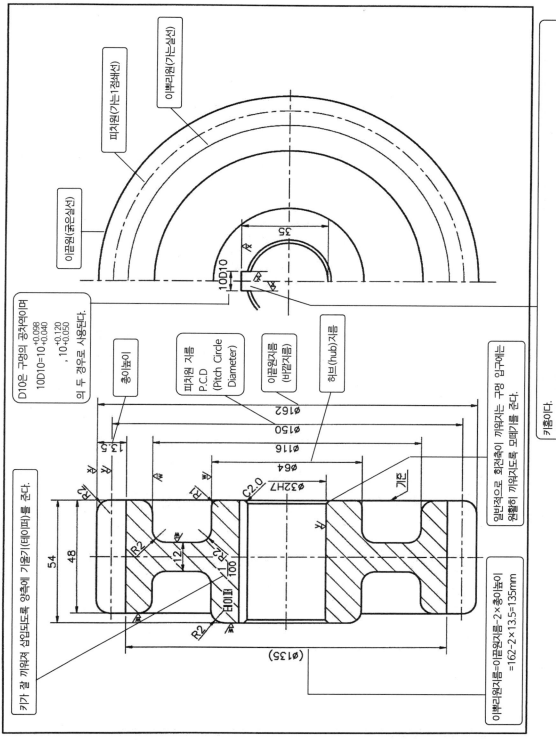

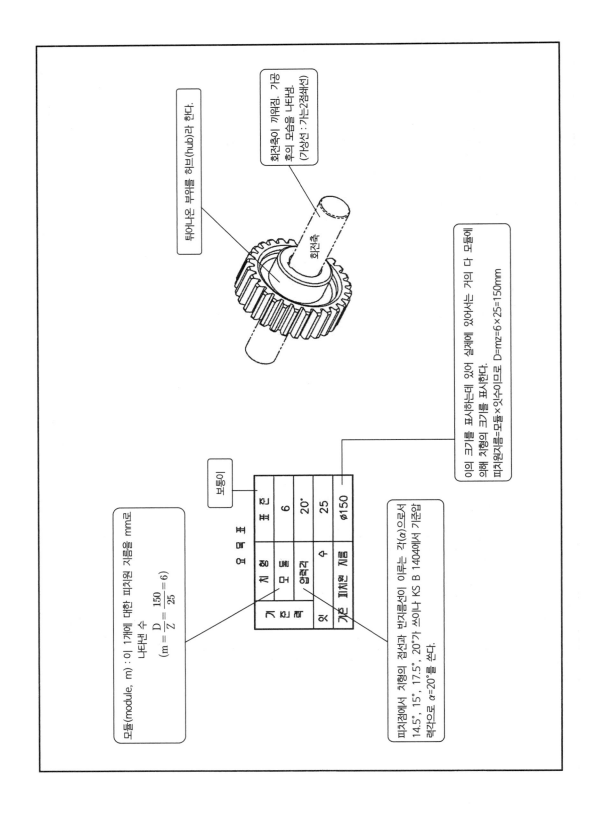

튀어나온 부위를 허브(hub)라 한다.

회전축이 끼워짐. 가공 후의 모습을 나타냄.
(가상선 : 가는2점쇄선)

회전축

이의 크기를 표시하는데 있어 실제에 있어서는 거의 다 모듈에
의해 치형의 크기를 표시한다.
피치원지름=모듈×잇수이므로 D=mz=6×25=150mm

요목표		
	치 형	표 준
기준랙	모 듈	6
	압력각	20°
잇	수	25
기준 피치원 지름		⌀150

보통이

모듈(module, m) : 이 1개에 대한 피치원 지름을 mm로
나타낸 수
$$\left(m = \frac{D}{Z} = \frac{150}{25} = 6 \right)$$

피치점에서 치형의 접선과 반지름선이 이루는 각(α)으로서
14.5°, 15°, 17.5°, 20°가 쓰이나 KS B 1404에서 기준압
력각으로 α=20°를 쓴다.

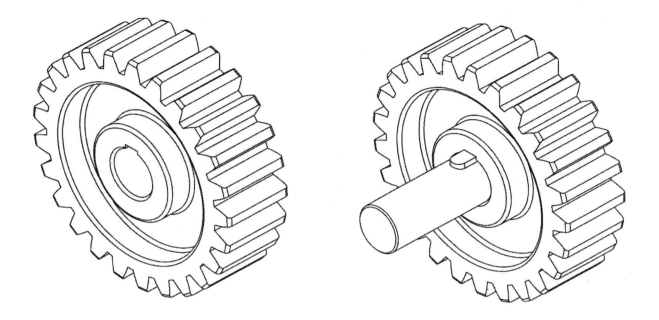

참고 3차원 입체도, 3차원 조립도(등각투상도 Isometric projection)

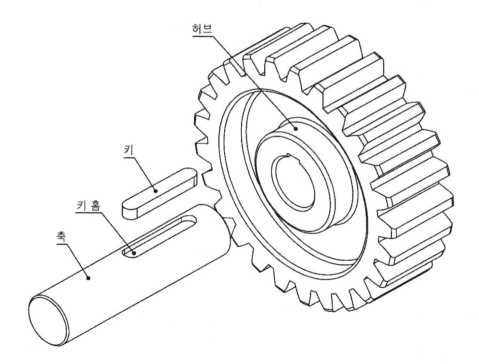

허브

키

키 홈

축

참고 3차원 분해도(등각투상도 Isometric projection)

15.8 기어 재료 및 열처리법

15.8.1 기어용 금속 재료

표 15.5 기어용 금속 재료

종 류	기 호	브리넬 경도시험 H_b	비 고
기계구조용 탄소강	SM 30 C	150~212	SM 45 C는 고주파 담금질에 적당
	SM 45 C	201~269	
	SM 55 C	229~285	
니켈크롬강	SNC 2	248~302	일반적으로 고주파 담금질을 하지 않음. SNC 21, SNC 22는 표면 담금질용(침탄용)
	SNC 3	269~321	
	SNC 21	217~321	
	SNC 22	285~388	
니켈크롬 몰리브덴강	SNCM 2 M	269~321	강력 고급 기어의 재료
	SNCM 5 M	302~352	
	SNCM 7 M	293~352	
	SNCM 8 M	293~352	
	SNCM 9 M	302~363	
	SNCM 21 M	249~341	표면 담금질용(침탄용)
	SNCM 22 M	255~341	
	SNCM 23 M	293~295	
	SNCM 25 M	311~375	
	SNCM 26 M	341~388	
크롬강	SCr 22	235~281	표면 담금질용(침탄용)
탄소강 단강품	SF 50	–	보통 기어용 어닐링(풀림) 강
	SF 55	–	
	SF 60	–	
탄소강주강품	SC 46	–	보통 대형 기어용, 주조 후 열처리 시행
	SC 49	–	
회주철품	GC 20	–	경하중으로 충격이 작을 때 사용하며 주조 후 소둔함.
	GC 25	–	
	GC 30	–	
	GC 35	–	

종 류	기 호	브리넬 경도시험 H_b	비 고
청동주물	BrC 3	–	내식성, 내마모성으로 웜 및 웜 기어 등에 사용
인청동주물	PBC 1	–	
	PBC 2	–	
비금속재료	POM	–	내마모성이 강하고, 내부식성이 강함. 기계적인 모든 성질이 금속보다 떨어지므로 부하가 적은 소형 기어용
	Nylon	–	

주 : 1. 하중이 클 때 웜은 강철로 만들며, 경도는 HRC=56−62, 또는 HRC=62−66 정도이어야 한다(담금질).
  2. 웜의 재료는 크롬강을 사용하며, 니켈크롬강도를 사용한다(담금질). 또 수동 웜에는 탄소강도 사용하며, 웜 기어가 주철이고 웜의 회전수가 느릴 때에는 청동을 사용한다.

15.8.2 금속의 열처리(Heat treatment)

1) 일반 열처리법

금속의 물리적 성질을 변화시키기 위하여 금속을 가열 및 냉각시키는 작업이다.

금속을 적당히 열처리함으로써 다음과 같은 효과를 얻을 수 있다.

① 내부 응력(internal stress)이 제거되고

② 조직 입자의 크기가 감소되며

③ 인성(靭性, toughness : 잡아 당기는 힘에 견디는 성질)이 증가한다.

(1) 담금질[quenching, 퀜칭, 소입(燒入)]

금속(鋼)을 임계온도(critical temperature) 이상의 고온으로 가열한 후 물 또는 기름과 같은 소입제(燒入劑) 중에 넣어서 급랭(急冷)시키는 작업(수냉, 유냉) : 열처리 분야에서 가장 중요한 처리이다.

(2) 템퍼링[tempering, 뜨임, 소려(燒戾)]

담금질만 행한 강은 대단히 단단(硬)하며 취약(脆弱)하다. 또한 강의 내부에 큰 응력(내부 응력)이 생겨서 좋지 않다. 그러므로 이것에 적당한 인성을 주기 위하여(인성 증가)

• A_1 변태점 이하의 온도에서 가열하는 조작

• A_1 변태(동소 변태 ; 同素變態)

      austenite   →   pearlite(ferrite + Fe_3C의 혼합물)

    (오스테나이트)   (펄라이트)(페라이트)   시멘타이트(cementite)

(3) 어닐링[annealing, 풀림, 소둔(燒鈍)]

강을 적당한 온도(일정온도)에서 일정시간 동안 가열한 후 서냉시키는 조작

① 금속 합금의 성질을 변화시켜 강의 경도를 연(軟)하게 한다.

② 일정한 조직의 금속을 만들어 조직의 균질화, 미세화를 꾀한다.

③ 가스 또는 불순물의 방출 또는 확산을 일으키고 혹은 내부 응력을 제거시킨다.(잔류 응력의 제거)

　　→용접부의 열처리에 이용

(4) 노멀라이징[normalizing, 소준(燒準)]

완전 어닐링[full annealing : 냉간가공 또는 담금질 등의 영향을 없애기 위하여 균일한 오스테나이트 (austenite) 영역까지 가열한 다음 이것을 서냉시키는 작업]의 목적과 비슷한 목적을 가지나 완전 어닐링에 기인하는 큰 입도(粒度)와 과도한 연화(軟化)를 피하기 위한 열처리이다.

참고로 어닐링은 냉각을 노(爐, furnace)에서 행하므로 노냉(爐冷)이라고 하며, 노멀라이징은 냉각을 공기중에서 행하므로 공냉(空冷)이라고 한다.

2) 표면 경화법(表面硬化法, surface hardening)

철강 부품에 있어서는 표면 경도가 큰 것을 요구할 때가 많다. 예를 들면 기어(gear), 캠(cam), 클러치(clutch) 등은 충격에 대한 강도와 표면의 높은 경도를 동시에 필요로 한다. 이러한 목적을 달성하기 위하여 고탄소강을 사용하면 재료 전체의 경도가 높아지므로 취성(brittleness)으로 인하여 파손될 가능성이 많다. 이러한 때에 강인(强靭)한 강재(鋼材)에 표면 경화법을 적용해서

① 그 표면은 경화(硬化)시켜 단단하게 하고

② 내부는 강인한 상태를 유지시켜, 즉 적당한 강도를 주어 충격에 대한 저항을 크게 한다(내충격성 증가시킴).

(1) 침탄법(浸炭法, carburizing)=침탄경화법=침탄담금질법=침탄퀜칭법

표면 경화법 중 가장 널리 알려져 있는 방법이다. 기어나 피스톤 핀 등과 같은 것은 마모(磨耗) 작용에 강함과 동시에 충격에 대해서도 강해야 한다. 전자와 후자는 서로 상반된 성질이나 이런 상반된 성질을 동시에 소유해야 한다. 이런 때 침탄법에 의해서 처리한다.

저(低)탄소 재료를 손쉽게 절삭 가공한 후 표면에 탄소(C)를 확산시켜서 표면에 고탄소(高炭素) 합금층을 만드는 조작으로 침탄 표면의 깊이는 처리시간과 온도에 따라 좌우되며, 침탄 후 2회 정도의 담금질을 하여 제품으로 사용한다.

- 1차 담금질 : 침탄을 행한 재료의 중심부는 장시간 가열했으므로 결정립이 조대하여진다. 따라서 이 조대화된 결정립을 미세하게 할 목적으로 재료를 약 900℃로 가열한 후 물로 담금질한다.
- 2차 담금질 : 1차 담금질한 재료는 다시 표면의 침탄층의 경도를 높이기 위해 약 770℃로 가열하여 물로 담금질한다.

(2) 질화법(窒化法, nitriding)

Al, Cr, Ti, Mo, V 등을 품은 강에 질소(N)을 확산시키면 질소는 이러한 원소와 결합하여 견고한 질화물을 만들어 강 표면을 단단하게 만드는 조작(표면 경도가 높아진다.)

(3) 청화법(靑化法, 시안화법, cyaniding)

시안화칼륨(KCN) 또는 시안화나트륨(NaCN)을 철제 도가니에 넣고, 가스로 등에서 일정온도로 가열하여 융해한 것 속에 강재를 넣은 다음, 일정한 시간이 경과되었을 때 수중 또는 유중에서 급랭하면 강재의 표면층은 담금질이 되어 경도가 증가한다. 이 방법을 침탄질화법이라고도 한다.

(4) 화염경화법(flame hardening)

강력한 화염에 의해 강재의 표면을 급속히 표면층을 오스테나이트 조직으로 만들고 급랭하여 표면만을 경화시키는 방법이다(그림 15.14와 그림 15.15 참조).

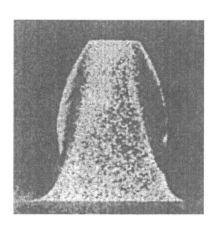

그림 15.14 화염경화법으로 얻어진 조직을 나타내는 기어 치형(gear 齒形)

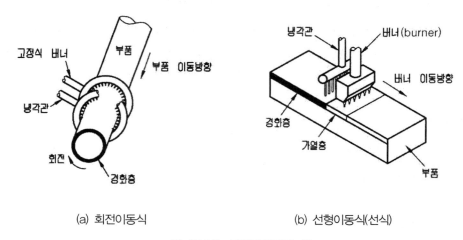

(a) 회전이동식   (b) 선형이동식(선식)

그림 15.15   화염경화법의 예

(5) 고주파 담금질법(induction hardening)=고주파담금질경화법

경화하려는 표면에 적합한 유도자(가열 코일)를 접근시켜 두고, 여기에 수 kHz에서 수백 kHz의 고주파 전류를 보내면 표면층에 유도전류가 생겨 고주파 유도가열에 의해 가열된다. 따라서 표면층만을 수초 내지 수십초 안에 A_3 변태점(910℃) 이상으로 가열시키는 것이다. 긴 부품의 표면 전체를 경화시킬 때에는 유도자를 이용하여 가열하고 물을 부어 담금질한다.

이 방법의 장점을 예로 들면

① 국부적 경화

② 짧은 가열시간(신속하게 처리되어 생산성 향상을 기하고 원가절감이 될 수 있다.)

③ 표면 탈탄 및 산화의 극소화

④ 작은 변형

⑤ 피로강도 증가

15.9 스퍼 기어(Ⅱ)의 도면해석

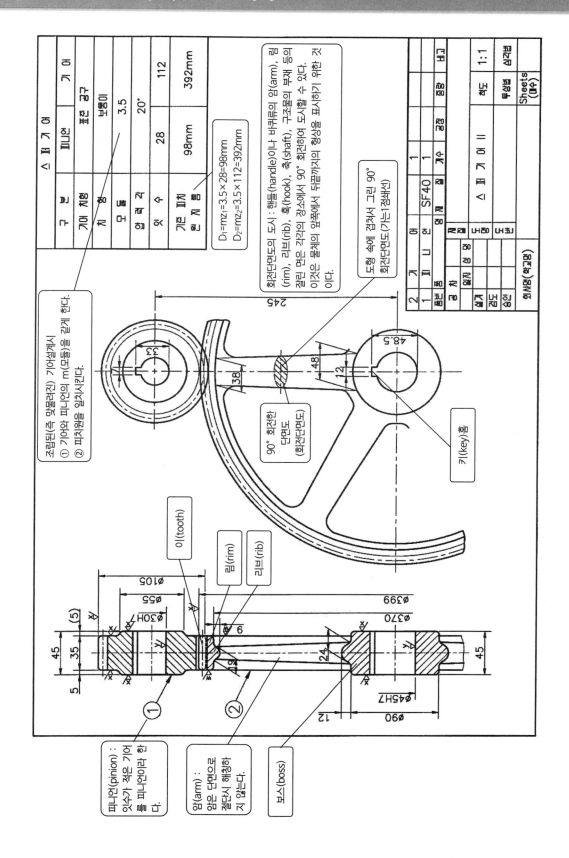

스퍼 기 어

구 분	피니언	기 어
기어 치형	표준	공구
치 형	보통이	
모듈	3.5	
압력 각	20°	
잇 수	28	112
기준 피치 원 지 름	98mm	392mm

$D_1 = mz_1 = 3.5 \times 28 = 98$mm
$D_2 = mz_2 = 3.5 \times 112 = 392$mm

회전단면도의 도시 : 핸들(handle)이나 바퀴류의 암(arm), 림(rim), 리브(rib), 훅(hook), 축(shaft), 구조물의 부재 등의 절단 면은 각각의 장소에서 90° 회전하여 도시할 수 있다. 이것은 물체의 앞쪽에서 뒤쪽까지의 형상을 표시하기 위한 것이다.

도형 속에 겹쳐서 그린 90° 회전단면도(가는1점쇄선)

2			가 이 어			SF40	1				비고
1			피 니 언			SF40	1				
품번			품 명			재 질	개수				공정
척도									1:1		책번 삼각법
설계			스 퍼 기 어 Ⅱ						특성별		삼각법
검도									Sheets (매수)		
승인											

회사명(학교명)

조립된(즉 맞물려진) 기어설계시
① 기어와 피니언의 m(모듈)을 같게 한다.
② 피치원을 일치시킨다.

90° 회전한 단면도 (회전단면도)

키(key)홈

피니언(pinion) : 잇수가 적은 기어를 피니언이라 한다.

암(arm) : 암은 단면으로 절단시 해칭하지 않는다.

보스(boss)

이(tooth)

림(rim)

리브(rib)

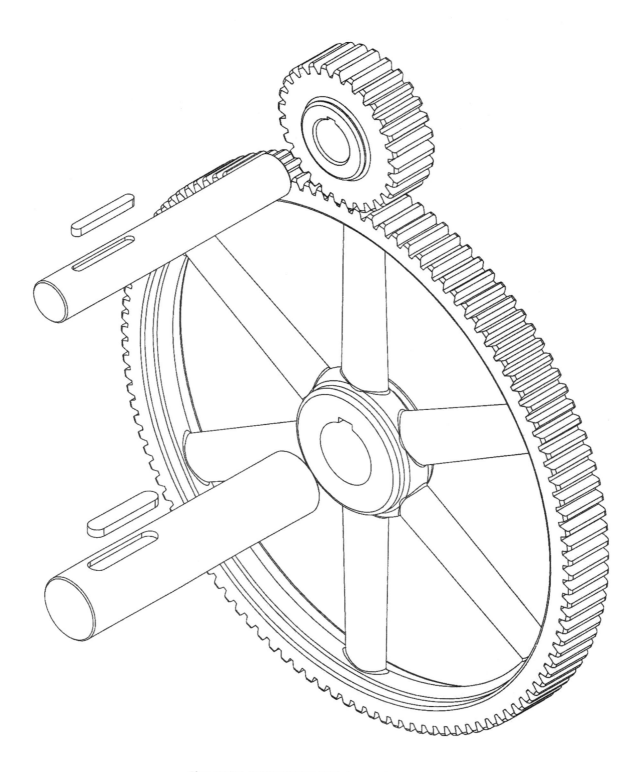

참고 3차원 분해도(등각투상도, Isometric projection)

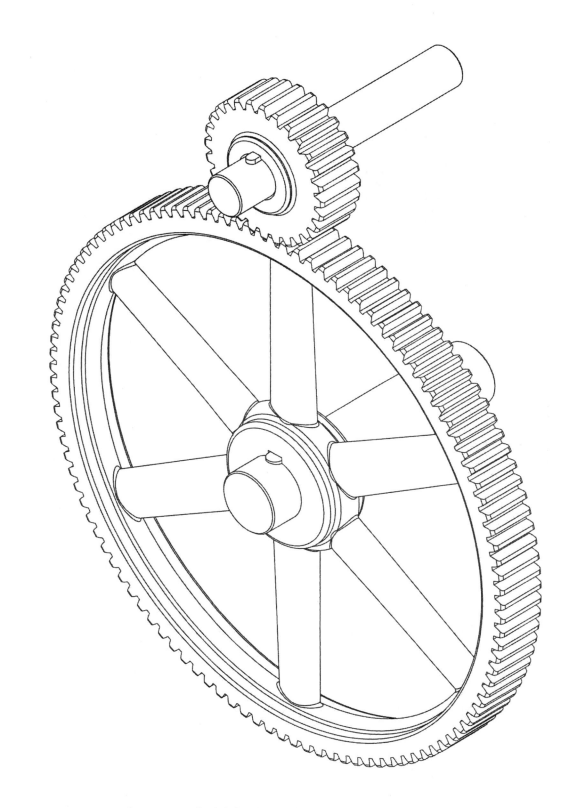

그림 15.16 스퍼 기어의 3차원 입체도(등각투상도, Isometric projection)

15.10 피니언 붙은 축 · 랙(Shaft attached pinion · Rack)의 도면해석

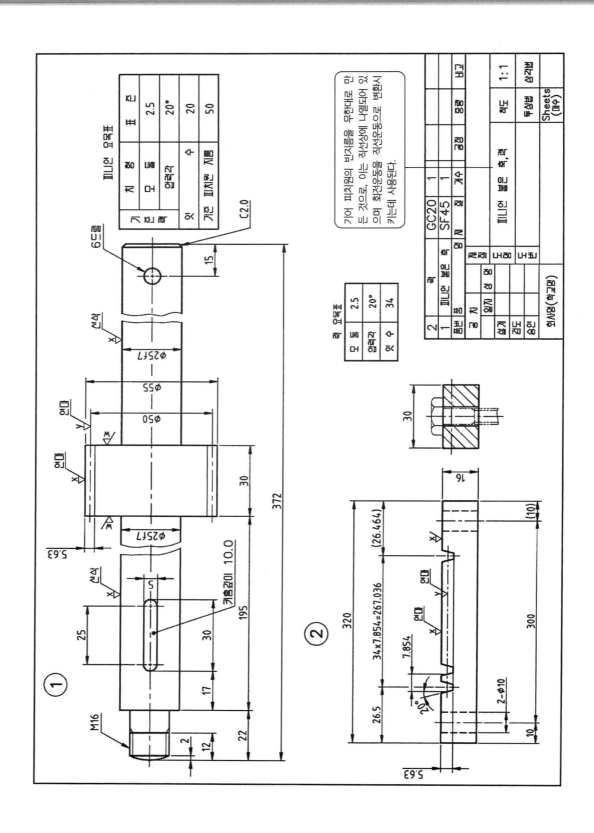

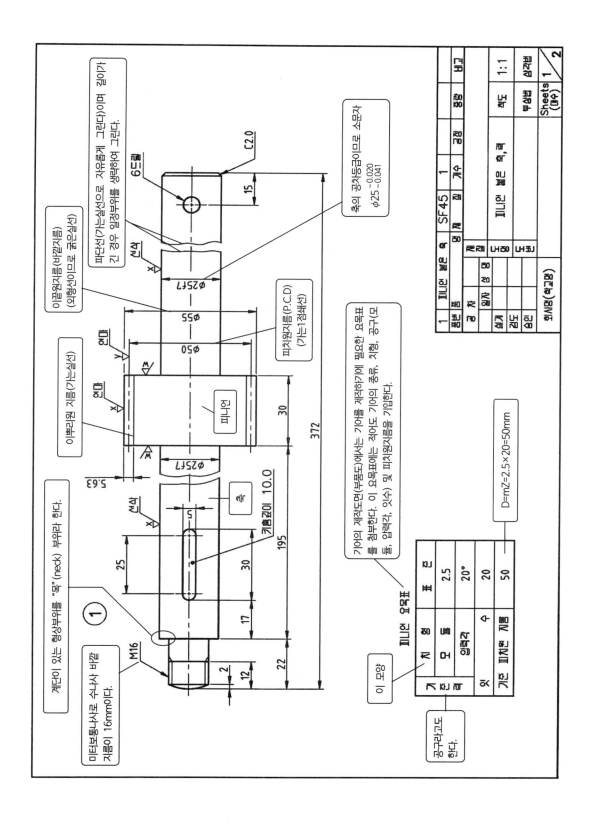

계단이 있는 형상부위를 "목"(neck) 부위라 한다.

미터보통나사로 수나사 바깥 지름이 16mm이다.

축의 공차등급이므로 소문자
φ25$^{-0.020}_{-0.041}$

단면선(가는실선으로 자유롭게 그린다)이며 길이가
긴 경우 일정부위를 생략하여 그린다.

이끝원지름(바깥지름)
(외형선이므로 굵은실선)

피치원지름(P.C.D)
(가는1점쇄선)

이뿌리원 지름(가는실선)

기어의 제작도면(부품도)에서는 기어를 제작하기에 필요한 요목표
를 첨부한다. 이 요목표에는 적어도 기어의 종류, 치형, 공구(모
듈, 압력각, 잇수) 및 피치원지름을 기입한다.

D=mZ=2.5×20=50mm

피니언 요목표

이 모양		표 준
공구	치 형	표 준
	모 듈	2.5
	압력각	20°
잇 수		20
기준 피치원 지름		50

공구라고도
한다.

	피니언 붙은 축		SF45	1					비고
품번	품 명		재 질	필 계수		공정			
1	피니언 붙은 축							척도	1:1

화사야 (학교명)

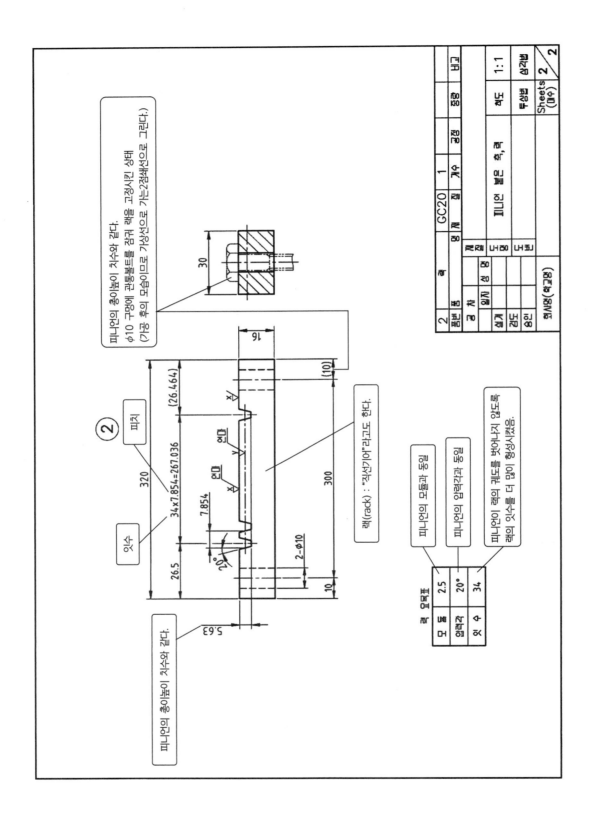

피니언의 홈이높이 지수와 같다.

피니언의 홈이높이 지수와 같다.

피니언의 홈이높이 지수와 같다.
φ10 구멍에 관통볼트를 잠겨 랙을 고정시킨 상태
(가공 후의 모습이므로 가상선으로 가는2점쇄선으로 그린다.)

랙(rack) : "직선기어"라고도 한다.

피니언의 모듈과 동일

피니언의 압력각과 동일

피니언의 잇수를 벗어나지 않도록 양쪽을
벗어날게 넓이 많이 형성시켰음.
잇수를 벗어날게 넓이 많이 형성시켰음.

랙 요목표	
모듈	2.5
압력각	20°
잇수	34

품번	품명	재질	계수	공정	중량	비고
2	랙	GC20	1			

		척도	1:1	투상법	제3각법
검도					
설계					
제도		피니언 볼트, 축, 랙			
승인					
	회사명(학교명)			Sheets 2 (매수)	2

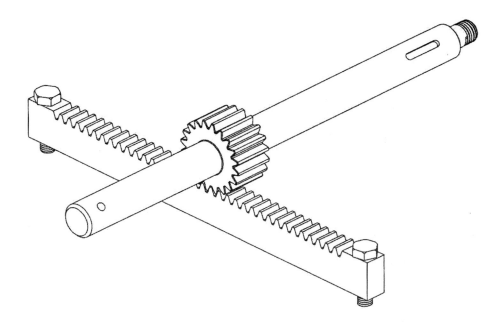

참고 Ass'y 3차원 입체도(등각투상도 Isometric projection)

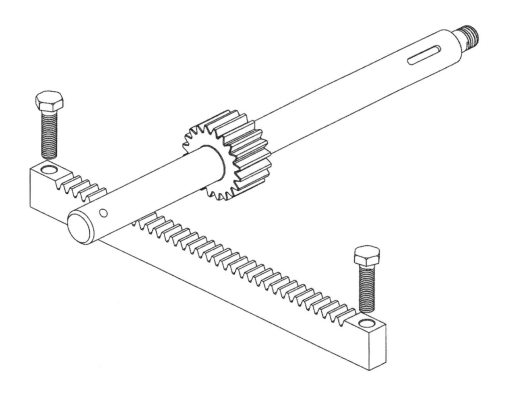

참고 3차원 분해도(등각투상도 Isometric projection)

15.11 베벨 기어(Bevel gear)의 도시

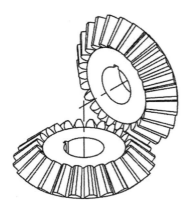

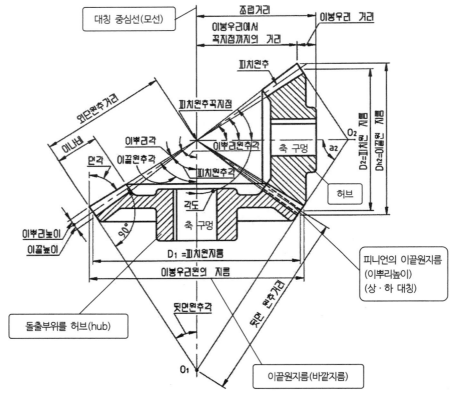

베벨 기어의 도시(각부 명칭)

베벨 기어의 계산식

명 칭	기 호	큰 기어	작은 기어
피치원뿔각	δ	$\tan\delta_1 = \dfrac{\sin\theta}{\dfrac{Z_2}{Z_1}+\cos\theta}$	$\tan\delta_2 = \dfrac{\sin\theta}{\dfrac{Z_1}{Z_2}+\cos\theta}$
뒤원뿔각	α	$\alpha_1 = 90 - \delta_1$	$\alpha_2 = 90 - \delta_2$
축 각	Σ	$\sum = \delta_1 - \delta_2$	
피치원지름	D	$D_1 = MZ_1$	$D_2 = MZ_2$
이끝원지름	d_k	$d_{k1} = D_1 + 2h_k\cos\delta_1$	$d_{k2} = D_2 + 2h_k\cos\delta_2$
이끝높이	h_k	$h_k = M$	
이뿌리높이	h_f	$h_f \geqq 1.25$	
전체이높이	h	$h = h_1 + h_f \geqq 2.25$	
원뿔거리	R_a	$R_a = \dfrac{d_1}{2\sin\delta_1} = \dfrac{d_2}{2\sin\delta_2}$	
이봉우리각	θ_k	$\tan\theta_k = \dfrac{h_k}{R_a}$	
이골각	θ_f	$\tan\theta_f = \dfrac{h_f}{R_a}$	
이끝원뿔각	δ_k	$\delta_{k1} = \delta_1 + \theta_k$	$\delta_{k2} = \delta_2 + \theta_k$
이뿌리원뿔각	δ_f	$\delta_{f1} = \delta_1 + \theta_{f1}$	$\delta_{f2} = \delta_2 + \theta_{f2}$

15.12 베벨 기어(Ⅰ)의 도면해석

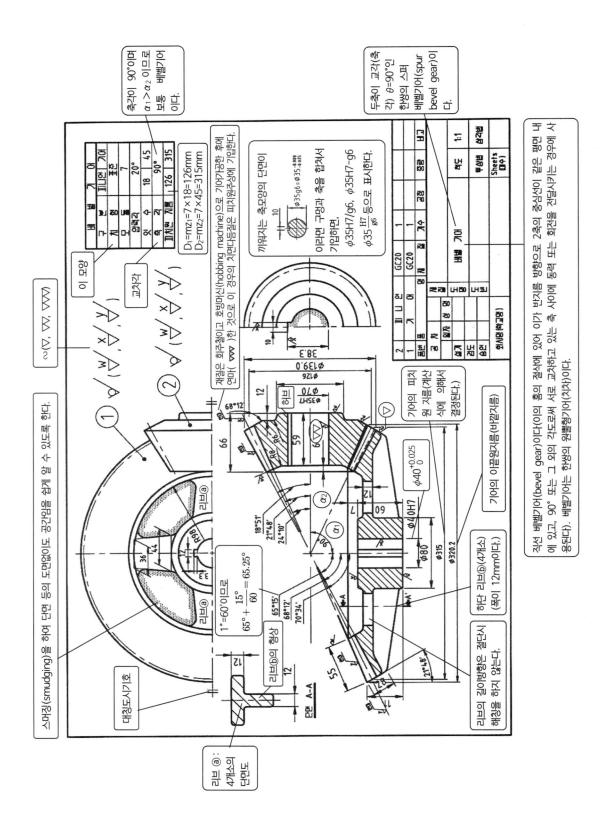

<table>
<tr><th colspan="3">베 벨 기 어</th></tr>
<tr><td>구 분</td><td>피니언 기어</td><td>기 어</td></tr>
<tr><td>치 형</td><td colspan="2">표준</td></tr>
<tr><td>모 듈</td><td colspan="2">7</td></tr>
<tr><td>압력각</td><td colspan="2">20°</td></tr>
<tr><td>잇 수</td><td>18</td><td>45</td></tr>
<tr><td>축 각</td><td colspan="2">90°</td></tr>
<tr><td>피치원 지름</td><td>126</td><td>315</td></tr>
</table>

$D_1 = m z_1 = 7 \times 18 = 126mm$
$D_2 = m z_2 = 7 \times 45 = 315mm$

이 맞물림

교차각

축각이 90°이며 $\alpha_1 > \alpha_2$ 이므로 보통 베벨기어 이다.

재료를 회주철이고 호빙머신(hobbing machine)으로 기어가공함. 후에 연마(∇∇∇)한 것으로 이 경우의 치면다듬질은 피치원주에 기입한다.

$(\overset{\check{z}}{\nabla}, \overset{y}{\nabla}, \overset{x}{\nabla})$
$\overset{w}{\nabla} / \overset{x}{\nabla} / \overset{y}{\nabla} / \overset{z}{\nabla}$

$\sim (\nabla, \nabla\nabla, \nabla\nabla\nabla)$

스머징(smudging)을 행하여 단면 단면 등의 도면에의한 공간을을 쉽게 할 수 있도록 한다.

기어가는 축모양의 단면이

두축이 교차(축각 각) $\theta = 90°$인 한쌍의 스퍼 베벨기어(spur bevel gear)이다.

이라면 구멍과 축을 합쳐서 기입한면,
$\phi 35H7/g6$, $\phi 35H7$-$g6$
$\phi 35 \frac{H7}{g6}$ 등으로 표시한다.

기가워지는 축모양의 단면이

<table>
<tr><td>1:1</td><td>척도</td></tr>
</table>

<table>
<tr><th>2</th><th>1</th><th>품번</th></tr>
<tr><td>피니언</td><td>기어</td><td>품명</td></tr>
<tr><td>GC20</td><td>GC20</td><td>재질</td></tr>
<tr><td>1</td><td>1</td><td>수량</td></tr>
<tr><td colspan="2">베벨 기어</td><td>등명</td></tr>
<tr><td colspan="2">작도법</td><td>각법</td></tr>
<tr><td colspan="2">투상법</td><td>1:1</td></tr>
<tr><td colspan="2"></td><td>척도</td></tr>
<tr><td colspan="2">Sheets (매수)</td><td>비고</td></tr>
</table>

화살표(여기구멍)

직선 베벨기어(bevel gear)이다(이의 폭이 절삭에 있어 이가 반지름 방향으로 같은 평면 내에 있고, 90° 또는 그 외의 각도로써 서로 교차하고 있는 축 사이에 동력 또는 회전을 전달시키는 경우에 사용된다). 베벨기어는 한쌍의 원뿔형기어(치차)이다.

기어의 피치 원 지름(계산 식에 의해서)

기어의 이뿌리원지름(바깥지름)

$1° = 60'$이므로
$65° + \dfrac{15°}{60} = 65.25°$

리브ⓓ의 형상은

하단 리브ⓑ(4개소)
(폭이 12mm이다.)

리브의 길이방향은 절단선
해칭을 하지 않는다.

리브ⓓ :
4개소의
단면도

대칭도시기호

단면 A-A

15.13 베벨 기어(Ⅱ)의 도면해석

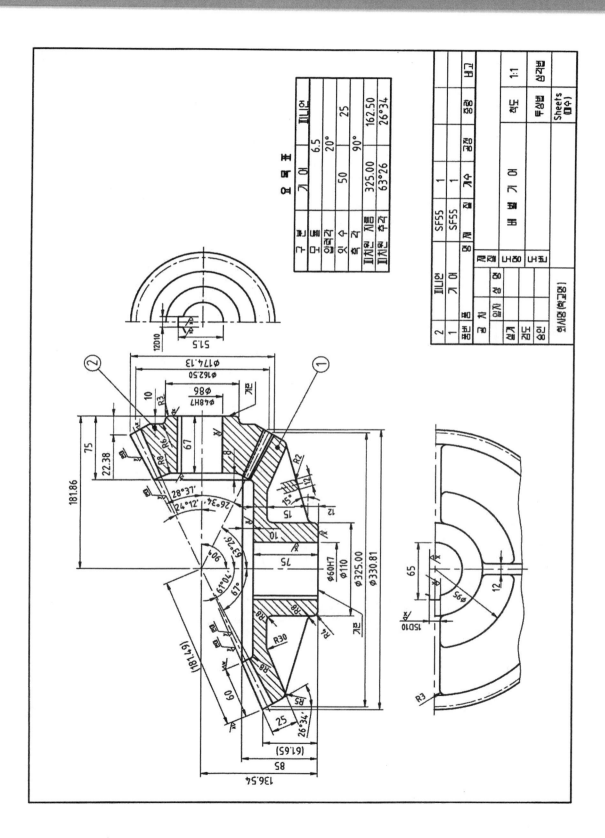

요 목 표		피 니 언
구 분	기 어	
모 듈	6.5	
압력각	20°	
잇 수	50	25
축 각	90°	
피치원 지름	325.00	162.50
피치원 추각	63°26′	26°34′

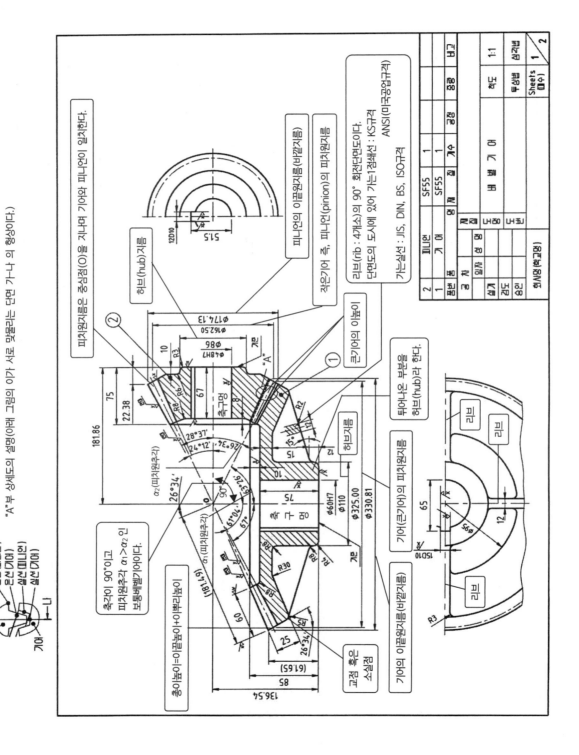

"A" 부 상세도의 설명(아래 그림의 이가 서로 맞물리는 단면 가~나 의 형상이다.)

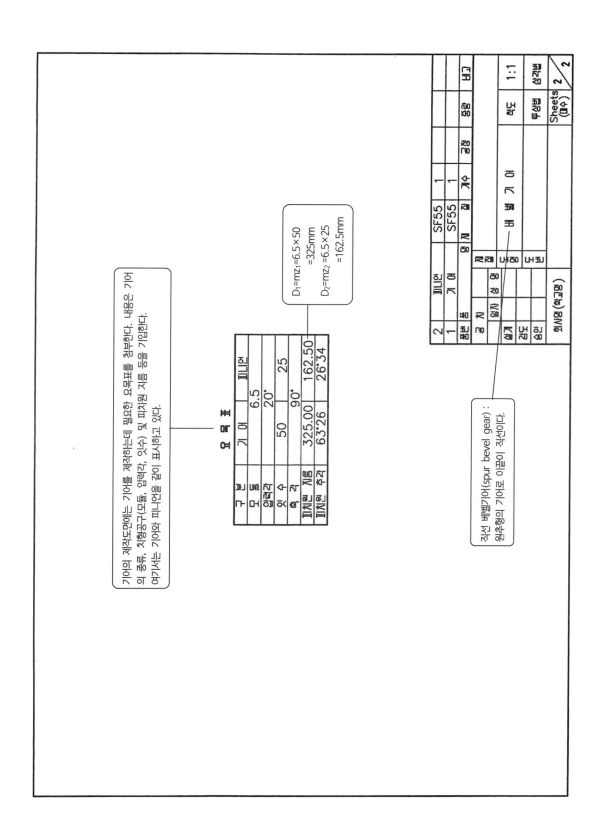

기어의 제작도면에는 기어를 제작하는데 필요한 요목표를 첨부한다. 내용은 기어
의 종류, 치형공구(모듈 압력각, 잇수 및 피치원 지름 등)을 기입한다.
여기서는 기어와 피니언들 같이 표시하고 있다.

요 목 표

구 분	기 어	피니언
모 듈	6.5	
압력각	20°	
잇 수	50	25
축 각	90°	
피치원 지름	325.00	162.50
피치원 추각	63°26	26°34

$D_1 = mz_1 = 6.5 \times 50$
$= 325mm$
$D_2 = mz_2 = 6.5 \times 25$
$= 162.5mm$

직선 베벨기어(spur bevel gear) :
원추형의 기어로 이뿌리 직선이다.

2	피니언			SF55	1			비고
1	기 어			SF55	1			
품번	품 명			재 질	개수	공정	중량	
			공 차					
		실 제	압력각					
	내용	검도					척도	1:1
	내력	승인					투상법	삼각법

베 벨 기 어

의시외 (학교명)

	Sheets (매수)	2	
	2		

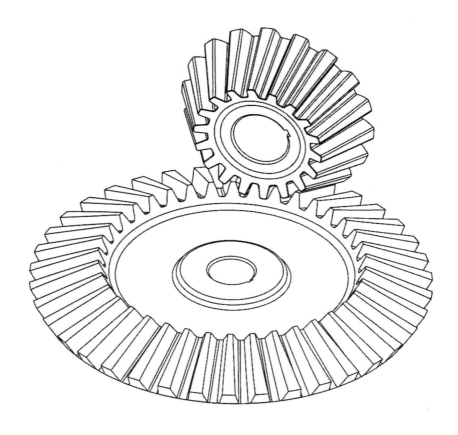

참고 3차원 입체도(등각투상도 Isometric projection)

15.14 전위 기어(Shifted gear)의 도면해석

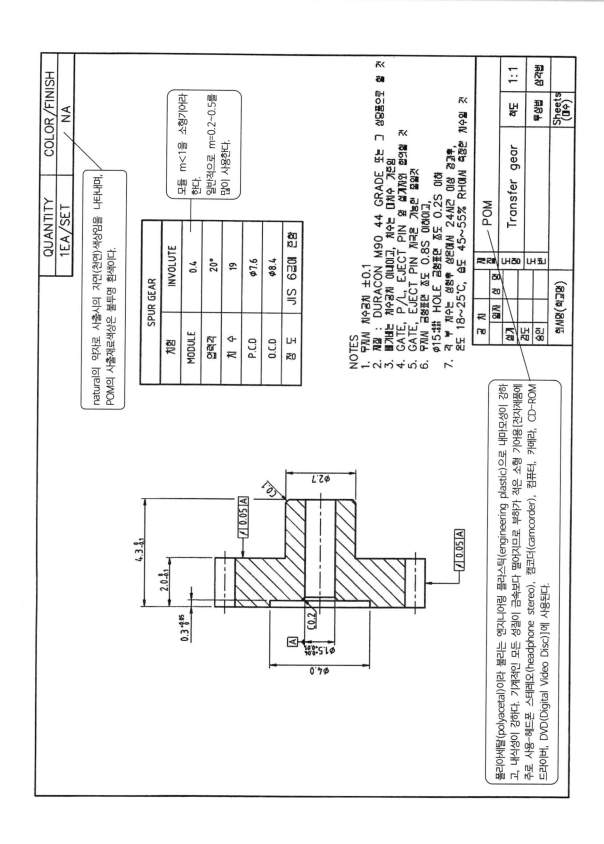

SPUR GEAR	INVOLUTE
MODULE	0.4
압력각	20°
치 수	19
P.C.D	φ7.6
O.C.D	φ8.4
정 도	JIS 6급이 된함

모듈 m<1을 소형기어라 한다. 일반적으로 m=0.2~0.5를 많이 사용한다.

natural이 약자로 사출시의 자연(천연)색상임을 나타내며, POM의 사출재료색상은 불투명 흰색이다.

QUANTITY	COLOR/FINISH
1EA/SET	NA

NOTES
1. 무게치 치수공차 ±0.1
2. 재질 : DURACON M90 44 GRADE 또는 그 상당품으로 할 것
3. 페기버는 치수공치 이내이고, 치수는 대수 기준임
4. GATE, P/L, EJECT PIN 앞 설계자와 협의할 것
5. GATE, EJECT PIN 자국은 기통한 줄일것
6. 무게 금형면 조도 0.8S 이하이고, φ15.속속 HOLE 금형면 조도 0.2S 이하
7. 각 부 치수는 성형후 상온에서 24시간 이상 경과후, 온도 18~25℃, 습도 45~55% RH에서 측정한 치수일 것

POM
Transfer gear

폴리아세탈(polyacetal)이라 불리는 엔지니어링 플라스틱(engineering plastic)으로 내마모성이 강하고, 내식성이 강하다. 기계적인 모든 성질이 금속보다 떨어지므로 부하가 적은 소형 기어용[전자제품에 주로 사용-헤드폰 스테레오(headphone stereo), 캠코더(camcorder), 컴퓨터, 카메라, CD-ROM 드라이버, DVD(Digital Video Disc)]에 사용된다.

		척도	1:1
		투상법	상각법

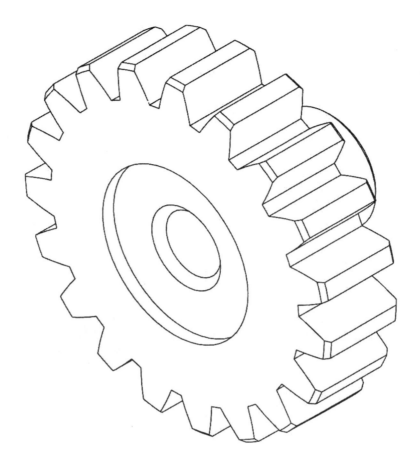

참고 3차원 입체도(등각투상도 Isometric projection)

15.15 웜 기어(Worm gear)의 도면해석

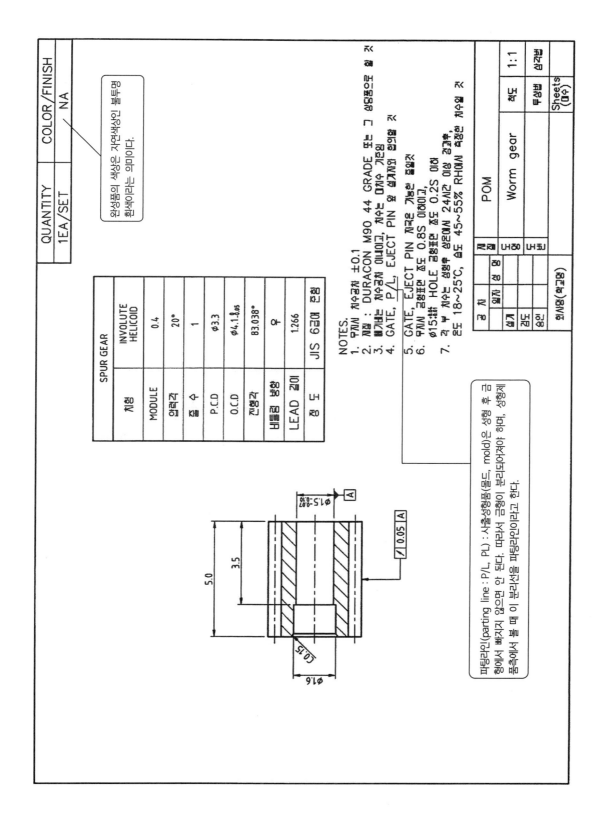

SPUR GEAR	INVOLUTE HELICOID
MODULE 모듈	0.4
압력각	20°
줄 수	1
P.C.D	ø3.3
O.C.D	ø4.1₋₀.₀₅
진행각	83.038°
베틀림 방향	우
LEAD 길이	1.266
정 도	JIS 6급과 준함

NOTES.
1. 무게시 치수공차 ±0.1
2. 재질 : DURACON M90 44 GRADE 또는 그 상당품으로 할 것
3. 빼기비는 치수공차 이내이고, 치수는 미수 가능
4. GATE, P/L, EJECT PIN 위 설계시 협의할 것
5. GATE, EJECT PIN 자국 가능한 줄일것
6. 무게 금형편 조도 0.8S 이하이고, ø15.땀 HOLE 금형편 조도 0.2S 이하
7. 각 부 치수는 성형후 상온에서 24시간 이상 경과후, 온도 18~25℃, 습도 45~55% RH에서 측정한 치수일 것

파팅라인(parting line : P/L, PL) : 사출성형품(몰드, mold)은 성형 후 금형에서 빠지기 않으면 안 된다. 따라서 금형이 분리선이되어야 하는 행에서 하며, 사이어져야하라고 한다. 성형제품측에서 볼때 이 분리선을 파팅라인이라고 한다.

QUANTITY	COLOR/FINISH
1EA/SET	NA

완성품의 색상은 자연색상인 불투명 흰색이라는 의미이다.

	POM		척도 1:1
	Worm gear		투상법 삼각법
설계			Sheets(매수)
제도			
승인			
회사명(학교명)			

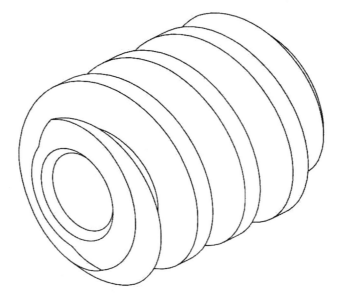

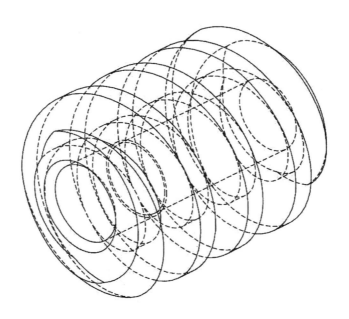

참고 3차원 입체도(등각투상도 Isometric projection)

15.16 플라스틱 기어(Plastic gear)의 설계

1) 설계 플로(flow)

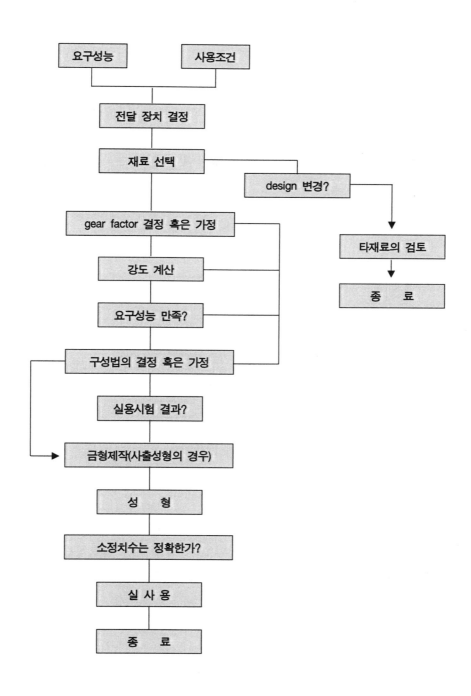

2) 플라스틱 기어의 재료

범용 엔지니어링 플라스틱(engineering plastics)가 주로 기어 재료로 사용되고 있다.

엔지니어링 플라스틱 중에서 PA, PC, POM, 변성 PPE, 폴리에스테르(PET, PBT)의 5종을 5대 엔지니어링 플라스틱이라고도 하며, 최근 PPS(Polyphenylene Sulphide)가 범용에 가까워지고 있다. 범용은 수만톤 이상의 수요를 가리키는 것이다.

(1) PA(나일론, Polyamide, Nylon)

여기서는 여러 가지 등급(grade)이 있다. PA-66, PA-6, PA-12, PA-11, PA-46, 아모퍼스(비결정질, amorphous) PA-46, 방향족 나일론(MXD, MCX, 아라아미드) 등 일반적으로 내약품성, 내마모성이 뛰어나고 유리(glass) 섬유와 친화성이 좋다. 이 때문에 비교적 약하지만 유리 섬유 충전 효과는 크다. 등급에 따라서 조금, 또한 흡수하더라도 성질이 변하지 않는 것도 있다. 아모퍼스와 성형시 급랭하면 투명하게 된다.

(2) 폴리아세탈(POM, Polyacetal)

마모, 피로, 크리프(creep)에 강하고 탄성도 가지고 있다. 내약품성에는 뛰어나다. 결점은 결정성이 강도를 유지시키고 있기 때문에 성형시에 특히 결정성(성형 조건)과 열분해에 주의를 요한다.

(3) 폴리카보네이트(PC, Polycarbonate)

내충격성이 뛰어나고 투명하며 내후성, 난연성이 있다. 또한 무독이다.

결정성이 낮아 치수안정성이 있다.

(4) 변성 PPE(Modified Polyphenylene Ether)

PPE는 내열성이 높아 성형하기 힘듦으로 변성(變性)시킨 등급이 일반적이다. 물에 강하고 난연성을 가지며, 치수안정성이 있다.

(5) 폴리에스테르(PET, PBT)

PET(Polyethylene Terephthalate)는 내열성이 뛰어나고 결정성이며, 급랭하면 투명하게 된다. PBT(Polybutylene Terephthalate)는 PET보다 흡수성이 작으며 내충격성도 갖고 있다. 그러나 폴리에스테르는 물을 포함한 상태에서 고온에 있으면 가수분해하여 성질이 떨어진다.

PET는 충격에 약하기 때문에 유리 섬유를 넣어서 사용한다. PBT는 불투명하다.

밸브(Valve)

관 속을 흐르는 유체의 유량, 압력, 온도를 제어하기 위하여 밸브(valve)나 콕(cock)이 사용된다. 밸브나 콕의 재료는 보통 청동이 사용되지만 고온, 고압, 내식성이 요구되는 곳에는 주철, 주강, 합금강이 사용된다. 사용 목적에 따라 스톱 밸브, 첵 밸브, 게이트 밸브, 안전 밸브 및 콕 등이 있다.

16.1 밸브의 종류

1) 스톱 밸브(Stop valve)

① 글로브 밸브(glove valve) : 유체가 흐르는 방향으로 입구와 출구가 일직선으로 되어있으며, 밸브 시트(valve seat)에 대하여 수직방향으로 운동한다. 지름이 큰 것은 플랜지형, 작은 것은 나사식으로 한다(그림 16.1).

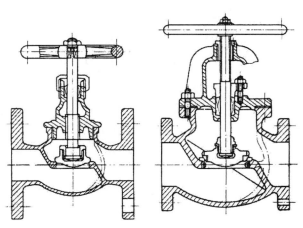

그림 16.1 글로브 밸브의 구조

② 앵글 밸브(angle valve) : 유체가 흐르는 입구와 출구가 직각으로 되어 있다(그림 16.2).

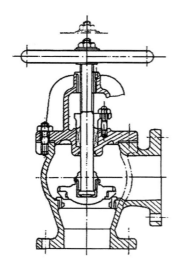

그림 16.2 앵글 밸브의 구조

(2) 게이트 밸브(gate valve)

유체가 흐르는 방향에 대하여 입구와 출구가 직각이며, 밸브를 밸브 시트에 꼭 끼게하여 밸브를 개폐시키는 것으로 플랜지형과 나사죔형이 있다. 밸브가 밸브 스템과 함께 상·하로 움직이는 것과 밸브만이 상·하 운동을 하는 것이 있다. 전자는 저압증기 관로나 수로용으로 사용되고, 후자는 고압용으로 사용된다(그림 16.2).

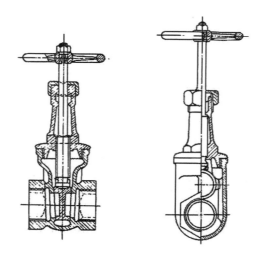

그림 16.2 게이트 밸브의 구조

(3) 첵 밸브(check valve)

유체의 역류를 막는 데 사용되는 밸브로서, 리프트 첵 밸브와 스윙 첵 밸브가 있다(그림 16.3).

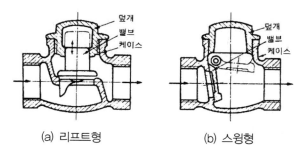

(a) 리프트형　　　　　　(b) 스윙형

그림 16.3 첵 밸브의 구조

(4) 안전 밸브(safety valve)

탱크 안의 유체 압력을 일정하게 유지시킬 목적으로 부착된 밸브이며, 규정된 이상의 압력이 되면 외부로 유체를 배출하여 일정한 압력을 유지시키는 자동 밸브이다. 스프링 안전 밸브와 중추 안전 밸브가 있다(그림 16.4).

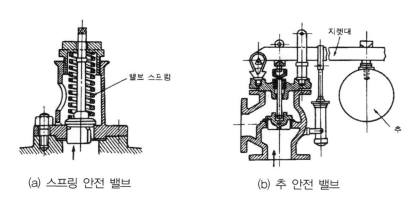

(a) 스프링 안전 밸브　　　　　　(b) 추 안전 밸브

그림 16.4 안전 밸브의 구조

(5) 콕(cock)

콕은 원추모양의 플러그(plug)를 돌려 개폐하는 것으로, 조작이 간편하며 주로 저압에 쓰인다. 통로의 개폐에 사용되는 2방 콕과, 흐름의 방향을 두 방향으로 나누는 3방 콕이 있다(그림 16.5).

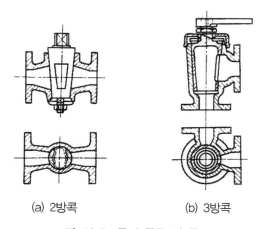

(a) 2방콕　　　　　　(b) 3방콕

그림 16.5 콕의 종류 및 구조

16.2 밸브의 도시법(diagram)과 기호 [KS B 0051]

1) 밸브 및 콕 몸체

밸브 및 콕 몸체의 표시는 표 16.1의 그림기호를 사용하여 표시한다.

표 16.1 밸브 및 콕 몸체의 표시방법

밸브와 콕의 종류	그림 기호	밸브와 콕의 종류	그림 기호
밸브 일반	⋈	앵글 밸브	◁
게이트 밸브	⋈	3방향 밸브	⋈
글로브 밸브	◉	안전 밸브	⋈ (스프링식) / ◁
첵 밸브	⋈ 또는 ∖		
볼 밸브	⊗	콕 일반	⋈
버터플라이 밸브	⋈ 또는 ∖		

비고 : 1. 밸브 및 콕과 관의 결합 방법을 특히 표시하고자 하는 경우에는 그림 기호에 따라 표시한다.
  　　 2. 밸브 및 콕이 닫혀있는 상태를 특히 표시할 필요가 있는 경우에는 다음 그림과 같이 그림 기호를 칠하여 표시하거나 또는 닫혀있는 것을 표시하는 글자("폐", "C" 등)를 첨가하여 표시한다.

2) 밸브와 조작부

밸브 개폐 조작부의 동력조작이나 수동조작의 구별을 명시할 필요가 있을 때에는 표 16.2의 그림 기호에 따라 표시한다.

표 16.2 밸브 및 콕 조작부의 표시 방법

개폐 조작	그림 기호	비 고
동력조작	 (그림 기호)	조작부나 부속기기 등의 상세에 대하여 표시할 때에는 KS A 3016(계장용 기호)에 따른다.
수동조작	 (그림 기호)	특히 개폐를 수동으로 할 것을 지시할 필요가 없을 때는, 조작부의 표시를 생략한다.

3) 계기

계기를 표시하는 경우에는, 관을 표시하는 선에서 분기시킨 가는 선의 끝에 원을 그려 표시한다(그림 16.6). 계기의 측정하는 변동량 및 기능 등을 표시하는 글자 기호는 KS A 3016에 따른다.

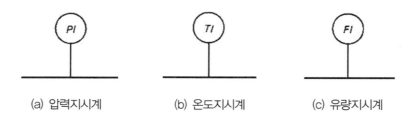

| (a) 압력지시계 | (b) 온도지시계 | (c) 유량지시계 |

그림 16.6 계기의 표시방법

4) 지지장치

지지장치를 표시하는 경우에는 그림 16.7과 같이 그림 기호에 따라 표시한다.

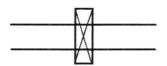

그림 16.7 지지장치의 표시

16.3 청동 나사식 볼 밸브(Ball valve) 조립도의 도면해석

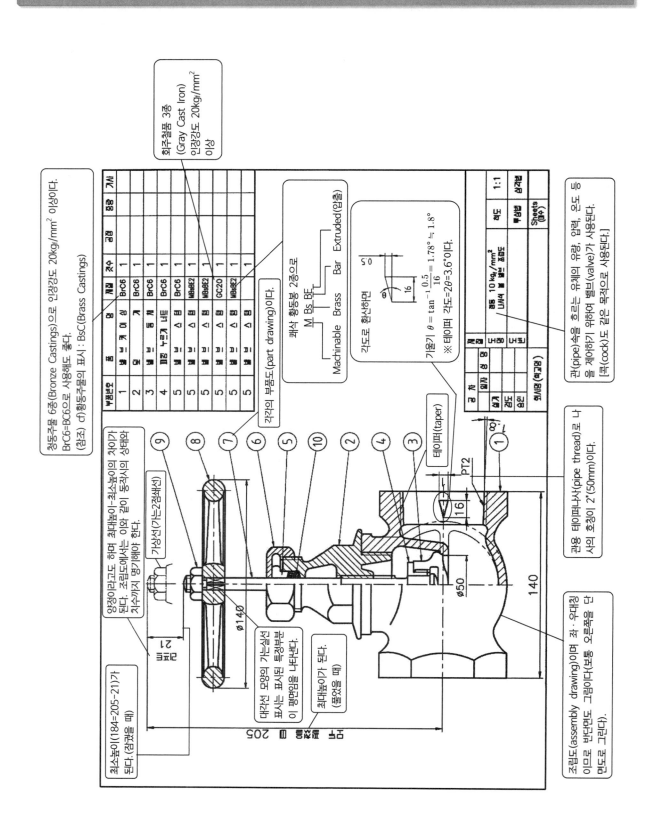

16.4 청동 나사식 볼 밸브(Ball valve) 부품도의 도면해석

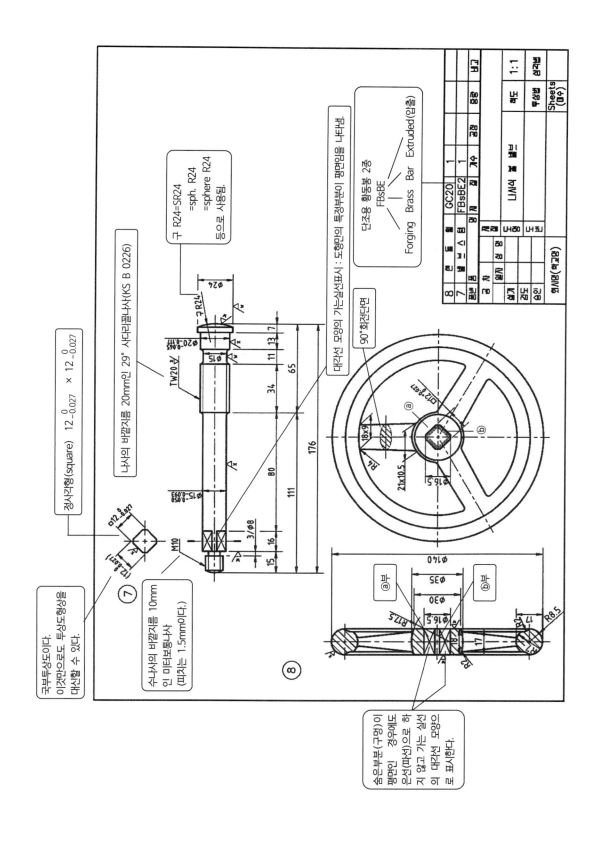

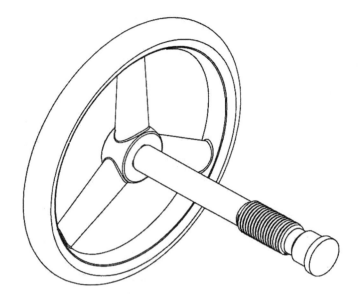

참고 Ass'y 3차원 입체도(등각투상도 Isometric projection)

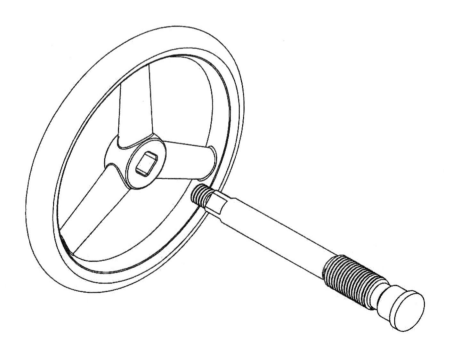

참고 3차원 분해도(등각투상도 Isometric projection)

재료 기호의 일람표

KS D	명 칭	종 별		기 호		인장강도 kg$_f$/mm^2	용 도
3503	일반구조용 압연강재 (Rolled Steel for General Purposes)	1종		SB 34		34~44	강판, 평강, 봉강 및 강대
		2종		SB 41		41~52	강판, 평강, 봉강 및 형강
		3종		SB 50		50~62	강판, 평강, 봉강 및 형강
		4종		SB 55		55 이상	두께, 지름, 변 또는 대변 거리가 40mm 이하의 강판, 평강, 형강, 봉강 및 강대 비고 : 강판, 평강, 형강 및 봉강을 표시할 때의 기호는 종류의 기호 다음에 P(강판), F(평강), A(형강) 및 B(봉강)을 표시. 예 : SB34P(일반구조용 압연강재 강판 1종)
3507	배관용 탄소 강관 (Carbon Steel Pipe for Ordinary Piping)	일반배관용 탄소 강관 (A관)		SPP A	흑관	30 이상	아연도금을 하지 않은 관
					백관		아연 도금을 한 관
		수도배관용 탄소 강관 (B관)		SPPW B	백관	30 이상	아연 도금을 한 관으로서 최대 정 수두가 100 이하의 수도배관용에 적용됨.
3509	피아노 선재 (Piano Wire Rod)	1종	A	PWR1A		–	와이어 로프
			B	PWR1B		–	
		2종	A	PWR2A		–	스프링
			B	PWR2B		–	P · C 강선
		3종	A	PWR3A		–	강연선
			B	PWR3B		–	강연선

KS D	명 칭	종 별		기 호	인장강도 kg$_f$/mm^2	용 도
3512	냉간압연강판 및 강대(Cold Rolled Carbon Steel Sheet and Strip)	1종		SBC 1		일반용
		2종		SBC 2	28 이상	가공용(가공도가 작은 것)
		3종		SBC 3	28 이상	가공용(가공도가 큰 것)
3515	용접구조용 압연강재 (Rolled Steel for Welded Structure)	1종	A	SWS41A	41~52	강판, 대강, 형강 및 평강의 두께 100mm 이하, 강판 및 대강의 두께 50mm 이하
			B	SWS41B		
			C	SWS41C		
		2종	A	SWS50A	50~62	강판, 대강, 형강 및 평강의 두께 100mm 이하, 강판 및 대강의 두께 50mm 이하
			B	SWS50B		
			C	SWS50C		
		3종	A	SWS50YA	50~62	강판, 대강, 형강 및 평강의 두께 50mm
			B	SWS50YB		
		4종	A	SWS53A	53~65	강판, 대강, 형강 및 평강의 두께 50mm 이하. 강판, 대강의 두께 50mm 이하
			C	SWS53C		
		5종		SWS58	58~73	강판 및 대강의 두께 5mm 이상 50mm 이하
3517	기계구조용 탄소강 강관 (Carbon Steel Tubes for Machine Structural)	11종	A	STKM 11A	30 이상	인쇄용 롤러, 배기 파이프, 스티어링, 모터 커버, 자전거 프레임, 가구
		12종	A	STKM 12A	35 이상	크로스 멤버, 직기용 롤러 베어링 백메탈, 스티어링 시스템, 프로펠러 샤프트, 중공축, 앞 포크
			B	STKM 12B	40 이상	
			C	STKM 12C	48 이상	
		13종	A	STKM 13A	38 이상	프로펠러 샤프트, 스티어링 시스템, 크로스 멤버, 유압 실린더, 베어링 백메탈, 직기용 롤러, 액셀 튜브
			B	STKM 13B	45 이상	
			C	STKM 13C	52 이상	
		14종	A	STKM 14A	42 이상	스티어링 시스템, 크로스 멤버 액셀 튜브, 유압 실린더
			B	STKM 14B	51 이상	
			C	STKM 14C	56 이상	
		15종	A	STKM 15A	48 이상	스티어링 시스템, 크로스 멤버, 엑스텐션 뉴브, 프로펠러 샤프트
			C	STKM 15C	59 이상	

KS D	명 칭	종 별		기 호	인장강도 kg$_f$/mm^2	용 도
		16종	A	STKM 16A	52 이상	밸브 록 카샤프트, 스티어링 시스템, 액셀 튜브, 프로펠러 샤프트, 보 오링 로드
			C	STKM 16C	63 이상	
		17종	A	STKM 17A	56 이상	액셀 튜브, 보오링 로드
			C	STKM 17C	66 이상	
		18종	A	STKM 18A	45 이상	수압, 철주, 포크 튜브 유압 실린더
			B	STKM 18B	50 이상	
			C	STKM 18C	52 이상	
		19종	A	STKM 19A	50 이상	
			C	STKM 19C	56 이상	
		20종	A	STKM 20A	55 이상	
3522	고속도 공구강 강재 (High Speed Tool Steel)	텅스텐계		SKH 2	–	일반절삭용, 기타 각종 공구
				SKH 3	–	고속중 절삭용, 기타 각종 공구
				SKH 4	–	난삭재 절삭용, 기타 각종 공구
				SKH 5	–	난삭재 절삭용, 기타 각종 공구
				SKH 10	–	고난삭재 절삭용, 기타 각종 공구
		몰리브덴계		SKH 51	–	인성을 요하는 일반 절삭용, 기타 각종 공구
				SKH 52 SKH 53 SKH 54	–	비교적 인성을 요하는 고속도재 절삭용, 기타 각종 공구
				SKH 55 SKH 56 SKH 57 SKH 59	–	비교적 인성을 요하는 고속도중 절삭용, 기타 각종 공구
3551	특수마대강 (Cold Rolled Special Steel Strip)	탄 소 강		SM 30 CM	–	리테이너
				SM 35 CM	–	사무용 기계부품, 프리쿠션 플레이트
				SM 45 CM	–	클러치 부품, 체인 부품, 양산 살대, 와셔
				SM 50 CM		카메라 등 구조부품, 체인 부품, 스프링, 클러치 부품, 와셔, 안전버클
				SM 55 CM		스프링, 안전 작업호, 깡통따기, 톰슨칼날, 양산살대, 카메라 등 구조부품

KS D	명 칭	종 별	기 호	인장강도 kg$_f$/mm^2	용 도
			SM 60 CM		체인부품, 목공용 톱, 블라인드 안전 작업화, 사무용 기계부품 와셔
			SM 65 CM		안전 작업화, 클러치 부품, 스프링, 와셔
			SM 70 CM		스프링, 와셔, 목공용 톱, 사무기 부품
3551	특수마대강 (Cold Rolled Special Steel Stirp)	탄소강	SM 75 CM		클러치 부품, 스프링, 와셔
		탄소공구강	SK 2 M		면도날, 칼날, 쇠톱날, 셔터, 태엽
			SK 3 M		쇠톱날, 칼날, 스프링
			SK 4 M		펜촉, 태엽, 게이지, 스프링, 칼날, 메리야스용 바늘
			SK 5 M		태엽, 스프링, 칼날, 메리야스용 바늘, 게이지, 클러치 부품, 목공용 및 제재용 톱줄 및 원형톱, 사무용 기계부품
			SK 6 M		스프링, 칼날, 클러치 부품, 와셔, 구두밑창, 혼
			SK 7 M		스프링, 칼날, 혼, 목공용 톱, 와셔, 구두밑창, 클러치 부품
		합금공구강	SKS 2 M		쇠톱줄, 칼날, 메탈밴드톱
			SKS 5 M		칼날, 둥근톱, 띠톱
			SKS 51 M		칼날, 둥근톱, 띠톱
			SKS 7 M		칼, 목공용 원형톱, 목공용 및 제재용 톱줄
			SKS 95 M		클러치 부품, 스프링, 칼날
		크롬강	SCr 420 M		체인부품
			SCr 435 M		체인부품, 사무기 부품
			SCr 440 M		체인부품, 사무기 부품
		니켈크롬강	SNC 2 M		사무용 기계부품
			SNC 3 M		사무용 기계부품
			SNC 21 M		사무용 기계부품
		니켈크롬 몰리브덴강	SNCM 21 M		체인부품
			SNCM 22 M		안전버클, 체인부품
		크롬 몰리브덴강	SCM 1 M		체인부품
			SCM 2 M		체인부품, 톰슨 칼날

KS D	명 칭	종 별	기 호	인장강도 kg$_f$/mm^2	용 도
			SCM 3 M		체인부품, 사무용 기계부품
			SCM 4 M		체인부품, 사무용 기계부품
			SCM 21 M		체인부품, 사무용 기계부품
		스프링강	SUP 6 M		스프링
			SUP 9 M		특수스프링
			SUP 10 M		특수스프링
		망 간 강	SMn 438 M		체인부품
			SMn 443 M		체인부품
3556	피아노선 (Piano Wires)	1종	PW 1		주로 스프링용
		2종	PW 2		
		3종	PW 3		밸브 스프링용
3701	스프링강 (Spring Steel)	1종	SPS 1	110 이상	주로 겹판 스프링용
		2종	SPS 3	115 이상	주로 코일 스프링용
			SPS 4		
		3종	SPS 5	125 이상	주로 겹판 및 코일 스프링용
			SPS 5 A		
		4종	SPS 6	125 이상	주로 겹판 및 코일 스프링용
		5종	SPS 7	125 이상	주로 겹판 및 코일 스프링용
		6종	SPS 8	125 이상	주로 코일 스프링용
		7종	SPS 9	125 이상	주로 겹판 및 코일 스프링용
3707	크롬강재 (Chromium Steels)	1종	SCr 415(구21)		이음쇠, 축류
		2종	SCr 420(구22)		볼트, 너트
		3종	SCr 430(구2)		암류, 스터드
		4종	SCr 435(구3)		강력 볼트, 암류
		5종	SCr 440(구4)		축류, 키, 핀
		6종	SCr 445(구5)		SCr 415와 SCr 420은 주로 표면경화용
3708	니켈크롬 강재 (Nickel Chromium Steels)	1종	SNC 1	75 이상	볼트, 너트류
		2종	SNC 2	85 이상	크랭크축, 기어류
		3종	SNC 3	95 이상	축류, 기어류
		21종	SNC 21	80 이상	피스톤 핀, 기어
		22종	SNC 22	100 이상	캠축, 기어류 ※21종, 22종은 표면경화용

KS D	명 칭	종 별	기 호	인장강도 kg$_f$/mm^2	용 도
3710	탄소강 단강품 (Carbon Steel Forgings)	1종	SF 34	34～42	
		2종	SF 40	40～50	
		3종	SF 45	45～55	
		4종	SF 50	50～60	
		5종	SF 55	55～65	
		6종	SF 60	60～70	
3711	크롬 몰리브덴 강 재 (Chromium Molybdenum Steels)	1종	SCM 1	85 이상	볼트, 프로펠러, 보스
		2종	SCM 2	90 이상	소형 축류
		3종	SCM 3	95 이상	강력 볼트, 축류, 암류
		4종	SCM 4	100 이상	기어류, 축류, 암류
		5종	SCM 5	105 이상	대형 축류
		21종	SCM 21	85 이상	피스톤 핀, 축류, 기어
		22종	SCM 22	95 이상	기어, 축류
		23종	SCM 23	100 이상	기어, 축류
		24종	SCM 24	105 이상	기어, 축류 (※21, 22, 23, 24종은 표면경화용)
3751	탄소공구강 (Carbon Tool Steel)	1종	STC 1	63 이상	경질 바이트, 면도날, 각종 줄
		2종	STC 2	63 이상	바이트, 제작용 공구, 드릴
		3종	STC 3	63 이상	탭, 나사절삭용, 다이스, 쇠톱날, 철공용 끌, 게이지, 태엽, 면도날
		4종	STC 4	61 이상	태엽, 목공용 드릴, 도끼, 철공용 끌, 면도날, 목공용 띠톱, 펜촉
		5종	STC 5	59 이상	각인, 스냅, 태엽, 목공용 띠톱, 원형톱, 펜촉, 등사판줄, 톱날, 각인
		6종	STC 6	56 이상	각인, 스냅, 원형톱, 태엽, 우산대, 등사판줄
		7종	STC 7	54 이상	각인, 스냅, 프레스형, 칼
3752	기계구조용 탄소강강재 (Carbon Steel for Machine Structural Use)	1종	SM 10 C	32 이상	빌렛, 컬렛
		2종	SM 15 C	38 이상	볼트, 너트, 리벳
		3종	SM 20 C	41 이상	볼트, 너트, 리벳
		4종	SM 25 C	45 이상	볼트, 너트, 모터축
		5종	SM 30 C	55 이상	볼트, 너트, 기계부품
		6종	SM 35 C	58 이상	로드, 레버류, 기계부품

KS D	명 칭	종 별		기 호	인장강도 kg_f/mm^2	용 도
		7종		SM 40 C	62 이상	연접봉, 이음쇠, 축류
		8종		SM 45 C	70 이상	크랭크, 축류, 로드류
		9종		SM 50 C	75 이상	키, 핀, 축류
		10종		SM 55 C	80 이상	키, 핀류
		21종		SM 9 CK	40 이상	방직기 롤러
		22종		SM 15 CK	50 이상	캠, 피스톤 핀 ※21, 22종은 침탄용
3753	합금 공구강 (Alloy Tool Steel)	절삭용	S 11종	STS 11	–	절삭 공구, 냉간 드로잉용 다이스
			S 2종	STS 2	–	탭, 드릴, 커터, 핵소우(Hack Saw)
			S 21종	STS 21	–	원형톱, 띠톱, 핵소우
			S 5종	STS 5	–	
			S 51종	STS 51	–	
			S 7종	STS 7	–	
			S 8종	STS 8	–	줄
		주로 내충 격용	S 4종	STS 4	–	끌, 펀치, 스냅
			S 41종	STS 41	–	
			S 43종	STS 43	–	착암기용 피스톤
			S 44종	STS 44	–	끌, 헤딩 다이스
		주로 냉간 금형 용	S 3종	STS 3	–	게이지, 탭, 다이스, 절단기, 칼날
			S 31종	STS 31	–	게이지 휘밍다이
			S 93종	STS 93		
			S 94종	STS 94		
			S 95종	STS 95		
			D 1종	STD 1	–	다이스
			D 11종	STD 11	–	게이지, 휘밍다이 나사 전조롤러
			D 12종	STD 12	–	
		주로 열간 가공 용	D 4종	STD 4	–	프레스형틀, 다이캐스팅용 다이
			D 5종	STD 5	–	
			D 6종	STD 6	–	
			D 61종	STD 61	–	
			D 62종	STD 62	–	
			F 3종	STF 3	–	

KS D	명 칭	종 별		기 호	인장강도 kg$_f$/mm^2	용 도
		F 4종		STF 4	–	다이형틀
		F 7종		STF 7	–	
		F 8종		STF 8	–	프레스용 다이
4101	탄소강주강품 (Carbon Steel Casting)	1종		SC 360	37 이상	전동기 부품용
		2종		SC 410	42 이상	일반구조용
		3종		SC 450	46 이상	일반구조용
		4종		SC 480	49 이상	일반구조용
4301	회주철품 (Gray Cast Iron)	1종		GC 10	10 이상	일반기계부품, 상수도 철관 난방용품
		2종		GC 15	15 이상	
		3종		GC 20	20 이상	약간의 경도를 요하는 부분
		4종		GC 25	25 이상	
		5종		GC 30	30 이상	실린더 헤드, 피스톤 공작기계부품
		6종		GC 35	35 이상	
4302	구상흑연 주 철	0종		GCD 370	37 이상	
		1종		GCD 400	37 이상	
		2종		GCD 450	42 이상	
		3종		GCD 500	50 이상	
		4종		GCD 600	60 이상	
		5종		GCD 700	70 이상	
		6종		GCD 800	80 이상	
4303	흑심가단 주 철	1종		BMC 28	28 이상	
		2종		BMC 32	32 이상	
		3종		BMC 35	35 이상	
		4종		BMC 37	37 이상	
4305	백심가단 주 철	1종		WMC 330	32 이상	
		2종		WMC 370	36 이상	
		3종		WMC 440	45 이상	
		4종		WMC 490	50 이상	
		5종		WMC 540	55 이상	
5504	동 판 (Copper Sheet and Plate)	1종	연 질	CuS 1-0	26 이하	전기와 열전도성이 좋고 전연성, 가공성, 내식성, 내후성이 요구된 곳, 전기부품, 증류기구 건축용, 화학 공업용 가스켓, 기물 등
			1/4 경질	CuS 1-1/4	22 이상	
			1/2 경질	CuS 1-1/2	25 이상	
			경 질	CuS 1-H	28 이상	

KS D	명 칭	종 별		기 호	인장강도 kg_f/mm^2	용 도
		2 종	연 질	CuS 2-0	26 이하	
			1/4 경질	CuS 2-1/4	22 이상	
			1/2 경질	CuS 2-1/2	25 이상	
			경 질	CuS 2-H	28 이상	
6001	황동주물 (Brass Castings)	1종		BsC 1	15 이상	플랜지, 전기 부속품, 전기부품, 일반기계부품
		2종		BsC 2	20 이상	
		3종		BsC 3	25 이상	건축용 장식품, 일반기계부품, 전기부품
6002	청동주물 (Bronze Castings)	1종		BC 1	17 이상	유동성 피삭성이 좋다. 밸브, 주수기, 베어링 명판, 일반기계부품 등
		1종 C		BC 1 C	20 이상	
		2종		BC 2	25 이상	내압성, 내마모성, 내식성이 좋고, 또한 기계적 강도가 좋다. 베어링, 슬리브, 부시, 펌프몸체, 임펠러, 밸브, 기어, 선박형 둥근창, 전동기어부품 등
		2종 C		BC 2 C	28 이상	
		3종		BC 3	25 이상	내식성이 2종 보다 약간 좋다. 베어링, 슬리브, 부시, 펌프몸체, 임펠러, 밸브, 기어, 선박용 둥근창, 전동기기부품, 일반기계부품 등
		3종 C		BC 3 C	28 이상	
		6종		BC 6	20 이상	내압성, 내마모성, 피삭성, 주조성이 좋다. 밸브, 펌프몸체, 임펠러, 급수전, 베어링, 슬리브, 부시, 일반기계부품 등
		6종 C		BC 6 C	25 이상	
		7종		BC 7	22 이상	기계적 성질은 6종보다도 약간 좋다. 베어링, 소형 펌프부품, 밸브, 연료펌프, 일반기계부품 등
		7종 C		BC 7 C	26 이상	

BrC로도 사용한다.

한국공업규격				일본공업규격	
규격번호	규격명	KS기호	기호 설명	JIS번호	JIS기호
KS D 2301	나프피치 형동	B-Tcu C-Tcu	B-Billet, C-Cake, T-Tough Pitch	H 2123	B-Tcu C-Tcu
〃 2302	연 지금	Pb	Pb-Lead	〃 2105	−
〃 2304	알루미늄 지금	Al-Aluminium	Al-Aluminium	〃 2102	−
〃 2305	주석 지금	Sn	Sn-Tin	〃 2108	−
〃 2306	금속 크롬	Cr	Cr-Chromium	G 2313	Mcr
〃 2307	니켈 지금	Ni	Ni-Nickel	H 2104	N
〃 2308	은 지금	Ag	Ag-Silver	〃 2141	−
〃 2310	인동 지금	Pcu	P-Phosphor Cu-Copper	〃 2501	Pcu
〃 2312	금속 망간	M Mn E	M-Metal Mn-Mangnese E-Electric	〃 2311	M Mn E
〃 2313	금속 규소	MSi	M-Metal Si-Silicon	G 2312	MSn
〃 2316	훼로 티탄	FTiL	F-Ferro Ti-Titanium L-Low	〃 2309	F TiH, F TiL
〃 2320	주물용 황동 지금	BsIC	Bs-Brass I-Ingot C-Casting	〃 2202	YBs CIn
〃 2321	주물용 청동 지금	BrIC	Br-Bronze I-Ingot C-Casting	〃 2203	BCIn
〃 2322	주물용 인청동 지금	PBrIC	P-Phosphor B-Bronze I-Ingot C-Casting	〃 2204	PBCIn
〃 2330	주물용 알루미늄 합금 지금	AIC	Al-Aluminium C-Casting	〃 2211	Cx V
〃 2331	다이캐스팅용 알루미늄 합금 지금	AIDC	A-Aluminium I-Ingot D-Die C-Casting	〃 2212	Dx V
〃 2332	다이캐스팅용 알루미늄 재생 합금 지금	AIDCS	A-Aluminium I-Ingot D-Die C-Casting S-Secondary	〃 2118	Dx S
〃 2334	주물용 알루미늄 재생 합금 지금	CxxS	C-Casting S-Secondary	〃 2117	Cxx S
〃 2344	활자 합금 지급	T	T-Type	〃 2231	K

한국공업규격				일본공업규격	
규격번호	규격명	KS기호	기호 설명	JIS번호	JIS기호
〃 2351	아연 지금	Zn	Zn-Zinc	〃 2107	–
〃 3501	열간 압연 강판 및 강대	SHP	S-Steel H-Hot P-Plate	〃 3131	SPHC, SPHD SPHE
〃 3503	일반구조용 압연강재	SB	S-Steel B-보통(일반)	〃 3101	SS
〃 3504	철근콘크리트용 봉강	SBC	S-Steel B-Bar C-Concrete	〃 3112	SR, SD, SDC
〃 3506	아연도 강관	SBHG	S-Steel B-보통 H-Hot G-Galvanized	〃 3302	SPG
〃 3507	배관용 탄소강관	SPP SPPW	S-Steel P-Pipe P-Piping W-Water	〃 3452	SGP
" 3508	아크 용접용 심선재	SWRW	S-Steel W-Write R-Rod W-Welding	〃 3503	SWRY
" 3509	피아노 선재	PWR	P-Piano W-Wire R-Rod	〃 3502	SWRS
" 3510	경강선	HSW	H-Hard S-Steel W-Wire	〃 3521	SW
〃 3511	재생 강재	SBR	S-Steel B-보통(일반) R-Rerolled	〃 3111	SRB
〃 3512	냉간압연 강판 및 강대	SBC	S-Steel B-보통(일반) C-Cold	〃 3141	SPCC, SPCD SPCE
〃 3515	용접구조용 압연강재	SWS	S-Steel W-Welded S-Structure	〃 3106	SM
〃 3516	주석도금 강판	ET, HD	E-Electric T-Tin H-Hot D-Dipped	G 3303	SPTE, SPTH
〃 3517	기계구조용 탄소강 강관	STM	S-Steel T-Tube M-Machine	〃 3445	STKM
〃 3520	착색 아연도 강판	SBPG	S-Steel B-보통(일반) P-Precoated G-Galvanized	〃 3312	SCG
〃 3521	압력용기용 강판	SPPV	S-Steel P-Plate P-Pressure V-Vessel	〃 3115	SPV
〃 3522	고속도 공구강 강재	SKH	S-Steel K-공구 H-High Speed	〃 4403	SKH
〃 3523	중공강 강재	SKC	S-Steel K-공구 C-Chisel	〃 4410	SKC
〃 3525	고탄소 크롬 베어링 강재	STB	ST-Stainless B-Bearing	〃 4805	SUJ
〃 3526	마봉강용 일반 강재	SGD	S-Steel G-General D-Drawn	〃 3108	SGD
〃 3527	철근콘크리트용 재생봉강	SBCR	S-Steel B-Bar C-Concrete R-Reinforcement	〃 3117	SRR, SDR
〃 3528	전기아연도금 강판 및 강대	SEHC, SECC SEHE, SEHD SECD, SECE	S-Steel E-Electrolytic H-Hot C-Commercial C-Cold, D-Deep Drawn E-Deep Drawn Extra	〃 3313	SEHC, SECC SEHE, SEHD SECD, SECE
〃 3530	일반구조용 경량 형강	SBC	S-Steel B-보통(일반) C-Coldforming	〃 3350	SSC
〃 3532	내식 내열 초합금판	NCF	Consion-Resisting and Heat Resisting Super Alloy Sheets and Plates	〃 4901 〃 4902	NCF

한국공업규격				일본공업규격	
규격번호	규격명	KS기호	기호 설명	JIS번호	JIS기호
〃 3533	고압가스용 철판 및 강대	SG	Steel Gas	〃 3116	SG
〃 3534	스프링용 스테인리스 강대	STSC	Stainless Steel Cold	〃 4313	SUS
〃 3535	스프링용 스테인리스 강선	STSC	Stainless Steel Cold	〃 4314	SUS
〃 3536	구조용 스테인리스강 강관	STST	Stainless Steel Tube	〃 3446	SUS
〃 3550	피복아크 용접봉 심선	SWW	S-Steel W-Wire W-Welding	〃 3523	SWY
〃 3552	철선	MSW	M-Mild S-Steel W-Wire	〃 3532	SWH
〃 3554	연강 선재	MSWR	M-Mild S-Steel W-Wire R-Rod	〃 3505	SWRM
〃 3555	강관용 열간 압연 탄소강 대강	HRS	H-Hot R-Rolled S-Steel	〃 3132	SPHT
〃 3556	피아노선	PW	P-Piano W-Wire	〃 3522	SWP
〃 3557	리벳용 압연강재	SBV	S-Steel B-보통(일반) V-Rivet	〃 3104	SV
〃 3559	경강 선재	HSWR	H-Hard S-Steel W-Wire R-Rod	〃 3506	SWRH
〃 3560	보일러용 압연강재	SBB	S-Steel B-보통 B-Boiler	〃 3103	SB
〃 3561	마봉강(탄소강)	SB	S-Steel B-보통	〃 3123	SS-B-D
〃 3562	압력배관용 탄소강 강관	SPPS	S-Steel P-Pipe P-Pressure S-Service	〃 3454	STPG
〃 3563	보일러 및 열교환기용 탄소강관	STH	S-Steel T-Tube H-Heat	〃 3461	STB
〃 3564	고압 배관용 탄소강관	SPPH	S-Steel P-Pipe P-Pressure H-High	〃 3455	STS
〃 3565	수도 도복장 강관	STPW-A W-STPW-C	S-Steel T-Tube P-Pipe Water A-Aspalt C-Coaltar	〃 3443	—
〃 3566	일반구조용 탄소강관	SPS	S-Steel P-Pipe S-Structure	〃 3444	STK
〃 3568	일반구조용 각형 강관	SPSR	S-Steel P-Pipe S-Structural R-Rectangular	〃 3466	STKR
〃 3569	저온 배관용 강관	SPLT	S-Steel P-Pipe L-Low T-Temperature	〃 3460	STPL
〃 3570	고온 배관용 강관	SPHT	S-Steel P-Pipe H-High T-Temperature	〃 3456	STPT
〃 3571	저온 열교환기용 강관	STLT	S-Steel T-Tube L-Low T-Temperature	〃 3464	STBC
〃 3572	보일러 열교환기용 합금 강관	STHA	S-Steel T-Tube H-Heat A-Alloy	〃 3462	STBA
〃 3573	배관용 합금강 강관	SPA	S-Steel Pipe A-Alloy	〃 3458	STPA
〃 3574	구조용 합금강 강관	STA	S-Steel T-Tube A-Alloy	〃 3441	STKS
〃 3575	고압가스 용기용 이음매 없는 강관	STHG	S-Steel T-Tube H-High G-Gas	〃 3429	STH

한국공업규격				일본공업규격	
규격번호	규격명	KS기호	기호 설명	JIS번호	JIS기호
〃 3576	배관용 오스테나이트 스테인리스 강관	STSxT	S-Steel T-Tube S-Stainless	〃 3459	SUSTP
〃 3577	보일러 열교환기용 스테인리스 강관	STSxTB	ST-Stainless S-Steel T-Tube	〃 3463	SUSxTB
〃 3579	스프링용 탄소강 오일템퍼선	SWO	S-Spring W-Wire O-Oil	〃 3560	SWO
〃 3580	밸브 스프링용 탄소강 오일 템퍼선	SWO-V	S-Spring W-Wire O-Oil V-Valve	〃 3561	SWO-V
〃 3581	밸브 스프링용 크롬 바나듐강 오일템퍼선	SWOCV-V	S-Spring W-Wire O-Oil C-Chromium V-Vanadium V-Valve	〃 3565	SWDCV-V
〃 3582	밸브 스프링용 실리콘 크롬강 오일템퍼선	SWOSC-V	S-Spring W-Wire O-Oil S-Silicon C-Chromium V-Valve	〃 3566	SWOSC-V
〃 3583	배관용 아크용접 탄소 강관	SPW	S-Steel P-Pipe W-Welding	〃 3457	STPY
〃 3697	냉간압연용 스테인리스 강선	STSW	Cold Rolled Stainless Steel Sheet and Wire	〃 4315	SUS
〃 3698	냉간압연 스테인리스 강판	STSP	Cold Rolled Stainless Steel Sheet and Plate	〃 4305	SUS
〃 3699	열간압연 스테인리스 강대	STSxHS	ST-Stainless S-Steel H-Hot S-Strip	G 4306	SUSxHS
〃 3700	냉간압연 스테인리스 강대	STSxCS	ST-Stainless S-Steel C-Cold S-Strip	〃 4307	SUSxCS
〃 3701	스프링강	SPS	SP-Spring S-Steel	〃 4801	SUP
〃 3702	스테인리스 강선재	STSxWR	ST-Stainless S-Steel W-Wire R-Rod	〃 4308	SUS
〃 3703	스테인리스 강선	STSxWSWH	ST-Stainless S-Steel W-Wire S-Soft H-Hard	〃 4309	SUB
〃 3704	내열 강재	HRS	H-Heat R-Resisting S-Steel	–	–
〃 3705	열간압연 스테인리스 강판	STSxHP	ST-Stainless S-Steel H-Hot P-Plate	〃 4306	SUS
〃 3706	스테인리스 강봉	STSxB	ST-Stainless S-Steel B-Bar	〃 4303	SUS
〃 3707	크롬 강재	SCr	S-Steel Cr-Chromium	〃 4104	SCR
〃 3708	니켈 크롬강 강재	SNC	S-Steel N-Nickel C-Chromium	〃 4102	SNC
〃 3709	니켈 크롬 몰리브덴 강재	SNCM	S-Steel N-Nickel C-Chromium M-Molybdenum	〃 4103	SNCM
〃 3710	탄소강 단강품	SF	S-Steel F-Forging	〃 3201	SF

한국공업규격				일본공업규격	
규격번호	규격명	KS기호	기호 설명	JIS번호	JIS기호
〃 3711	크롬 몰리브덴 강재	SCM	S-Steel C-Chromium M-Molybdenum	〃 4105	SCM
〃 3712	훼로 망간	FMn	F-Ferro Mn-Manganese	〃 2301	FMn
〃 3713	훼로 실리콘	FSi	F-Ferro Si-Silicon	〃 2302	FSi
〃 3714	훼로 크롬	FCr	F-Ferro Cr-Chromium	〃 2303	FCr
〃 3715	훼로 텅스텐	FW	F-Ferro W-Wolfram (Tungsten)	〃 2306	FW
〃 3716	훼로 몰리브덴	FMo	F-Ferro M-Molybdenum	〃 2307	FMo
〃 3717	실리콘 망간	SiMn	Si-Silicon Mn-Manganese	〃 2304	SiMn
〃 3731	내열강봉	STR	Stainless Steel for Heat Resisting Steel	〃 4311	SUH
〃 3732	내열강판	STR	Stainless Steel for Heat Resisting Steel	〃 4312	SUH
〃 3751	탄소 공구강	STC	S-Steel T-Tool C-Carbon	〃 4401	SK
〃 3752	기계 구조용 탄소 강재	SM	S-Steel M-Machine	〃 4051	SxC
〃 3753	합금 공구 강재	STS	S-Steel T-Tool S-Special	〃 4404	SKS,SKD, SKT
〃 3801	열간압연 규소 강판	SExH	S-Steel E-Electric H-Hot	G 2551	SxF
〃 3802	냉간압연 규소 강대	SExC	S-Steel E-Electric C-Cold	〃 2552	Sx
〃 4101	탄소 주강품	SC	S-Steel C-Casting	C 5101	SC
〃 4102	구조용 합금강 주강품	HSC	H-High S-Steel C-Casting	〃 5111	SSC,SCMn SCCrMo
〃 4103	스테인리스 주강품	SSC	S-Stainless C-Casting	〃 5121	SCS
〃 4104	고망간 주강품	HMnSC	H-High Mn-Manganese S-Steel C-Casting	G 5131	SCMnH
〃 4105	내열 주강품	HRSC	H-Heat R-Resistant S-Steel C-Casting	〃 5122	SCH
〃 4106	용접 구조용 주강품	SCW	S-Steel C-Casting W-Welded	〃 5102	SCW
〃 4109	압력용기용 조절형탄소강 및 저합금강 단강품	SFU	Steel Forging Clessels	〃 3211	SFU
〃 4301	회주철품	GC	G-Gray C-Casting	〃 5501	FC
〃 4302	구상흑연 주철품	DC	D-Ductile C-Casting	〃 5502	FCD
〃 4303	흑심가단 주철품	BMC	B-Black M-Malleable C-Casting	〃 5702	FCMB
〃 4304	페라이트 가단 주철품	PMC	P-Pearlite M-Malleable C-Casting	〃 5704	FCMP
〃 4305	백심가단 주철품	WMC	W-White M-Malleable C-Casting	〃 5703	FCMW
〃 4315	고온 고압용 주강품	SCPH	S-Steel C-Casting P-Pressure H-High	〃 5151	SCPH

한국공업규격				일본공업규격	
규격번호	규격명	KS기호	기호 설명	JIS번호	JIS기호
〃 5501	이음매없는 타프피치 동관	TCuP	T-Tough Pitch Cu-Copper Pipe	H 3606	TCuT
〃 5502	타프피치 동봉	TCuBE TCuBD	T-Tough Pitch Cu-Copper B-Bar E-Extruded, D-Drawing	〃 3405	TCuBE, TCuBD
〃 5503	쾌삭 황동봉	MBsBE, MBsBD	M-Machinable, Bs-Brass B-Bar E-Extruded D-Drawing	〃 3422	BsBMD BsBME
〃 5504	타프피치 동판	TCuS	T-Tough Pitch Cu-Copper S-Sheet	〃 3103	TCuP
〃 5505	황동판	BsS	Bs-Brass S-Sheet	〃 3201	BsP
〃 5506	인청동판 및 조	PBS,PBT	P-Phosphor B-Bronze S-Sheet T-Tape	〃 3731	PBP,PBR
〃 5507	단조용 황동봉	FBsBE, FBsBD	F-Forging Bs-Brass B-Bar E-Extruded D-Drawing	〃 3423	BsBFE, BsBFD
〃 5508	스프링용 인청동판 및 조	PBSS, PBTS	P-Phosphor B-Bronze S-Sheet S-Spring T-Tape	〃 3732	PBSP, SRPB
〃 5509	악기 리드용 황동판	BsMR	Bs-Brass M-Musical R-Reed	〃 3207	BsPV
〃 5510	이음매 없는 황동판	BsSTx, BsS TxS	B-Brass S-Seamless T-Tube S-Special	〃 3631	BsT
〃 5511	인쇄용 동판	CuSP	Cu-Copper S-Sheet P-Printing	〃 3102	CuPP
〃 5512	연 판	PbS	Pb-Lead S-Sheet	〃 4301	PbP
〃 5513	황동조	BsT	Bs-Brass T-Tape	〃 3321	BsR
〃 5514	함연 황동조	PbBsT	Pb-Lead Bs-Brass T-Tape	〃 3322	PbBsR
〃 5515	아연판	ZnP	Zn-Zinc P-Plate	〃 4321	―
〃 5516	인청동봉	PBR	P-Phosphor B-Bronze R-Rod	〃 3741	PBB, PBR
〃 5517	타프피치 동조	CuT	Cu-Copper T-Tape	〃 3304	TCuR
〃 5518	인청동선	PBW	P-Phosphor B-Bronze W-Wire	〃 3751	PEW
〃 5520	고강도 황봉동	HBsRE HBsRD	H-High, Bs-Brass, R-Rod E-Extruded D-Drawing	H 3425	HBsBD, HBsBE
〃 5521	특수 알루미늄 청동봉	ABRF, ABRE, ABRD	A-Aluminium B-Bronze R-Rod F-Forging E-Extruded D-Drawing	〃 3441	ABBD, ABBE, ABBF
〃 5522	이음매없는 인탈산 동관	DCuP, DCuPs	D-Deoxidized Cu-Copper, P-Pipe S-Special	〃 3603	DCuT
〃 5523	인탈산 동판	DCuS	D-Deoxidized Cu-Copper S-Sheet	〃 3104	DCuP
〃 5524	네이벌 황동봉	NBsBE, NBsBD	N-Naval Bs-Brass B-Bar E-Extrusion D-Drawing	〃 3424	NBsBD, NBsBE

한국공업규격				일본공업규격	
규격번호	규 격 명	KS기호	기 호 설 명	JIS번호	JIS기호
〃 5525	이음매없는 단동관	RBsPxS	R-Red Bs-Brass P-Pipe S-Special	〃 3641	RBsT
〃 5526	백동판	NCuS	N-Nickel Cu-Copper S-Sheet	〃 3251	GNP
〃 5527	이음매없는 제지롤 황동관	BsPp	Bs-Brass P-Paper	〃 3634	BsPPp
〃 5528	네이벌 황동판	NBsS	N-Naval Bs-Brass S-Sheet	H 3203	NBsP
〃 5529	황동봉	BsBD, BsBE	Bs-Brass B-Bar D-Drawing E-Extrusion	〃 3426	BsBD, BsBE
〃 5530	동 부스바	CuBB	Cu-Copper B-Bus B-Bar	〃 3361	CuBB
〃 5531	뇌관용 동조	CuTD	Cu-Copper T-Tape D-Detonator	〃 3302	CuRD
〃 5532	베리륨 · 동 합금판 및 조	BeCuS, BeCuT	Be-Beryllium Cu-Copper S-Sheet T-Tape	〃 3801 〃 3801	BeCuP BeCuR
〃 5533	베리륨 · 동합금봉	BeCuB	Be-Beryllium Cu-Copper B-Bar	〃 3802	BeCuB
〃 5534	베리륨 · 동합금선	BeCuW	Be-Beryllium Cu-Copper W-Wire	〃 3803	BeCuW
〃 5535	단동선	RBsW	R-Red Bs-Brass W-Wire	〃 3551	RbSW
〃 5536	특수알루미늄 청동관	ABS	A-Al B-Bronze S-Sheet	〃 3208	ABP
〃 5537	이음매없는 복수기용 황동관	BsPF	Bs-Brass P-Pipe F-(복수기)	〃 3632	BsBT
〃 5538	이음매없는 규소 청동관	SiBP	Si-Silicon B-Bronze P-Pipe	〃 3651	SiBT
〃 5539	이음매없는 니켈동합금관	NCuP	N-Nickel Cu-Copper P-Pipe	〃 3661	NCuT
〃 5540	조명 및 전자기기용 몰리브덴선	VMW	V-Vacuum Molybdenum W-Wire	〃 4481	VMW
〃 5545	황동 용접관	BsPW	Bs-Brass P-Pipe W-Welding	〃 3671	BsTW
〃 5551	함연 황동선	PbBs	Pb-Lead Bs-Brass W-Wire	−	−
〃 5552	함연 황동판	PbBsS	Pb-Lead Bs-Brass S-Sheet	〃 3202	PbBsP
〃 5553	타프피치 동선	CuW	Cu-Copper W-Wire	〃 3504	TCuW
〃 5554	황동선	BsW	Bs-Brass W-Wire	〃 3521	BsW
〃 5555	양백선	NSW	N-Nickel S-Silver W-Wire	〃 3721	NSW
〃 6001	황동 주물	BsC	Bs-Brass C-Casting	〃 5101	YBsC
〃 6002	청동 주물	BrC	Br-Bronze C-Casting	〃 5111	BC
〃 6003	화이트 메탈	WM	W-White M-Metal	〃 5401	WJ
〃 6004	베어링용 동연 합금주물	KM	K-Kelmet M-Metal	〃 5403	KJ
〃 6005	아연합금 다이캐스팅	ZnDC	Zn-Zinc D-Die C-Casting	〃 5301	ZDC
〃 6006	알루미늄 합금 다이캐스팅	AlDC	Al-Aluminium D-Die C-Casting	〃 5302	ADC
〃 6007	고강도 황동 주물	HBsC	H-High Bs-Brass C-Casting	〃 5102	HBsC
〃 6008	알루미늄 합금 주물	ACxA	A-Aluminium C-Casting A-Alloy	〃 5202	AC

한 국 공 업 규 격				일본공업규격	
규격번호	규격명	KS기호	기호 설명	JIS번호	JIS기호
〃 6010	인청동 주물	PBC	P-Phosphor B-Bronze C-Casting	〃 5113	PBC
〃 6011	연입 청동 주물	PbBrC	Pb-Lead Br-Bronze C-Casting	〃 5115	LBC
〃 6012	베어링용 알루미늄 합금 주물	AM	A-Aluminium M-Metal	〃 5402	AJ
〃 6013	초경합금	SGD	S-Special G-General D-Drawing	〃 5501	SGD
〃 6014	실루진 청동 주물	SzBrC	Sz-Siluzin Br-Bronze C-Casting	〃 5112	SzBC
〃 6701	알루미늄 및 알루미늄 합금판 및 조	Axxxx S.R.C	A-Aluminium S-Sheet R-Ribbon C-Clad	H 4000	Axxxx P,R,E PC
〃 6702	연 관	PbP	Pb-Lead P-Pipe	〃 4311	PbT
〃 6703	수도용 연관	PbPW	Pb-Lead P-Pipe W-Water	〃 4312	PbTW
〃 6705	알루미늄 박	AlF	Al-Aluminium F-Foil	〃 4191	AlH
〃 6706	고순도 알루미늄 박	AlFS	A-Aluminium F-Foil S-Special	〃 4192	AOH
〃 6707	양백판 및 조	NSPx, NSTx	N-Nickel S-Sheet P-Plate T-Tape	〃 3701	NSP,NSR
〃 6708	양백봉	NSB	N-Nickel S-Silver B-Bar	〃 3711	NSB
〃 6709	스프링용 양백판 및 조	NSSS, NSST	N-Nickel Silver,S-Sheet, S-Spring T-Tape	〃 3702	NSSP, NSSR
〃 6713	알루미늄 및 알루미늄 합금 용접관	Axxxx TW	A-Aluminium T-Tube W-Welded	〃 4090	AxxxxTE,T DTES,TDS
〃 6755	알루미늄선	AlW	Al-Aluminium W-Wire	〃 4040	AxBES,AxBD S, AxW
〃 6756	알루미늄 리벳재	AlV	Al-Aluminium V-Rivet	〃 4120	AxBR
〃 6757	알루미늄 및 알루미늄 합금 리벳재	Axxxx	A-Aluminium	〃 4120	AxBR
〃 6758	알루미늄 봉	AlB	Al-Aluminium B-Bar	〃 4040	AxBES Ax BDS,AxW
〃 6759	내식알루미늄합금압출형재	AlxE	Al-Aluminium E-Extruded	〃 4100	Axxxx,S,SS
〃 6760	이음매없는 알루미늄관	AlxP	Al-Aluminium P-Pipe	〃 4080	AxxxxTE, TDTES,TDS
〃 6761	이음매없는 알루미늄 및 알루미늄 합금관	AxxxxPE, PD	A-Aluminium P-Pipe E-Extruded D-Drawing	〃 4080	〃
〃 6762	알루미늄 도체 및 알루미늄 합금 도체	AELS	A-Aluminium E-Electric C-Conductor S-Shaped	〃 4180	AxxxxPB, SBSBC,TBS SBSCTB,
〃 6763	알루미늄 및 알루미늄 합금봉 및 선	AxxxxBE, BDBES,BDS	A-Al B-Bar E-Extrusion D-Drawing S-Special	〃 4040	Axxxx BE, BDBES,BDS

한국공업규격				일본공업규격	
규격번호	규격명	KS기호	기호 설명	JIS번호	JIS기호
〃 6770	알루미늄 및 알루미늄 합금 단조품	AxxxFD, FH	Al-Aluminium F-Forging D-Die H-Hand	〃 4140	AxxxxFD, FH
〃 7002	PC 강선 및 PC 강연선	SWPC	S-Steel W-Wire P-Prestressed	〃 3536	SWPR, SWPD
〃 7009	PC 경강선	SWHD SWHR	S-Steel W-Wire H-Hard D-Deformed R-Round	〃 3538	SWCR, SWCD
〃 8302	철강 소지상의 니켈 및 크롬 도금	SN	S-Steel N-Nickel	〃 8612	FNM, FGM
〃 8303	동 및 동합금 소지상의 니켈 및 크롬 도금	BN	B-Brass or B-Bronze N-Nickel	〃 8613	BNM, BGM
〃 8304	전기아연 도금	ZP,ZPC	Z-Zinc P-Plating C-Chromat	〃 8610	ZM,ZMC
〃 8305	아연 및 아연합금 소지상의 니켈 및 크롬 도금	ZN,ZNC	Z-Zinc N-Nickel C-Chromium	〃 8614	
〃 8308	용융 아연 도금	ZHD	Z-Zinc H-Hot D-Dipped	〃 8641	HDZ
〃 8309	용융 알루미늄 도금	AD	Al-Aluminium D-Dipped	〃 8642	HDA
〃 8320	알루미늄 용사	AS, ASP, ASS, ASD	Al-Aluminium,S-Spray, P-Primer,S-Sealing D-Diffusion	〃 8301	AS,ASP, ASS,ASD
〃 8322	아연 용사	ZnS	Zn-Zinc S-Spray	〃 8300	ZS,ZSP
〃 9005	포장용 대강	SSP	S-Steel S-Strip P-Packing	H 3141	SPCC,SPCD SPCE
KS C 2503	전자 연철봉	SUYB	S-Steel U-Use Y-Yoke B-Bar	C 2503	SUYB
〃 2504	전자 연철판	SUYP	S-Steel U-Use Y-Yoke P-Plate	〃 2504	SUYP
〃 2505	영구자석용 재료	Mc,Su	M-Magnet C-Casting	〃 2502	ME,MC,MP

가공 방법의 기호

주로 금속에 일반적으로 사용되는 2차 가공 등의 가공 방법을 도면, 공정표, 요목표, 작업지시도 등에 표시할 때 쓰이는 기호에 대해 규격으로 규정한 것이다.

(1) 기계가공 M(1) Machining

(a) 절삭 C (1) Cutting

가 공 방 법	기 호	참 고
선 삭	L	Turning(Lathe Turning)
외(내) 선삭	L	
테이퍼 선삭	LTP	: Taper Turning
페이싱	LFC	: Facing
나사 깎기	LTH	: Thread Cutting
절 단	LCT	: Cutting Off
센터링	LCN	: Centering
리세싱	LRC	: Recessing
라운딩	LRN	: Rounding
스카이빙	LSK	: Skiving
스케일링	LSC	: Scaling
드릴링	D	Drilling
리 밍	DR	: Reaming
태 핑	DT	: Tapping
보 링	B	Boring
밀 링	M	Milling
평밀링	MP	: Plain Milling
페이스 밀링	MFC	: Face Milling
사이드 밀링	MSD	: Side Milling

가 공 방 법	기 호	참 고
엔드 밀링	ME	: End Milling
조합 밀링	MG	: Gang Cutter Milling
총형 밀링	MFR	: Form Milling
홈파기	MFL	: Fluting
카피 밀링	MCO	: Copy Milling
다이싱킹	MDS	: Diesinking
슬리팅	MSL	: Slitting
평 삭	P	Planing
형 삭	SH	Shaping
슬로팅	SL	Slotting
브로우칭	BR	Broaching
소 잉	SW	Sawing
기어 절삭	TC	Gear Cutting(Toothed Wheel Cutting)
창성 기어 절삭	TCG	: Generate Gear Cutting
호 빙	TCH	: Hobbing
기어 형삭	TCSH	: Gear Shaping
기어 스토킹	TCST	: Gear Stocking
기어 셰이빙	TCSV	: Gear Shaving
이 모떼기	TCC	: Gear Chamfering

(b) 연삭 G Grinding

가 공 방 법	기 호	참 고
원통 연삭	GE	External Cylindrical Grinding
내면 연삭	GI	Internal Grinding
평면 연삭	GS	Surface Grinding
센터리스 연삭	GCL	Centerless Grinding
모방 연삭	GCO	Copy Grinding
벨트 연삭	GBL	Belt Grinding
나사 연삭	GTH	Thread Grinding
기어 연삭	GT	Gear Grinding(Toothed Wheel Grinding)
센터 연삭	GCN	Center Grinding
연삭 절단	GCT	Cut Off Grinding
래 핑	GL	Lapping
호 닝	GH	Honing
슈퍼 피니싱	GSP	Super Finishing

(c) 특수 가공 SP Special Processing

가 공 방 법	기 호	참 고
방전 가공	SPED	Electric Discharge Machining
전해 가공	SPEC	Electro-Chemical Machining
전해 연삭	SPEG	Electrolytic Grinding
초음파 가공	SPU	Ultrasonic Machining
전자 빔 가공	SPEB	Electron Beam Machining
레이저 가공	SPLB	Laser Beam Machining

주 : 기계 가공의 가공 방법 기호 뒤에, 그 가공에 쓰이는 공작 기계의 종류별을 표시하고자 할 때는 참고와 같은 공작 기계
의 종류를 표시하는 기호를 하이픈(−)을 써서 잇는다.
다만, 다른 기호와 중복되기 쉬울 때는 그 일부의 기호를 생략하여도 상관 없다.

[보기] 보링 보통선반 B-L

(B) 정밀 보링 머신 B-BF

(2) 다듬질 F Finishing(Hand)

가 공 방 법	기 호	참 고
치 핑	FCH	Chipping
페이퍼 다듬질	FCA	Coated Abrasive Finishing
줄 다듬질	FF	Filing
래 핑	FL	Lapping
폴리싱	FP	Polishing
리 밍	FR	Reaming
스크레이핑	FS	Scraping
브러싱	FB	Brushing

(3) 용접 W Welding

가 공 방 법	기 호	참 고
아크 용접	WA	Arc Welding
저항 용접	WR	Resistance Welding
가스 용접	WG	Gas Welding
브레이징	WB	Brazing
납 땜	WS	Soldering

(4) 열처리 H Heat Treatment

가 공 방 법	기 호	참 고
노멀라이징	HNR	Normalizing
어닐링	HA	Annealing
완전 어닐링	HAF	: Full Annealing
연화 어닐링	HASF	: Softening
응력제거 어닐링	HAR	: Stress Relieving
확산 어닐링	HAH	: Homogenizing
구상화 어닐링	HAS	: Spheroidizing
등온 어닐링	HAI	: Isothermal Annealing
케이스 어닐링	HAC	: Box Annealing(Case Annealing)
광택 어닐링	HAB	: Bright Annealing
가단화 어닐링	HAM	: Malleablizing
담금질	HQ	Quenching
프레스 담금질	HQP	: Press Quenching
마르템퍼링(마르퀜칭)	HQM	: Martempering
오스템퍼	HQA	: Austemper
광택 담금질	HQB	: Bright Quenching
고주파 담금질	HQI	: Induction Hardening
화염 경화	HQF	: Flame Hardening
전해 담금질	HQE	: Electrolytic Quenching
고용화 열처리	HQST	: Solution Treatment
워터 터프닝	HQW	: Water Toughening
탬퍼링	HT	Tempering
프레스 탬퍼링	HTP	: Press Tempering
광택 탬퍼링	HTB	: Bright Tempering
시 효	HG	Aging
서브제로 처리	HSZ	Subzero Treatment
침 탄	HC	Carburizing
침탄질화	HCN	: Carbo-Nitriding
질 화	HNT	Nitriding
연질화	HNTS	: Soft Nitriding
침 황	HSL	Sulphurizing
침황질화	HSLN	: Nitrosulphurizing

(5) 표면 처리 S Surface Treatment

가 공 방 법	기 호[2]	참 고
클리닝	SC	Cleaning
알칼리 클리닝	SCA	: Alkali Cleaning
디스케일링	SCD	: Descaling
전해 클리닝	SCEL	: Electrolytic Cleaning
에멀존 클리닝	SCEM	: Emulsion Cleaning
전해 피클링	SCEP	: Electrolytic Pickling
피클링	SCP	: Pickling
용제 클리닝	SCS	: Solvent Cleaning
초음파 클리닝	SCU	: Ultrasonic Cleaning
워 싱	SCW	: Washing
폴리싱(연마)	SP	Polishing
버 핑	SPBF	: Buffing
벨트 연마	SPBL	: Belt Polishing
배럴 연마	SPBR	: Barrel Polishing
화학 연마	SPC	: Chemical Polishing
전해 연마	SPE	: Electrolytic Polishing
액체 호닝	SPLH	: Liquid Honing
텀블링	SPT	: Tumbling
블라스팅	SB	Blasting
그릿 블라스팅	SBG	: Grit Blasting
숏 블라스팅	SBSH	: Shot Blasting
샌드 블라스팅	SBSN	: Sand Blasting
워터 블라스팅	SBW	: Water Blasting
기계적 경화	SH	Mechanical Hardening
숏 피이닝	SHS	: Shot Peening
하드 롤링	SHR	: Hard Rolling
양극 산화	SA	Anodizing
경질 양극 산화	SAH	: Hard Anodizing
화성 처리	SCH	Chemical Conversion Coating
베마이트 처리	SCHB	: Boehmite Treatment
크로메트 처리	SCHC	: Chromating
인산염 처리	SCHP	: Phosphating
피막 코팅	SCT	Coating
세라믹 코팅	SCTC	: Ceramic Coating
글래스 라이닝	SCTG	: Glass Lining
플라스틱 라이닝	SCTP	: Plastic Lining
용융 도금[5]	SD	Hot Dipping
일렉트로 포밍	SEL	Electroforming
법 랑	SEN	Enamelling

가 공 방 법	기 호[2]	참 고
에 칭	SET	Etching
금속 용사법[5]	SM	Metal Spraying
착 색	SO	Colouring
블랙크닝	SOB	: Blackening
증기 처리	SOS	: Steaming
도 장	SPA	Painting
브러싱 도장	SPAB	: Brushing
디 핑	SPAD	: Dipping
전착 도장	SPAED	: Electrodeposition
정전 도장	SPAES	: Electrostatic Coating
분체 도장	SPAP	: Powder Coating
롤러 도장	SPAR	: Roller Coating
스프레이 도장	SPAS	: Spraying
도 금[5]	SPL	Plating
전기 도금[6]	SPLE	: Electroplating
무전해 도금	SPLEL	: Electroless Plating
이온 도금	SPLI	: Ion Plating
스퍼터링	SSP	Sputtering
증 착	SVD	Vapour Deposition
금속 침투법[5]	SZ	Diffusion Coating[Zementation](독일어)

주 : [5] 이들의 기호 뒤에 사용하는 원소 이름을 이어서 쓴다.
　　[6] 종류 기호는 KS D 0022(전기 도금의 기호에 의한 표시 방법)에 따른다.

(6) 조립 A　Assembly

가 공 방 법	기 호[2]	참 고
체 결	AF	Fastening
나사체결	AFST	: Thread Fastening
리벳팅	AFSR	: Rivetting
끼워 넣기	AFT	Fitting
압 입	AFTP	: Press Fitting
때려 박기	AFTD	: Driving Fitting
가열 끼워 넣기	AFTS	: Shrinkage Fitting
삽 입	AFTI	: Insertion
코 킹	ACL	Caulking
스웨이징	ASW	Swaging
접 착	ACM	Cementing
밸런싱	AB	Balancing
게이징	AG	Gauging

가 공 방 법	기 호[2]	참 고
선 택	AGS	: Selection
수 리	AGR	: Repair
마 킹	AM	Marking
배 선	AW	Wiring
배 관	APP	Piping
조 정[7]	AA	Adjusting
운 전[7]	ARN	Running

주 : [7] 가공 방법은 아니나, 사용상 편리하므로 규정한다.

(7) 기타 Z

가 공 방 법	기 호[2]	참 고
스트레이트닝	ZS	Straightening
에이징(시효)	ZA	Aging
금긋기	ZM	Marking Off
챔퍼링	ZC	Chamfering
디버링	ZD	Deburring
검 사[7]	ZI	Inspection
시 험[7]	ZT	Testing

20.1 LCD 모니터 제품설계 사례연구

1. 모델 소개
2. 진행순서
3. 1차 실측 & 3D모델링
4. 2차 실측 & 3D모델링
5. 어셈블리(Assembly)
6. 해석(CAE)
7. 파트리스트(Partlist)

1. 모델 소개

1) 모델 외관 명칭

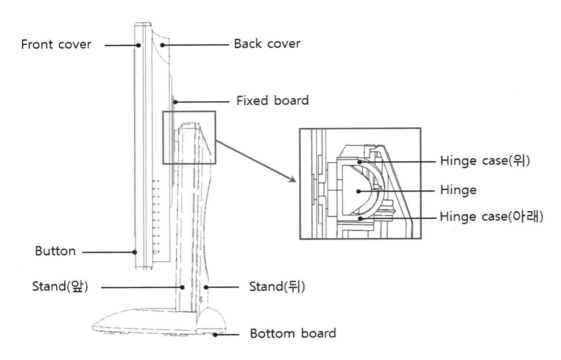

2) 모델 내부 명칭

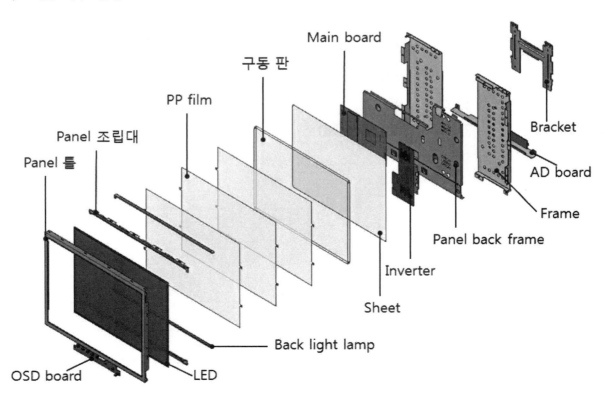

3) 모델 분해 사진

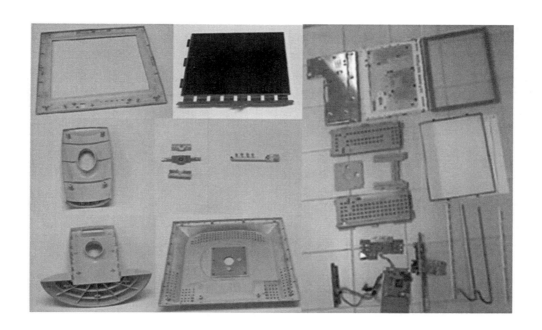

2. 진행순서

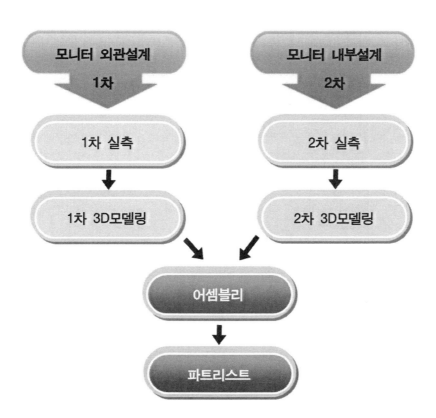

3. 1차 실측 & 3D모델링

1) Front cover

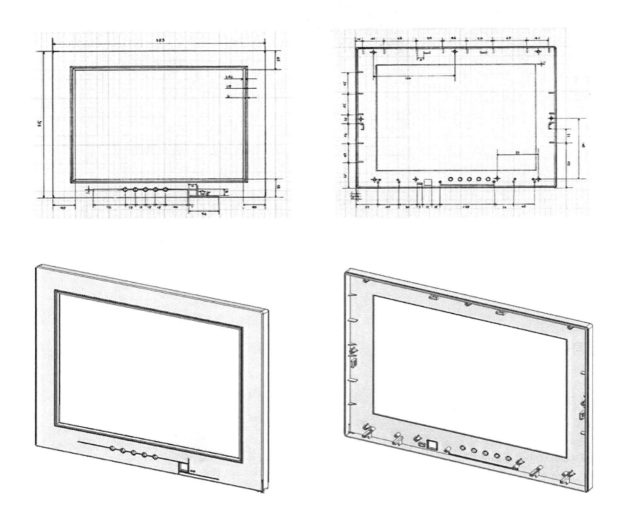

2) Button

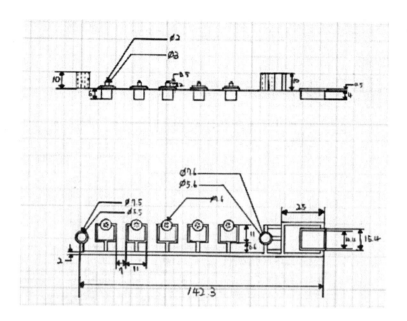

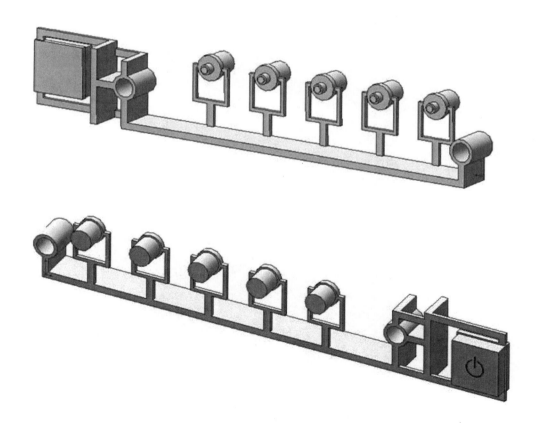

3) Back cover

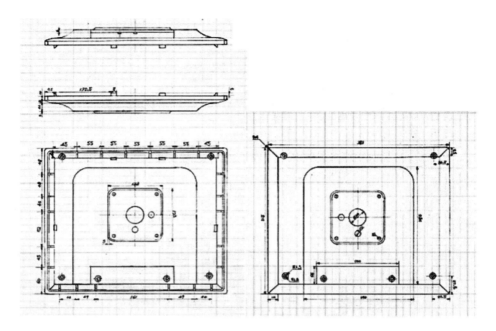

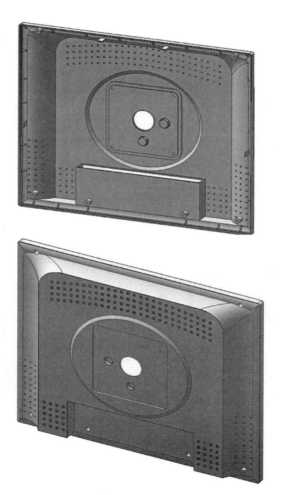

4) Hinge case(위)

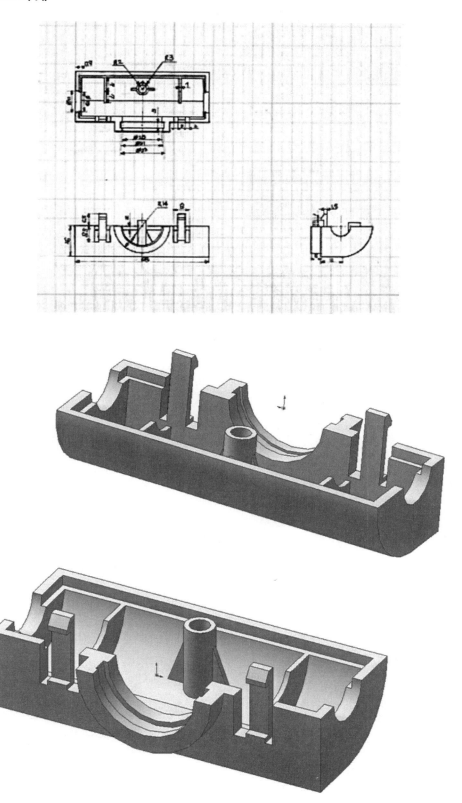

5) Hinge

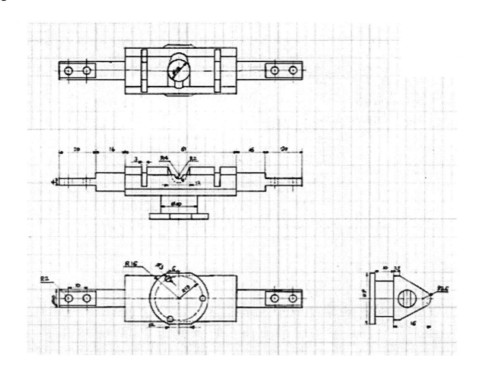

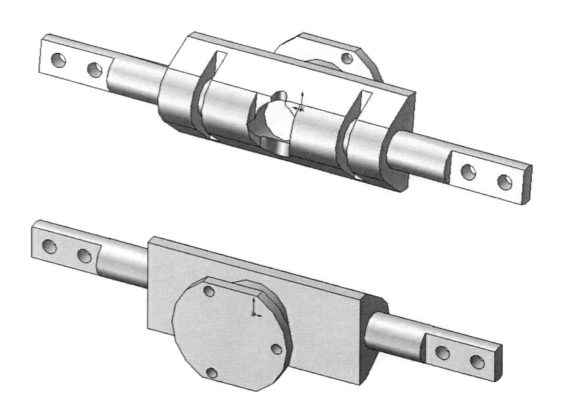

6) Stand(앞)

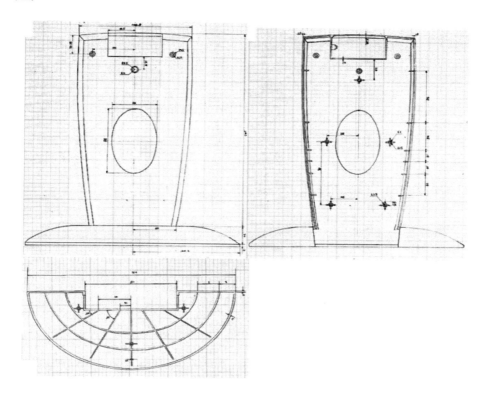

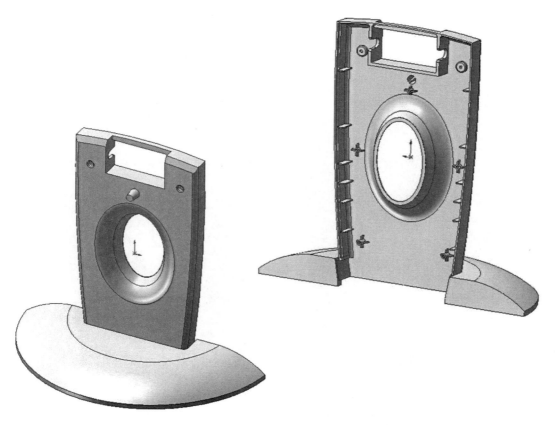

7) Stand(뒤)

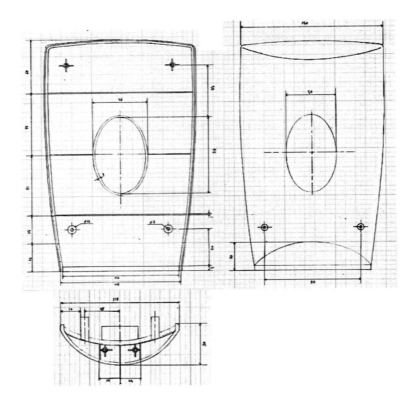

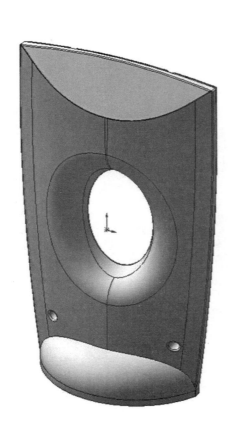

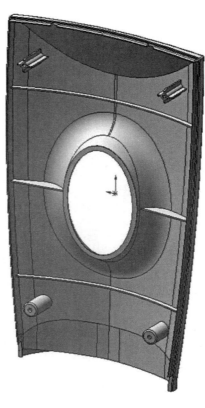

4. 2차 실측 & 3D모델링

1) Panel 틀(front)

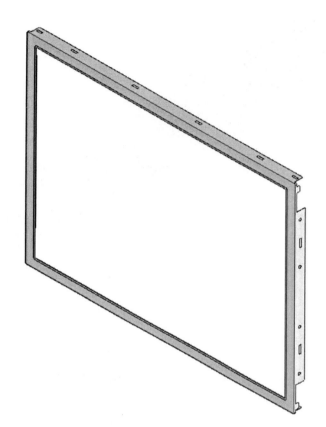

2) Panel 조립대

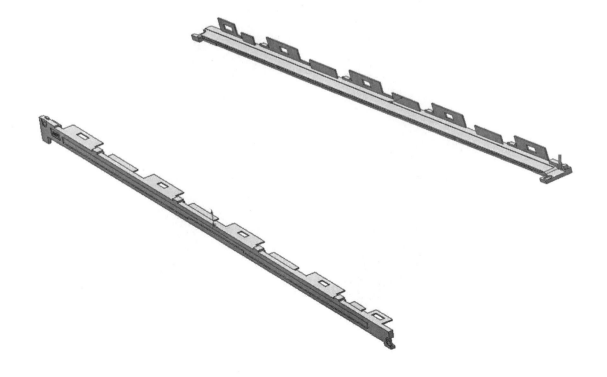

3) OSD board

4) Inverter

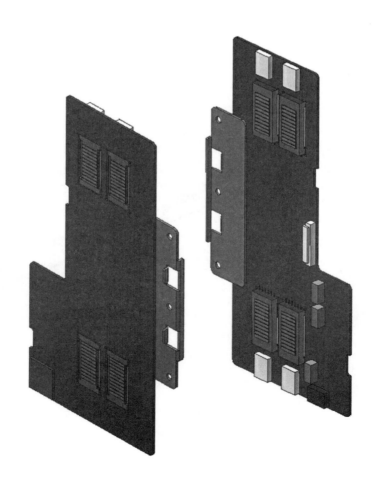

5) Panel back frame

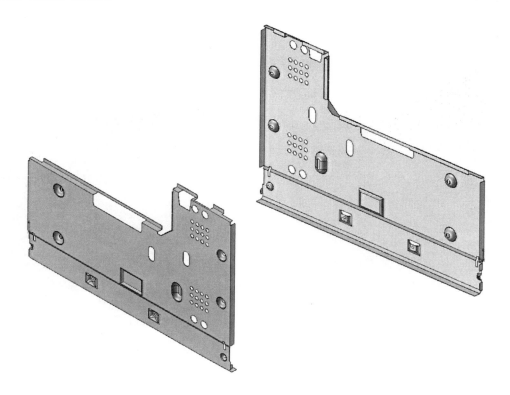

5. 어셈블리(Assembly)

1) 분해도

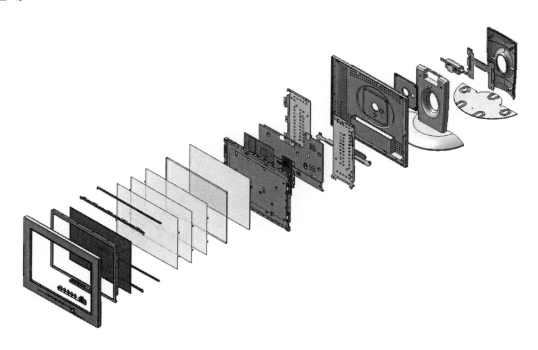

2) 어셈블리(조립도)

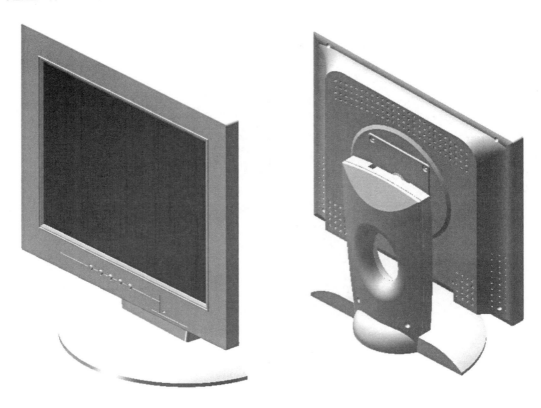

3) 애니메이션(Animation)

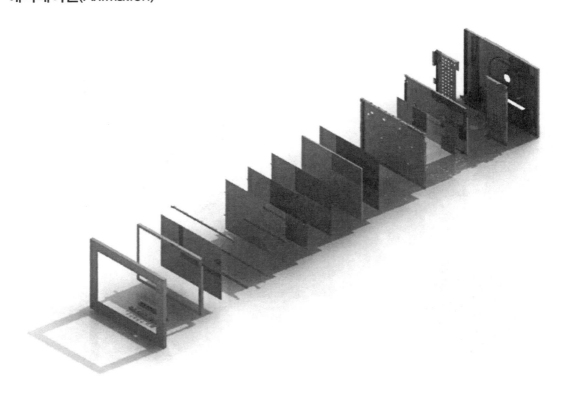

6. 해석(CAE)

1) 조건 주기

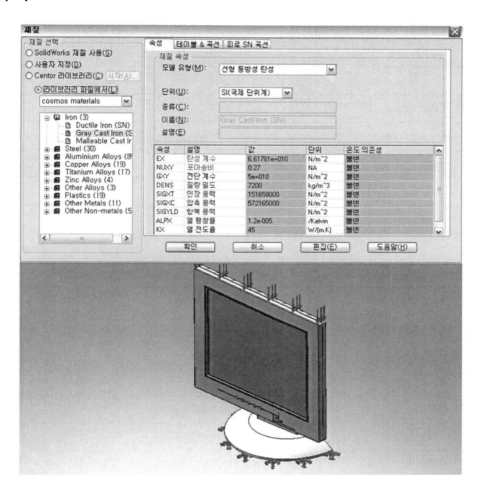

- 하중 : 10N
- 구속조건 : 모니터 바닥
- 재질 :

  Frame1, 2 : Gray Cast Iron

  Main board : PBT

  OSD board : PBT

  Invert : PBT

  Panel 틀(front) : Aluminum

  Panel조립판 : Aluminum

  LED조명, 액정 : Glass

  구동판 : Acrylic

  Hinge, Hinge case : SUS, ABS

  Sheet, PP film : PP

  나머지 부품 : ABS

7. 파트리스트

품 명	재 질	수 량	비 고
Main board	PCB	1	
AD board	PCB	1	
Inverter	PCB	1	
OSD board	PCB	1	
Back light lamp	냉음극 형광램프	2	
Panel 조립대	PC	2	
구동판	Acrylic	1	
Sheet	PET	1	
PPfilm	PP	3	
액정	Stick Glass + 액정	1	
Panel 틀(front)	Aluminium	1	
Panel 틀(back)	PC	1	
Panel back frame	Aluminium	1	
Panel 조립판	Aluminium	1	
Frame 1	SECC(전기아연도금강판)	1	
Frame 2	SECC(전기아연도금강판)	1	
Bracket	SECC(전기아연도금강판)	1	
Front cover	ABS	1	
Back cover	ABS	1	
Button	ABS	1	
Fixed board	ABS	1	
Stand(앞)	ABS	1	
Stand(뒤)	ABS	1	
Hinge case(위)	ABS	1	
Hinge	스테인리스강(SUS)	1	
Hinge case(아래)	ABS	1	
Bottom board	일반구조용압연강판(SS)	1	

20.2 기계제도 연습문제 (1)

척 도 (1)

| 문제 01 | 주어진 척도에 따라 그림을 완성하시오. |

① F에서 본 그림을 그리시오.

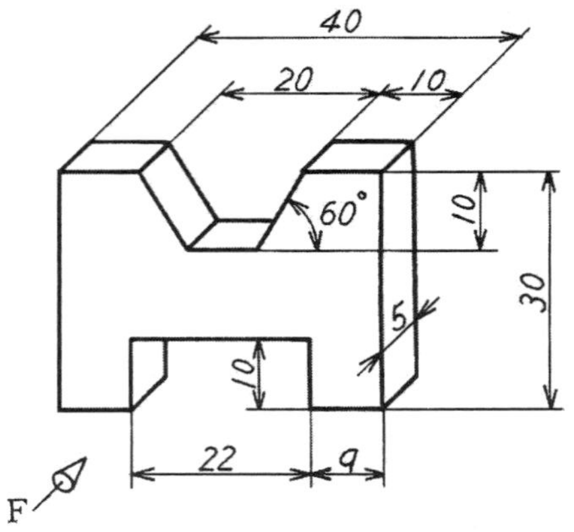

척도 1:1

② F에서 본 그림을 그리시오.

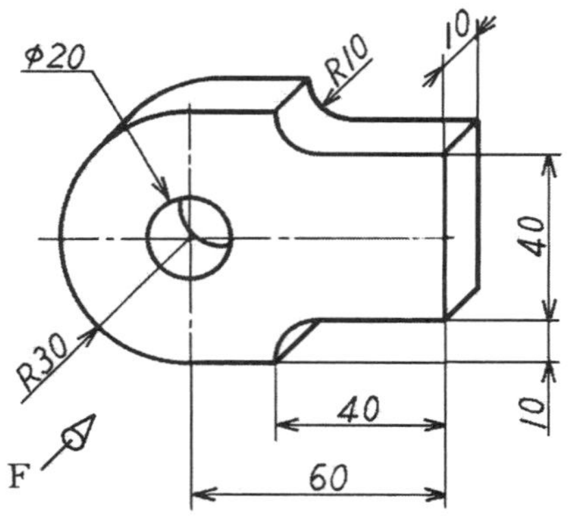

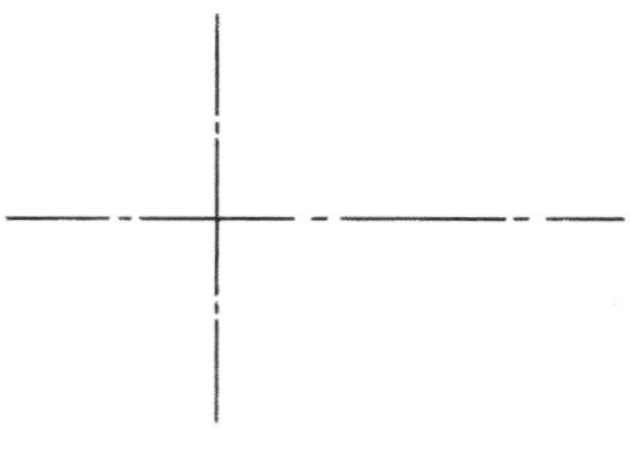

척도 1:2

| 학과 | | 학번 | | 이름 | |

척 도 (2)

문제 02	아래 란의 척도를 이용하여 치수를 결정하시오.

① A·B·C·D의 기입치수를 써넣으시오.

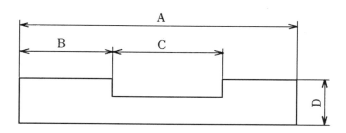

척도	A	B	C	D	척도	A	B	C	D
1 : 1					1 : 5				
1 : 2					2 : 1				
1 : 3					10 : 1				

② 예에 따라 치수기입 및 치수선을 완성하시오.

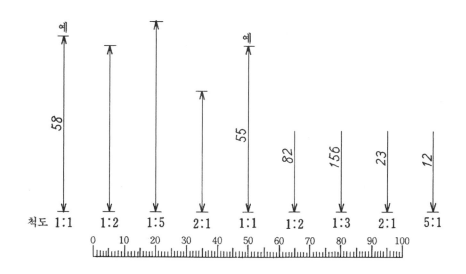

학과		학번		이름	

선 (1)

그림을 참고하여 용도에 따른 선의 명칭을 아래 란에 기입하시오.

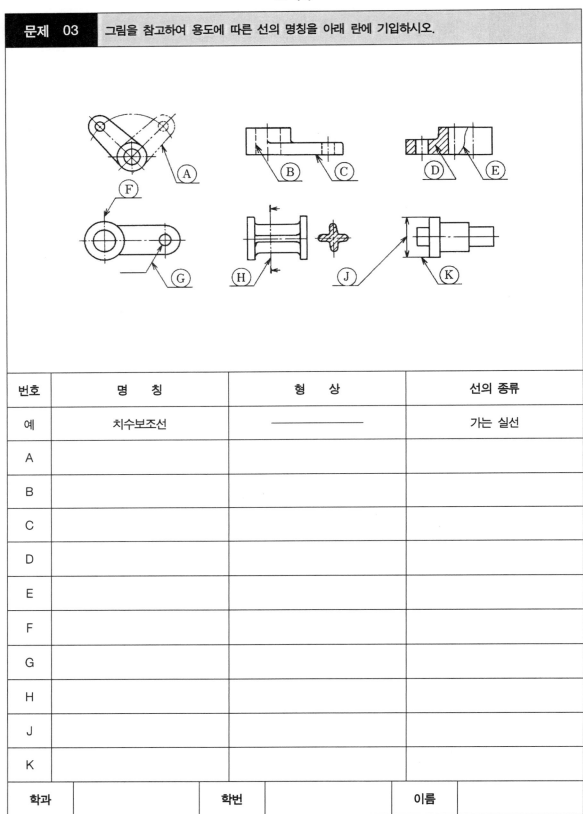

번호	명 칭	형 상	선의 종류
예	치수보조선	————————	가는 실선
A			
B			
C			
D			
E			
F			
G			
H			
J			
K			

학과		학번		이름	

선 (2)

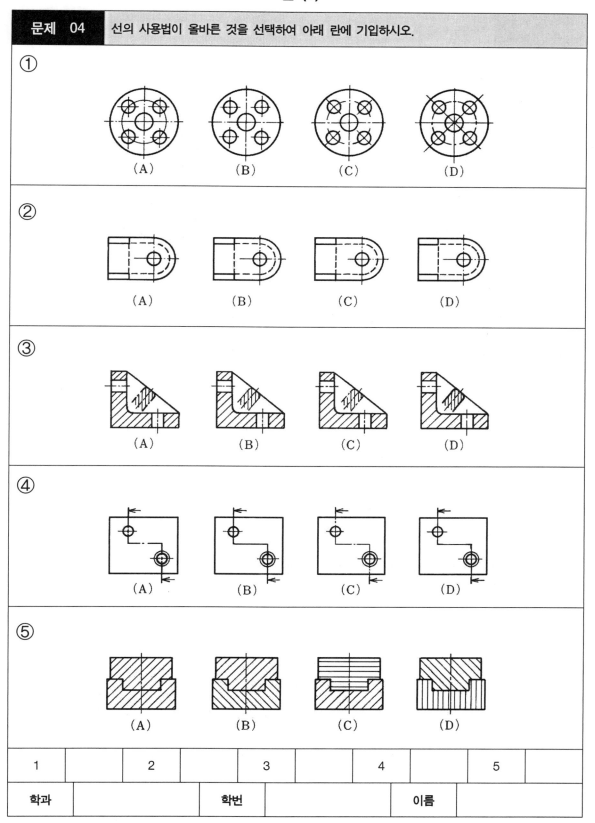

문제	04	선의 사용법이 올바른 것을 선택하여 아래 란에 기입하시오.

① (A) (B) (C) (D)

② (A) (B) (C) (D)

③ (A) (B) (C) (D)

④ (A) (B) (C) (D)

⑤ (A) (B) (C) (D)

1		2		3		4		5	
학과			학번			이름			

선 (3)

문제 05	지시에 따라 해답을 아래 란에 기입하시오.

① 다음 물음에 답하시오.

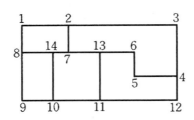

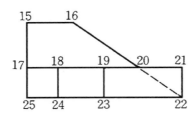

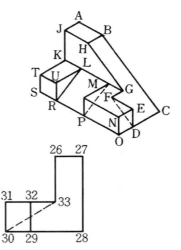

(A) 평면도 2, 3, 4, 5, 6, 7은 우측면도에서는 어느 면인가?

(B) 입체도의 선 F·D는 정면도에서는 어느 선인가?

(C) 입체도의 선 H·G는 평면도에서는 어느 선인가?

(D) 정면도의 17, 20은 입체도에서는 어느 선인가?

(E) 평면도의 면 10, 11, 13, 14는 정면도에서는 어느 면인가?

(F) 입체도의 B·C의 실제길이가 표시되는 선은 어느 선인가?

(G) 입체도의 L·R의 실제길이가 표시되는 선은 어느 선인가?

(H) 입체도의 면 G·H·J·K는 우측면도에서는 어느 선인가?

A		B		C		D	
E		F		G		H	

학과		학번		이름	

선 (4)

문제 06	지시에 따라 해답을 아래 란에 기입하시오.

① 다음의 A~D는 어느 선을 이용하면 좋은가? 용도에 따라 선의 명칭을 기입하시오.

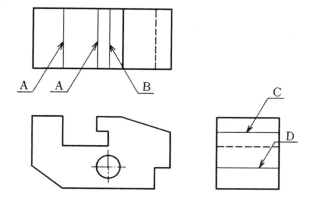

A		B		C		D	

② 용도에 따른 선의 명칭에 적합한 A~K를 아래 란에 기입하시오.

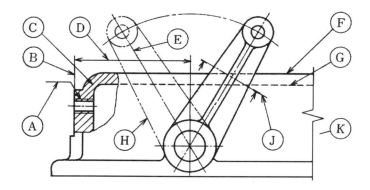

치수보조선		외형선		절단선		가상선		중심선	
은선		파단선		지시선		치수선		해칭선	
학과			학번			이름		

평면도형 (1)

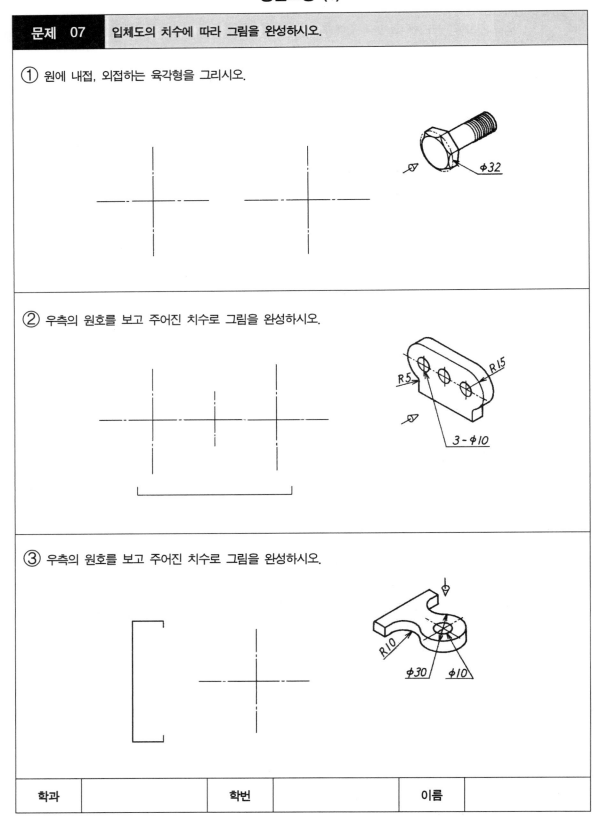

| 문제　07 | 입체도의 치수에 따라 그림을 완성하시오. |

① 원에 내접, 외접하는 육각형을 그리시오.

φ32

② 우측의 원호를 보고 주어진 치수로 그림을 완성하시오.

R5　　R15

3 - φ10

③ 우측의 원호를 보고 주어진 치수로 그림을 완성하시오.

R10

φ30　φ10

| 학과 | | 학번 | | 이름 | |

평면도형 (2)

문제 08	입체도의 치수에 따라 그림을 완성하시오.

① 우측의 그림을 보고 주어진 치수로 그림을 완성하시오.

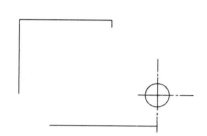 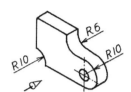

② 원의 중심을 구해 주어진 t로 동심원을 그리시오.

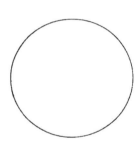 

③ 2개의 원을 주어진 원호로 연결하시오.

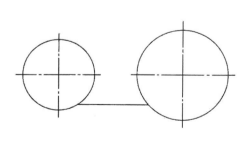 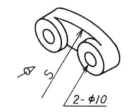

학과		학번		이름	

투상법 (1)

문제 09	지시에 따라 답하시오.

① 다음의 투상법은 제 몇 각법으로 그릴 수 있는가?

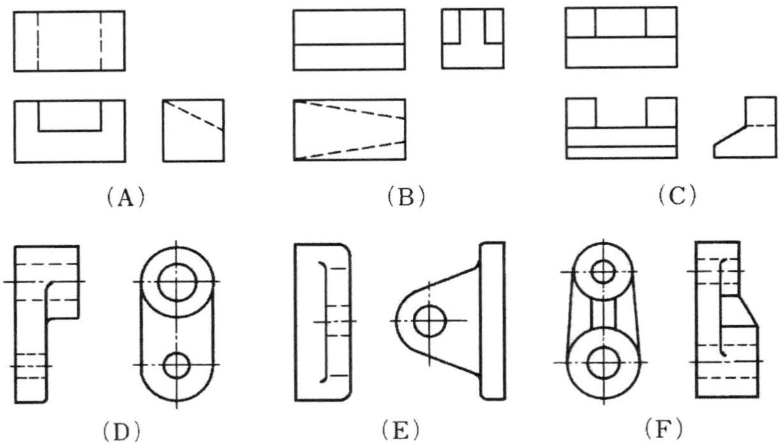

(A)   (B)   (C)

(D)   (E)   (F)

A		B		C		D		E		F	

② 입체도에서 제3각법에 의한 투상도를 그리시오.

정면도

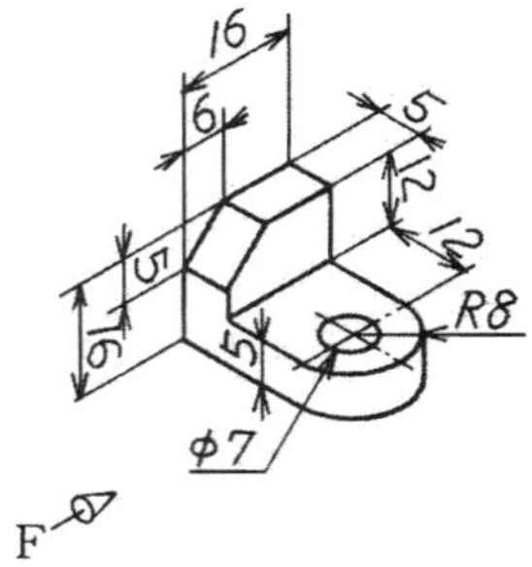

16
6
5
5
16
12
24
R8
5
φ7
F

학과		학번		이름	

투상법 (2)

| 문제 10 | 정투상도에 대응하는 입체도(화살표방향에서 본 그림)을 선택하시오. |

①

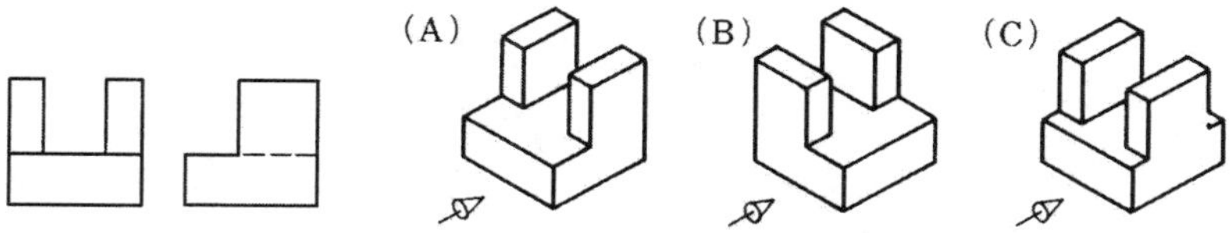

(A) (B) (C)

②

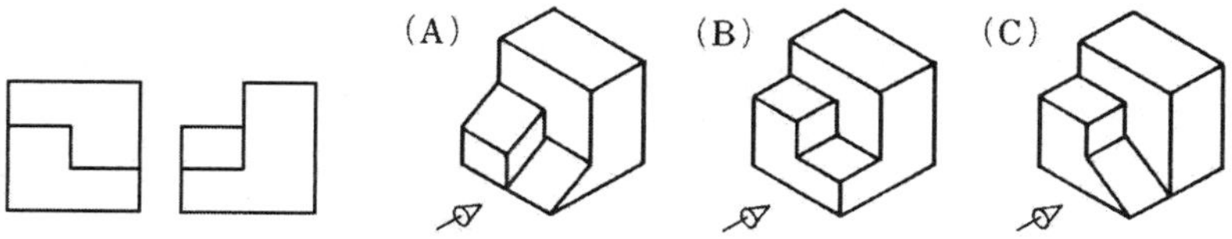

(A) (B) (C)

③

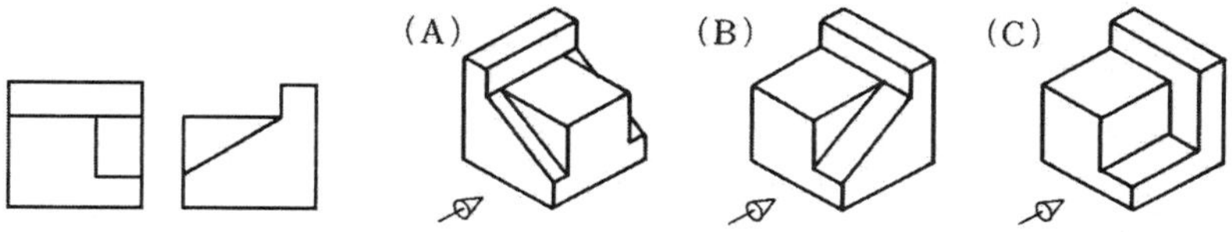

(A) (B) (C)

④

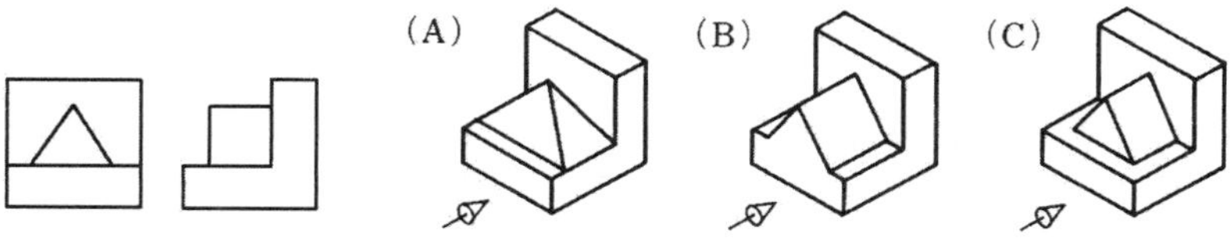

(A) (B) (C)

⑤

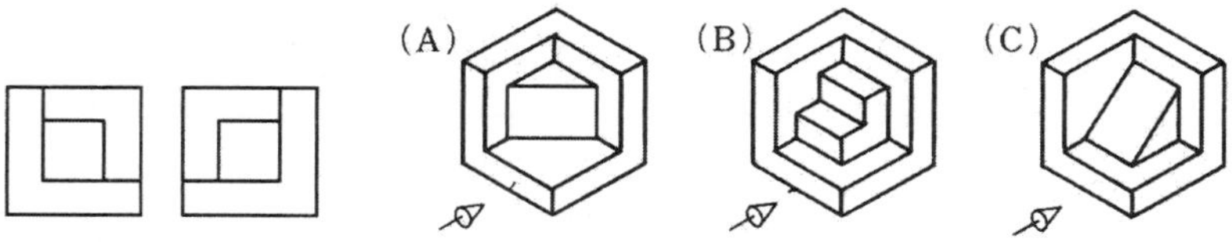

(A) (B) (C)

⑥

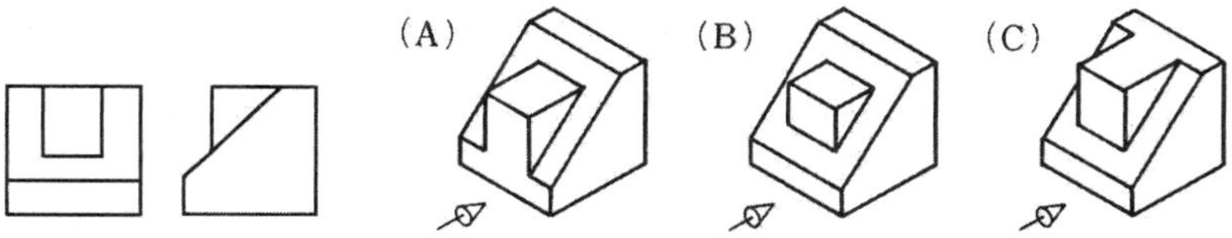

(A) (B) (C)

1		2		3		4		5		6	

학과		학번		이름	

투상법 (3)

문제 11	정투상도에 대응하는 입체도(화살표방향에서 본 그림)을 선택하시오.

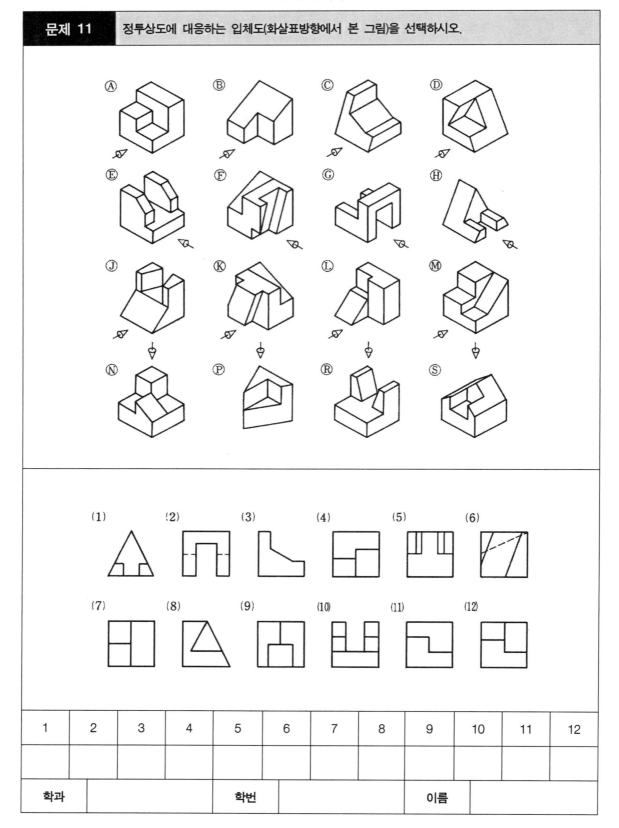

1	2	3	4	5	6	7	8	9	10	11	12

학과			학번			이름	

투상법 (4)

| 문제 12 | 정투상도에 대응하는 입체도를 선택하시오. |

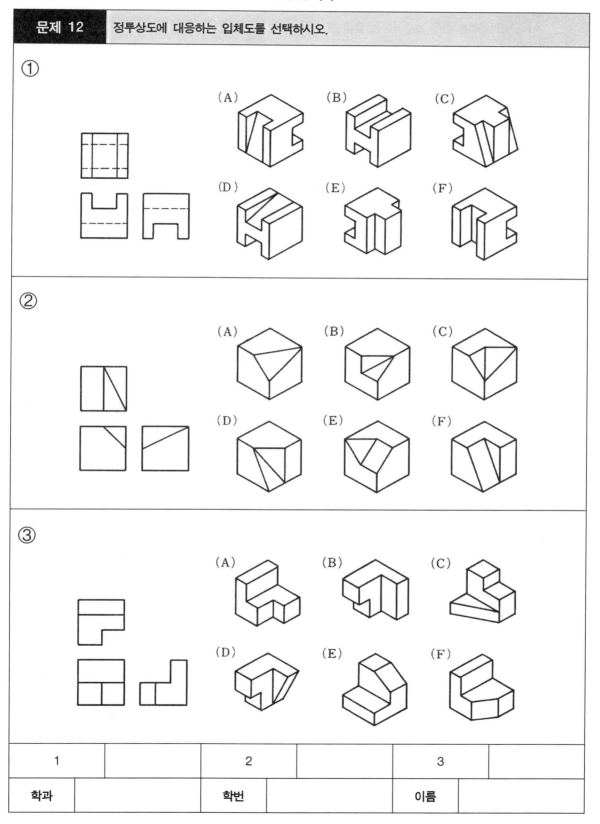

	1		2		3	
학과			학번		이름	

투상법 (5)

①

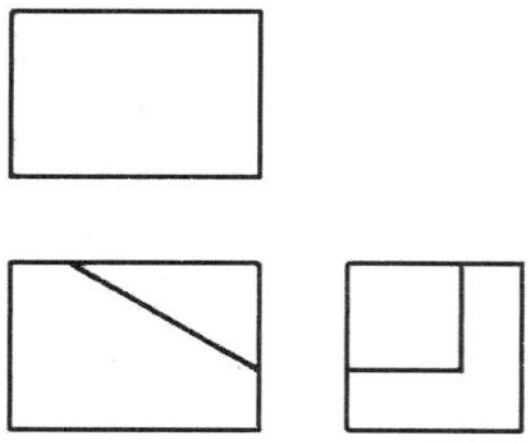

②

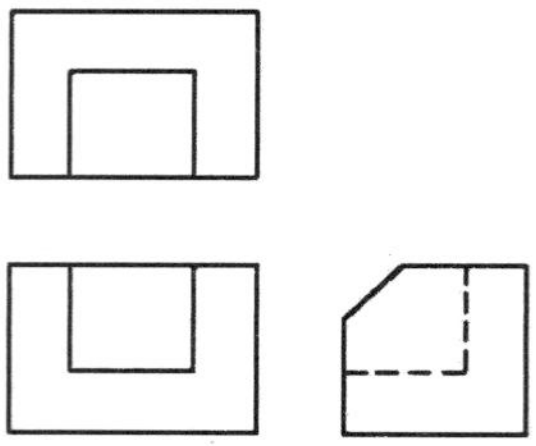

③

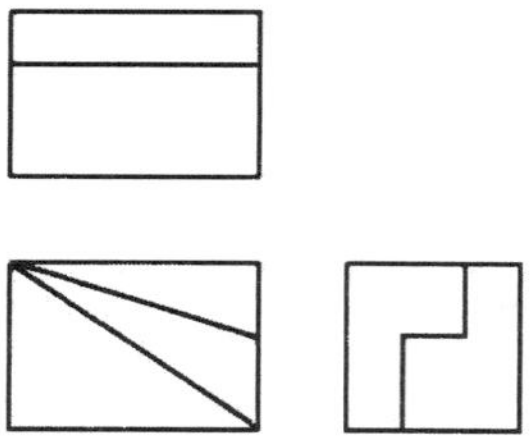

④

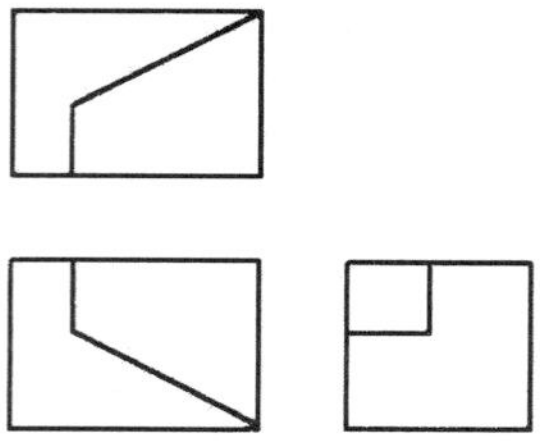

⑤

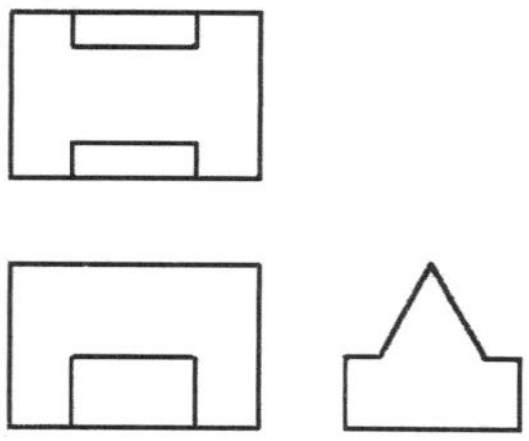

⑥

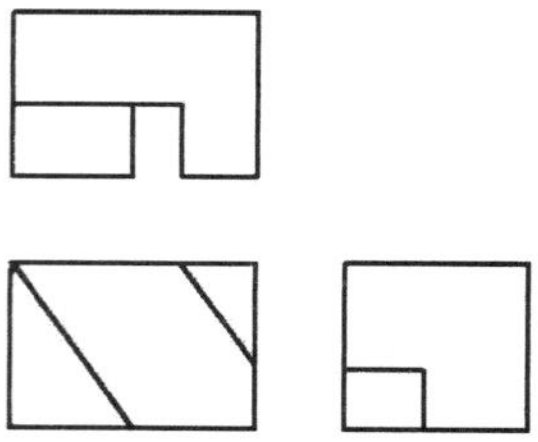

⑦

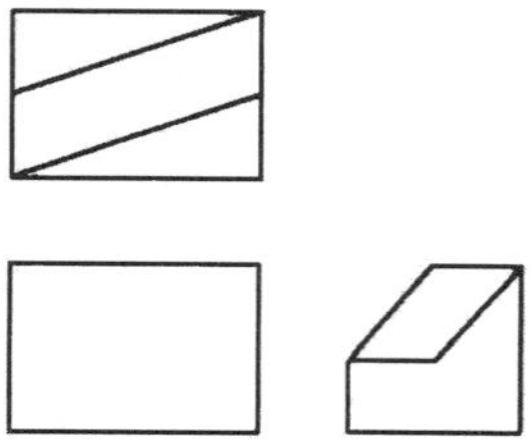

⑧

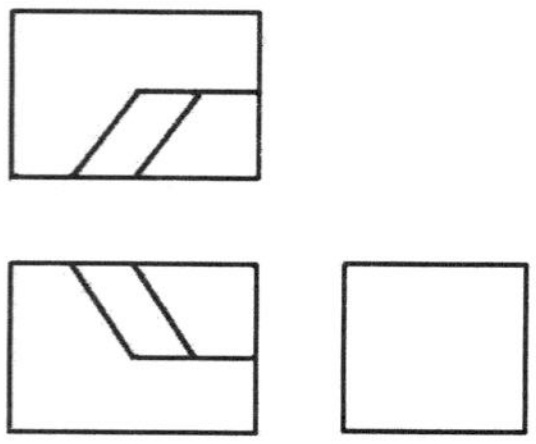

| 학과 | | 학번 | | 이름 | |

투상법 (6)

| 문제 14 | 부족한 선을 보충하여 그림을 완성하시오. |

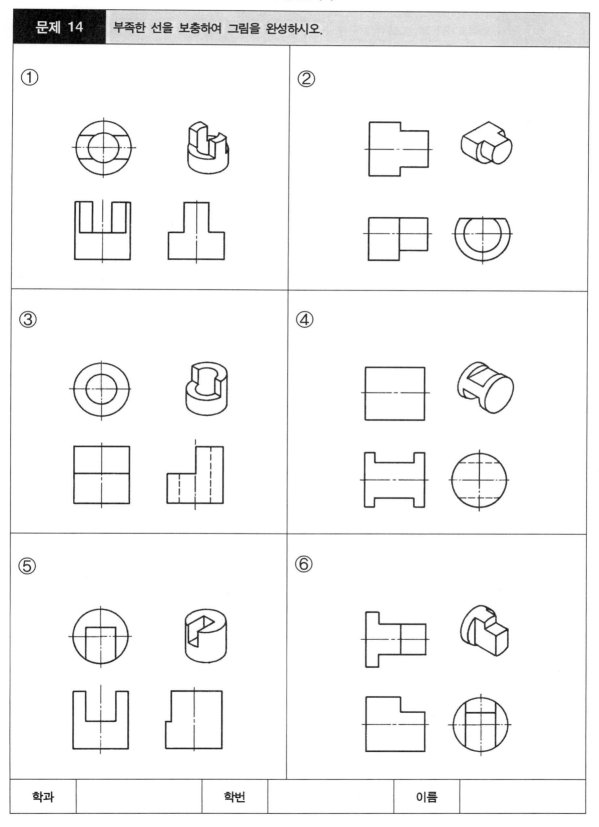

| 학과 | | 학번 | | 이름 | |

투상법 (7)

문제 15	입체도에서 정면도와 평면도를 그리시오(1눈금은 5mm로 한다).

① 입체도에서 제3각법에 의한 투상도를 그리시오(F에서 본 그림을 정면도로 한다).

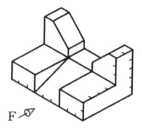

└

② 입체도에서 제3각법에 의한 투상도를 그리시오(F에서 본 그림을 정면도로 한다).

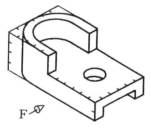

┌

학과		학번		이름	

투상법 (8)

문제 16	입체도에서 정면도와 평면도를 그리시오.

① 입체도에서 제3각법에 의한 투상도를 그리시오(F에서 본 그림을 정면도로 한다).

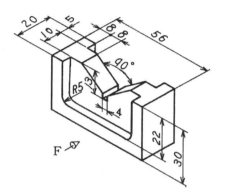

② 입체도에서 제3각법에 의한 투상도를 그리시오(F에서 본 그림을 정면도로 한다).

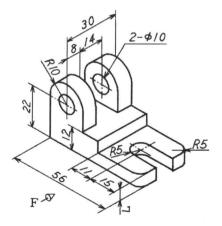

학과		학번		이름	

특수투상법 · 보조투상법 (1)

문제 17	특수투상도로서 올바른 그림을 선택하여 아래 란에 기입하시오.

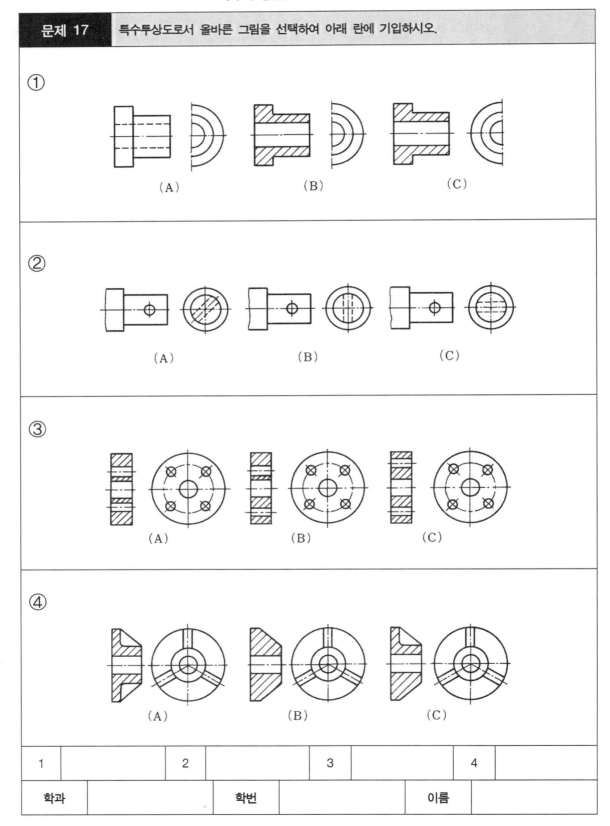

1		2		3		4	
학과			학번			이름	

특수투상법 · 보조투상법 (2)

문제 18	지시에 따라서 그림을 완성하시오.

① F에서 본 그림을 그리시오.

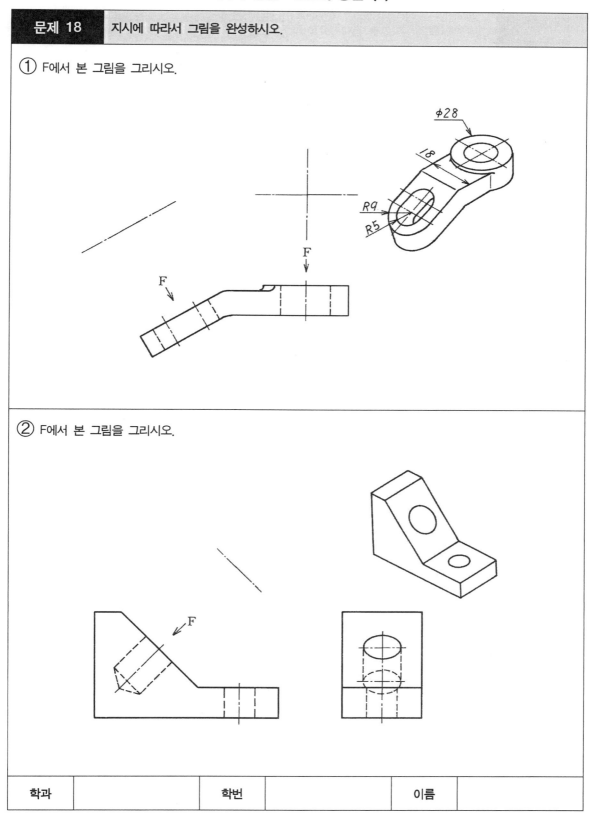

② F에서 본 그림을 그리시오.

학과		학번		이름	

단면법 (1)

문제 19	단면도로서 올바른 것을 선택하여 아래 란에 기입하시오.

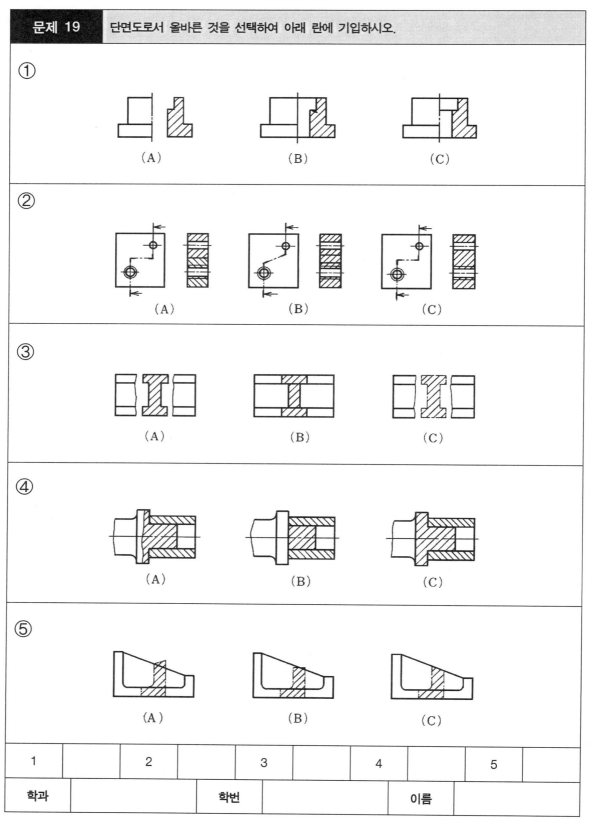

1		2		3		4		5	
학과			학번			이름			

단면법 (2)

문제 20	지시에 따라 그림을 완성하시오.

① 정면도를 전단면도로 표시하시오.

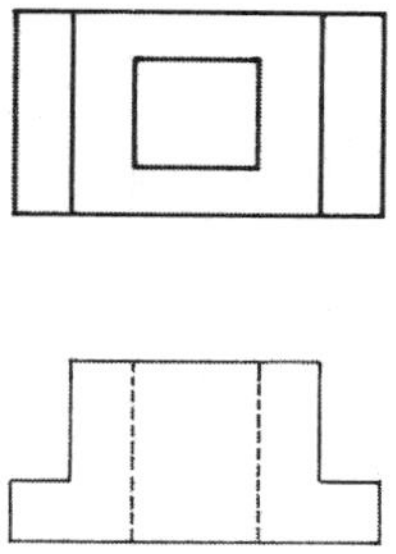

② 정면도를 좌측 단면도로 표시하시오.

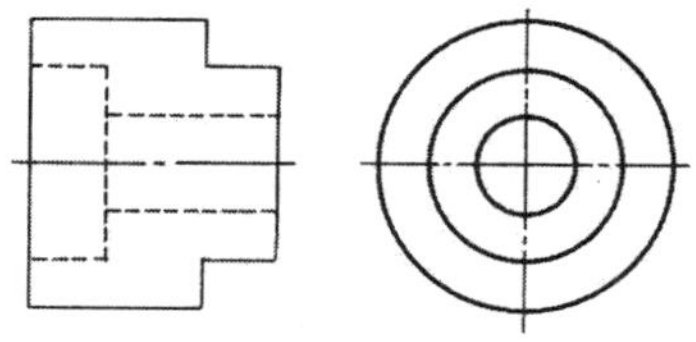

③ 정면도를 전단면도로 표시하시오.

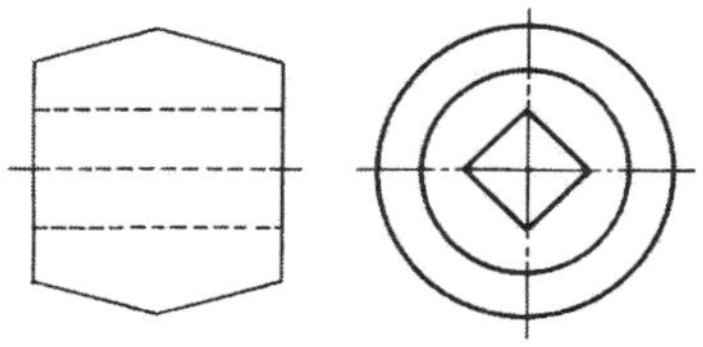

④ 정면도를 좌측 단면도로 표시하시오.

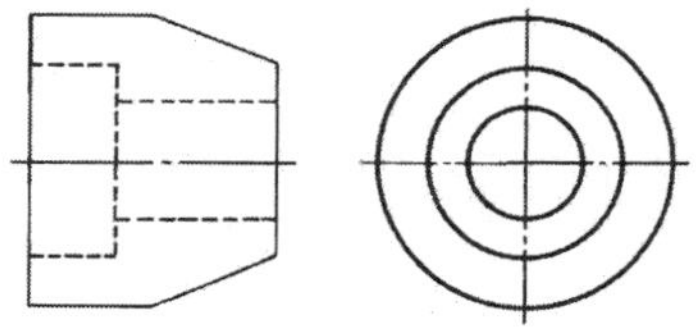

⑤ 절단선을 기입하시오.

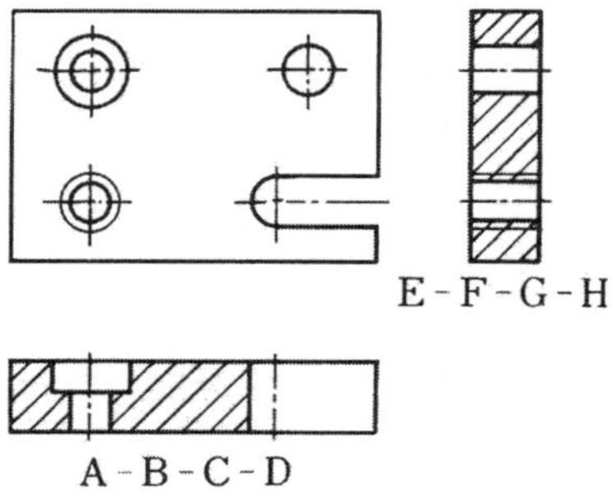

E-F-G-H

A-B-C-D

⑥ 해칭선을 기입하시오.

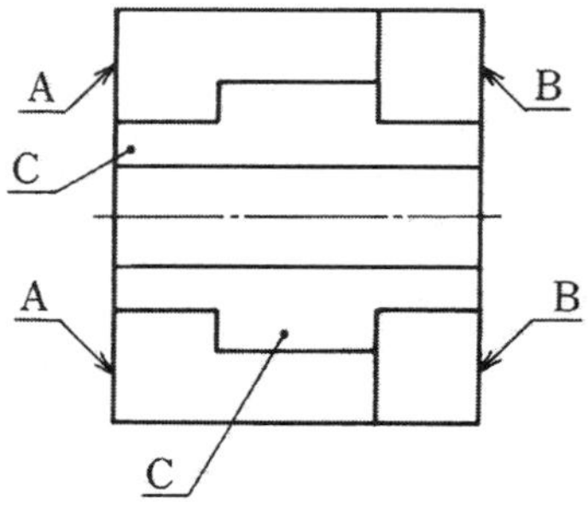

A   B

C

A   B

C

학과		학번		이름	

단면법 (3)

문제 21   입체도를 참고하여 지시에 따라 그림을 완성하시오.

① 정면도를 전단면도로 표시하시오.

② 정면도를 좌측 단면도로 표시하시오.

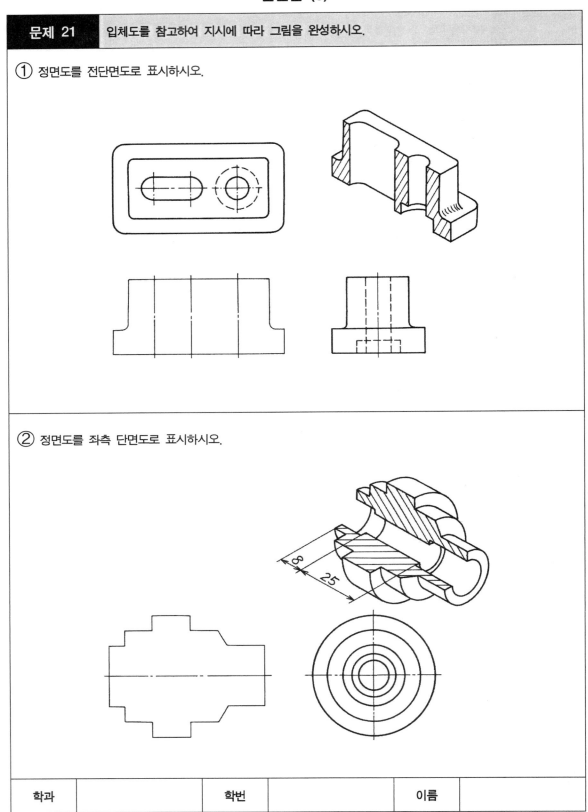

학과		학번		이름	

단면법 (4)

문제 22	입체도를 참고하여 지시에 따라 그림을 완성하시오.

① 정면도를 계단단면도로 표시하시오.

② 정면도를 회전단면도로 표시하시오.

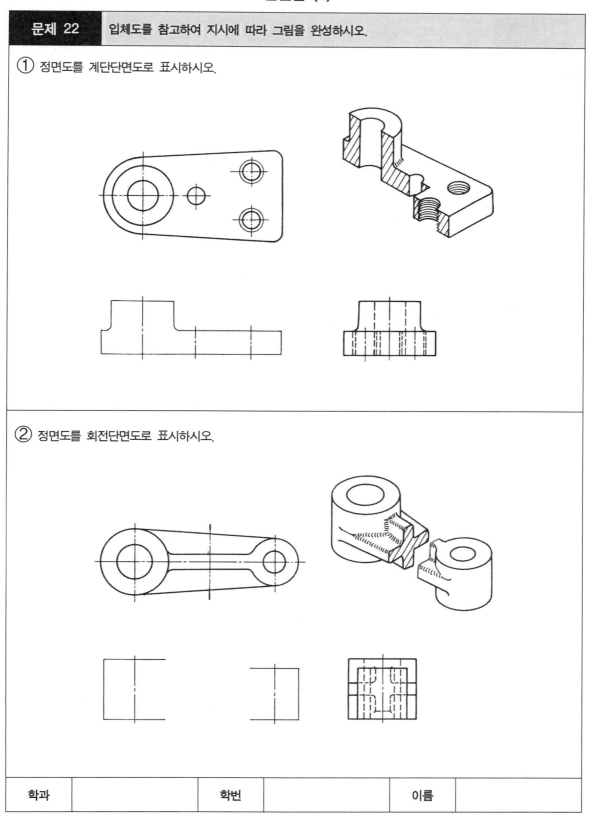

학과		학번		이름	

단면법 (5)

문제 23 입체도를 참고하여 지시에 따라 그림을 완성하시오.

① 정면도를 부분단면도로 표시하시오.

② 절단선 부분만을 회전단면도로 표시하시오.

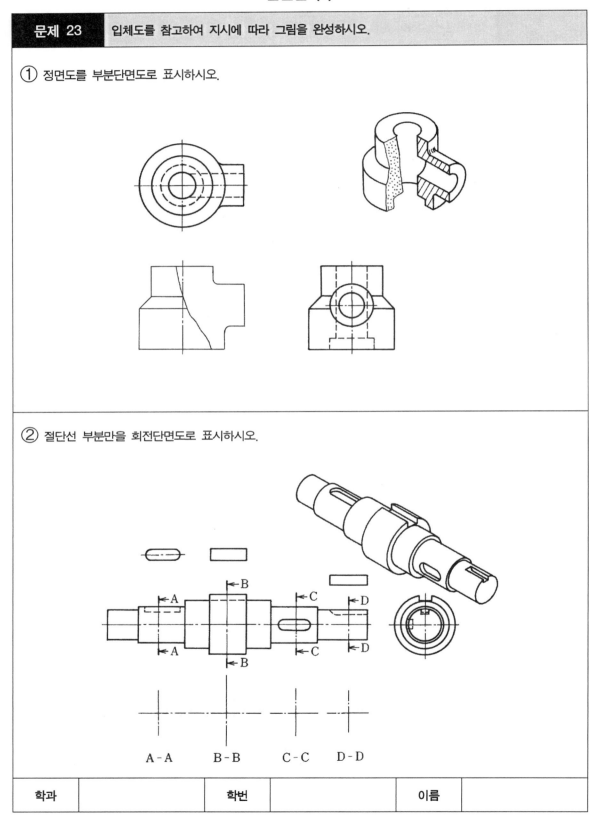

A - A   B - B   C - C   D - D

학과		학번		이름	

단면법 (6)

문제 24	입체도를 참고하여 지시에 따라 그림을 완성하시오.

① 정면도를 계단단면도로 표시하고 절단선을 기입하시오.

8 드릴 깊이
φ12 깊이 6

② 정면도를 회전단면도로 표시하고 절단선을 기입하시오.

학과		학번		이름	

치수기입법 (1)

문제 25	치수기입이 가장 올바른 것을 선택하여 아래 란에 기입하시오.

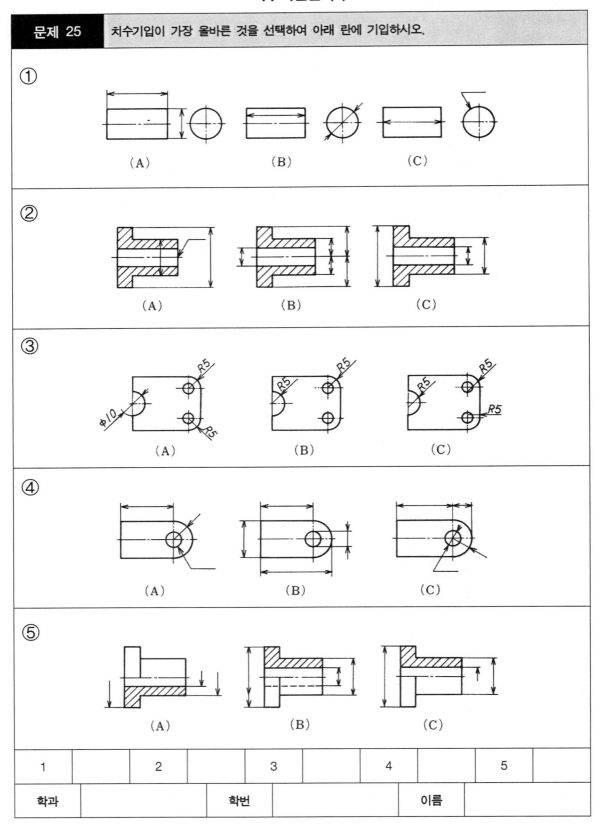

1		2		3		4		5	
학과			학번			이름			

치수기입법 (2)

문제 26	치수기입으로 가장 올바른 것을 선택하여 아래 빈칸에 기입하시오.

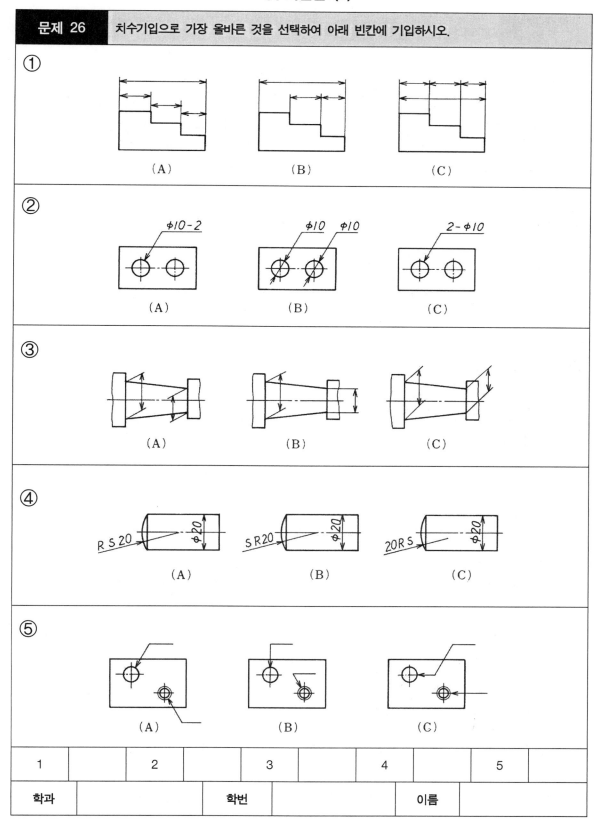

1		2		3		4		5	
학과			학번			이름			

치수기입법 (3)

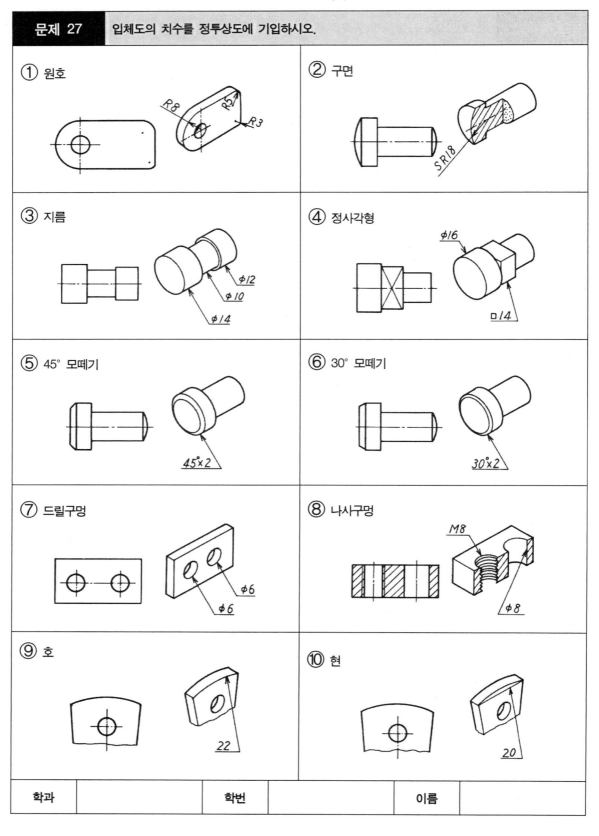

문제 27 입체도의 치수를 정투상도에 기입하시오.

① 원호

② 구면

③ 지름

④ 정사각형

⑤ 45° 모떼기

⑥ 30° 모떼기

⑦ 드릴구멍

⑧ 나사구멍

⑨ 호

⑩ 현

학과		학번		이름	

치수기입법 (4)

문제 28	입체도의 치수를 정투상도에 기입하시오.

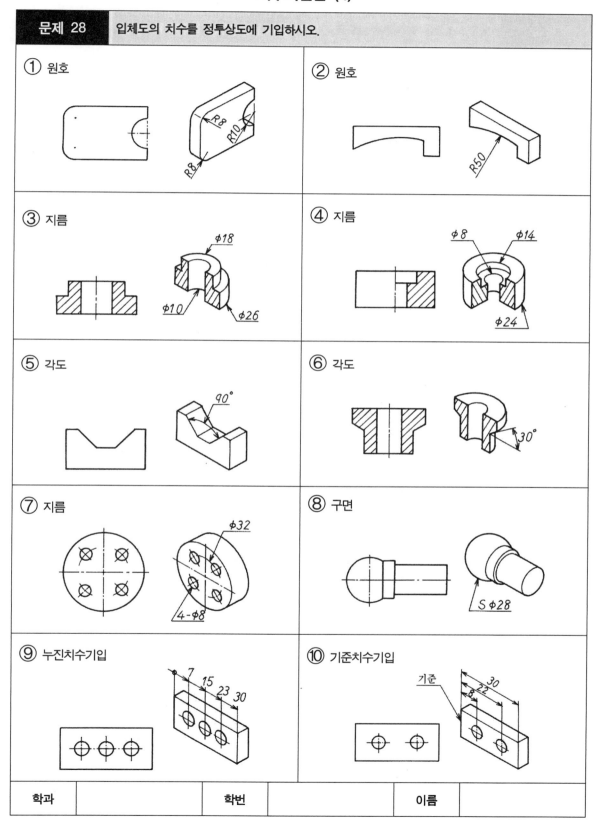

① 원호

② 원호

③ 지름

④ 지름

⑤ 각도

⑥ 각도

⑦ 지름

⑧ 구면

⑨ 누진치수기입

⑩ 기준치수기입

학과		학번		이름	

치수기입법 (5)

문제 29	아래의 눈금을 이용하여 치수를 기입하시오.

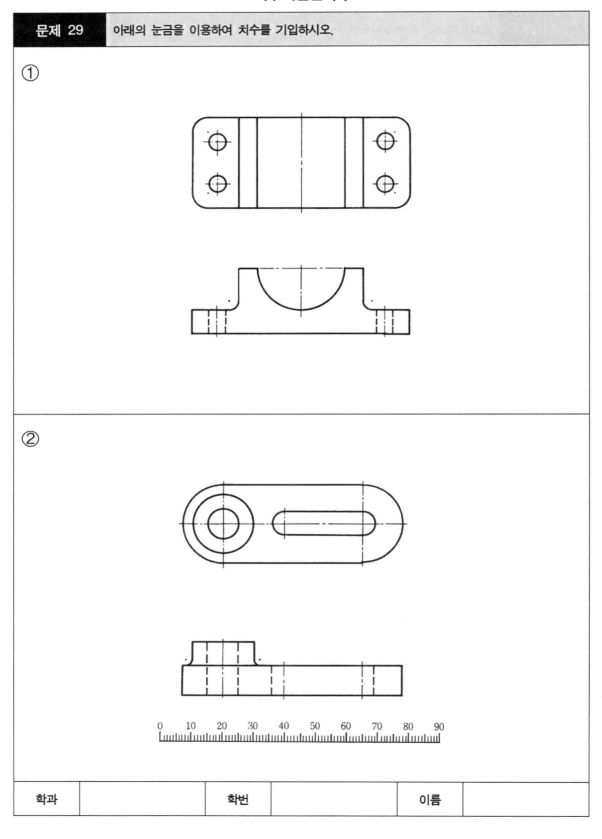

①

②

학과		학번		이름	

치수기입법 (6)

문제 30	아래의 눈금을 이용하여 기준에서의 치수를 기입하시오.

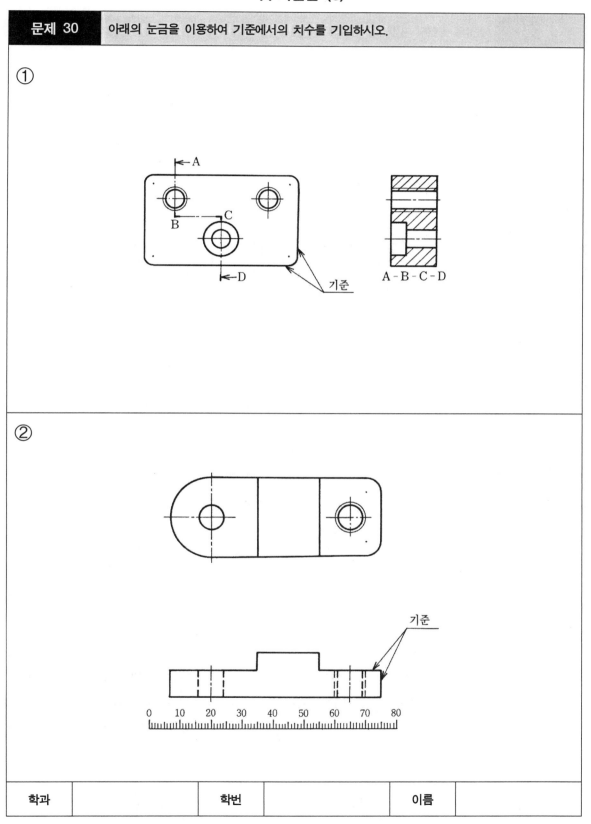

학과		학번		이름	

표면거칠기 (1)

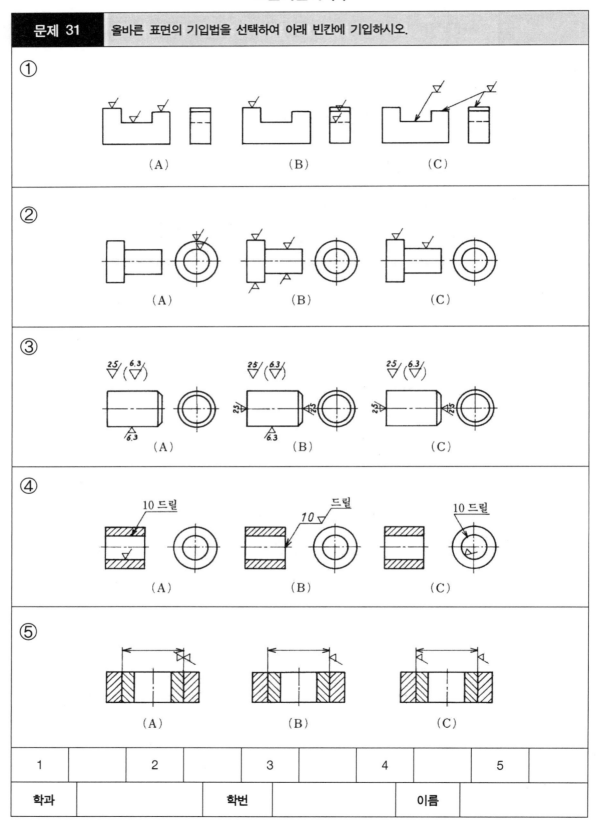

1		2		3		4		5	

학과		학번		이름	

표면거칠기 (2)

문제 32 | 지시에 따라 그림을 완성하시오.

① 입체도의 표면을 투상도로 기입하시오.

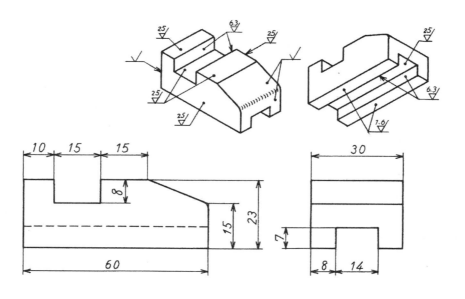

② 입체도를 참고하여 조립도의 표면거칠기의 기호를 기입하시오.

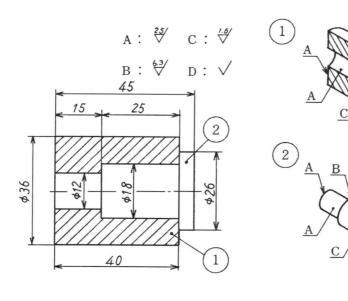

| 학과 | | 학번 | | 이름 | |

치수공차와 다듬질 (1)

문제 33 지시에 따라 답하시오.

① 다음의 각치수를 구하시오.

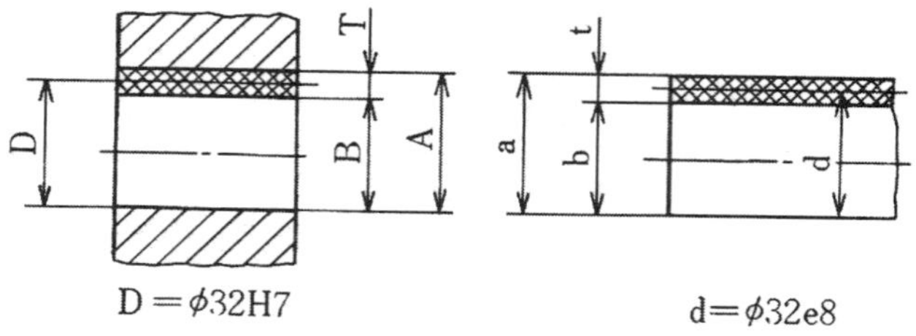

D＝φ32H7   d＝φ32e8

	〈구멍〉		〈축〉
(A) 기준치수	D=		d=
(B) 최대허용치수	A=		a=
(C) 최소허용치수	B=		b=
(D) 치수공차	T=		t=
(E) 최대틈대	C=	최소틈새	c=

② 다음의 각치수를 정투상도에 기입하시오.

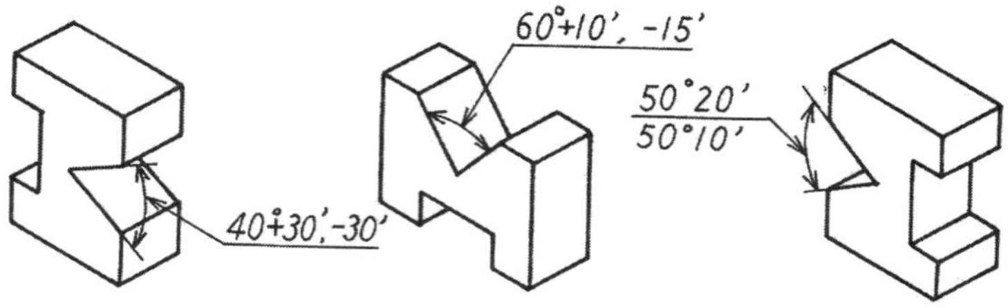

60°+10′, −15′

50°20′
50°10′

40°+30′,−30′

(A) 기준치수 40°
치수허용차+30′−30′

(B) 기준치수 60°
치수허용차+10′−15′

(C) 최소허용치수 50°20′
최대허용치수 50°10′

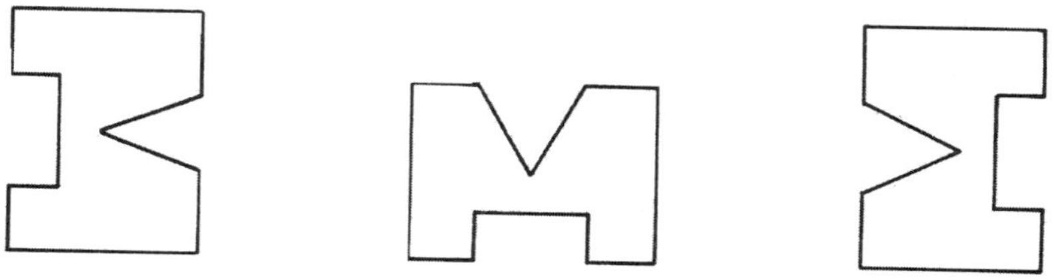

학과		학번		이름	

치수공차와 다듬질 (2)

문제 34 지시에 따라 치수기입을 하시오.

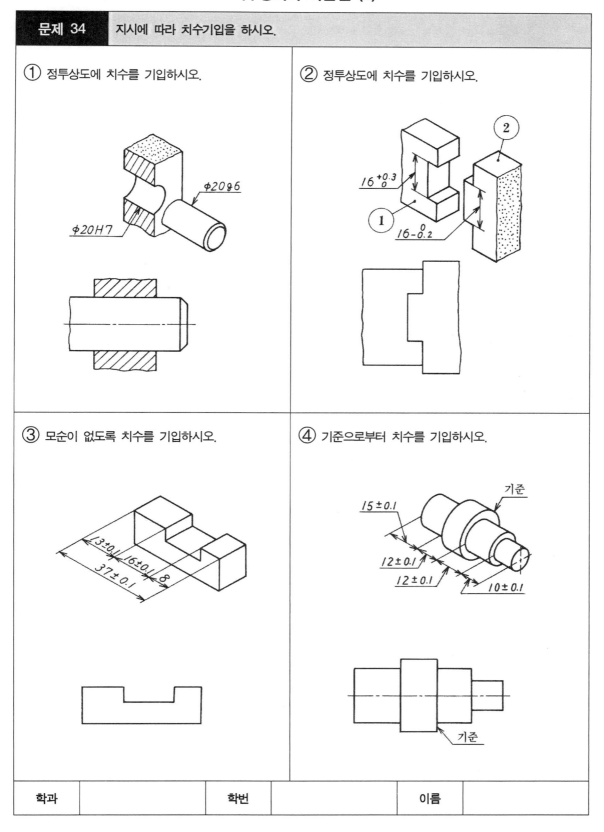

① 정투상도에 치수를 기입하시오.

$\phi 20 g6$

$\phi 20 H7$

② 정투상도에 치수를 기입하시오.

②

$16\ ^{+0.3}_{0}$

①

$16\ ^{0}_{-0.2}$

③ 모순이 없도록 치수를 기입하시오.

13 ± 0.1

16 ± 0.1

8

37 ± 0.1

④ 기준으로부터 치수를 기입하시오.

기준

15 ± 0.1

12 ± 0.1

12 ± 0.1

10 ± 0.1

기준

| 학과 | | 학번 | | 이름 | |

기하공차 (1)

문제 35	지시에 적합한 그림기호를 선택하시오.

① 진원도공차

○ 0.03	─ 0.2	▱ 0.1	∠ 0.05
(A)	(B)	(C)	(D)

② 동축도공차

↗ 0.2	◎ φ0.02	═ 0.08	⊥ φ0.01
(A)	(B)	(C)	(D)

③ 진직도공차

∠ 0.05	// 0.05	⊕ 0.08	─ 0.2
(A)	(B)	(C)	(D)

④ 원통도공차

⊥ φ0.01	⊕ 0.08	◎ φ0.02	⋫ 0.1
(A)	(B)	(C)	(D)

⑤ 평행도공차

⌒ 0.02	─ 0.2	// 0.05	○ 0.03
(A)	(B)	(C)	(D)

⑥ 평면도공차

═ 0.08	⌒ 0.02	▱ 0.1	↗ 0.2
(A)	(B)	(C)	(D)

1		2		3		4		5		6	
학과				학번				이름			

기하공차 (2)

문제 36	A 그림을 어떻게 하면 B 그림과 같이 되는가. 왼쪽의 그림에 그림기호를 기입하시오.

① 평행도공차의 허용값 0.2

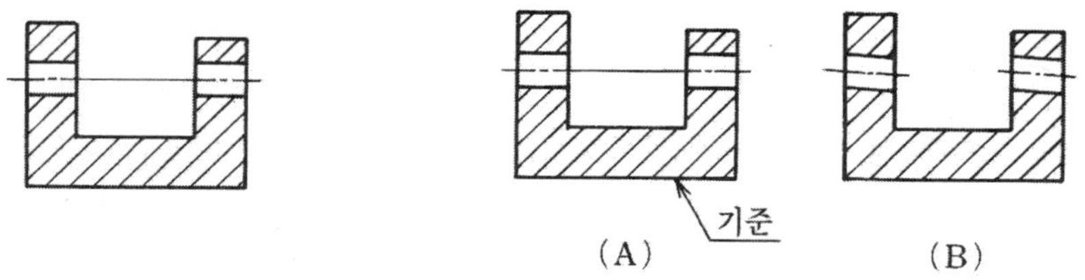

(A)　　　기준　　　(B)

② 동축도공차의 허용값 0.02

기준　(A)　　　(B)

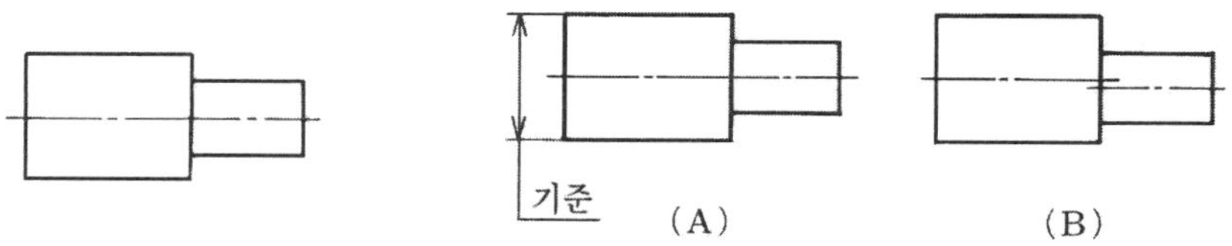

③ 직각도공차의 허용값 0.02

(A)　　　기준　　　(B)

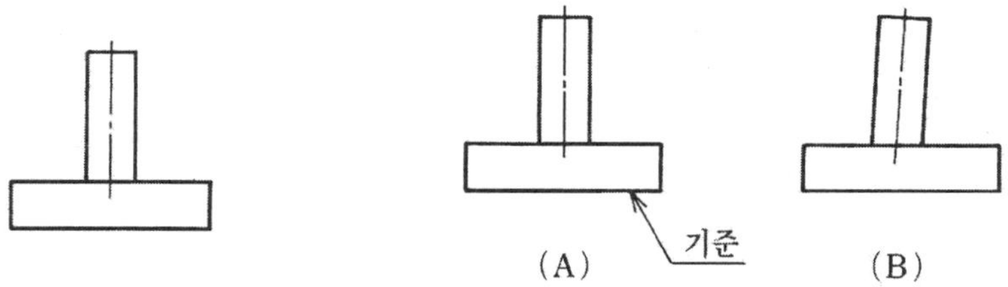

④ 동심도공차의 허용값 0.01

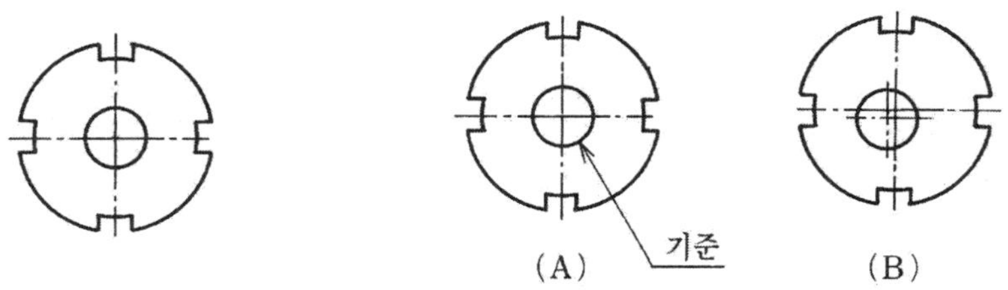

(A)　　기준　　(B)

학과		학번		이름	

나 사 (1)

문제 37	나사 표시방법으로서 올바른 것을 아래 빈칸에 기입하시오.

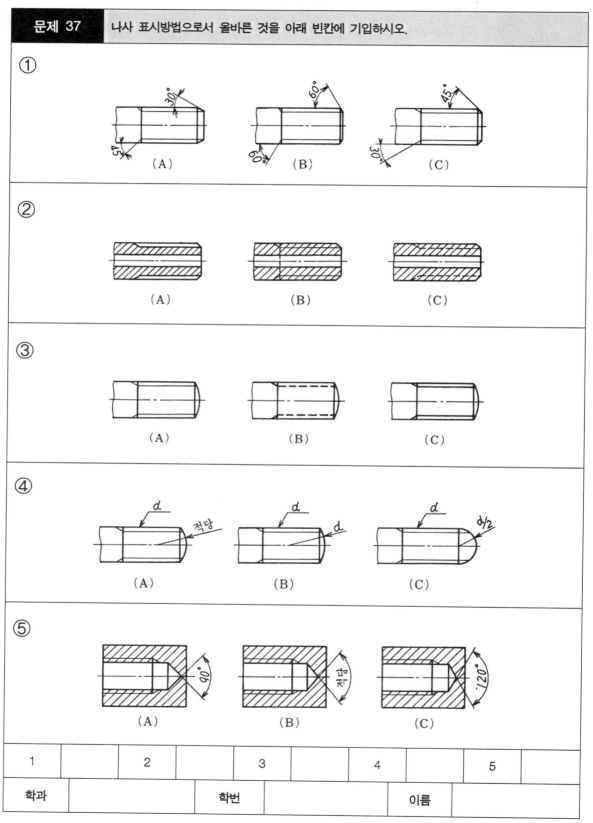

1		2		3		4		5	
학과			학번			이름			

나 사 (2)

문제 38	나사 표시방법으로서 올바른 것을 선택하여 아래 빈칸에 기입하시오.

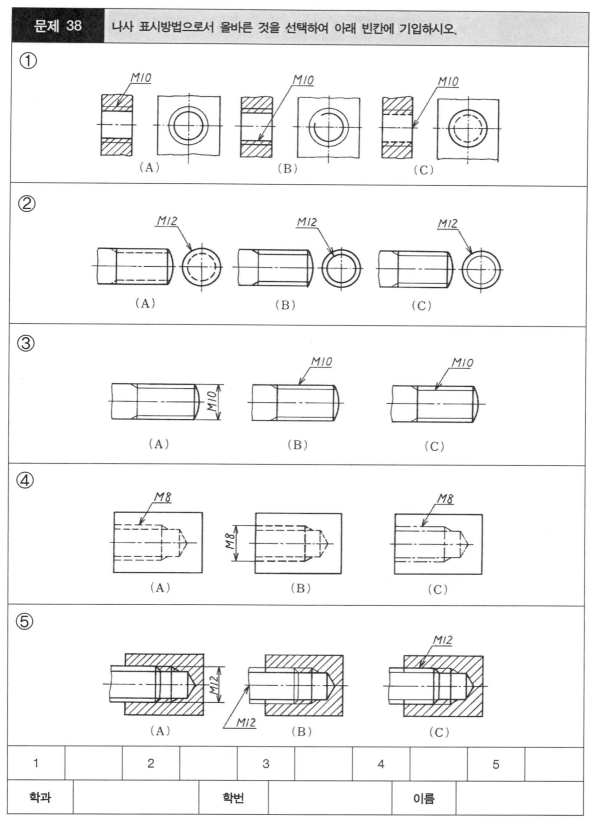

1		2		3		4		5	
학과			학번			이름			

나 사 (3)

문제 39   나사의 표시법과 명칭을 선택하여 아래 빈칸에 기입하시오.

① 나사산의 형상과 표시법을 선택하시오.

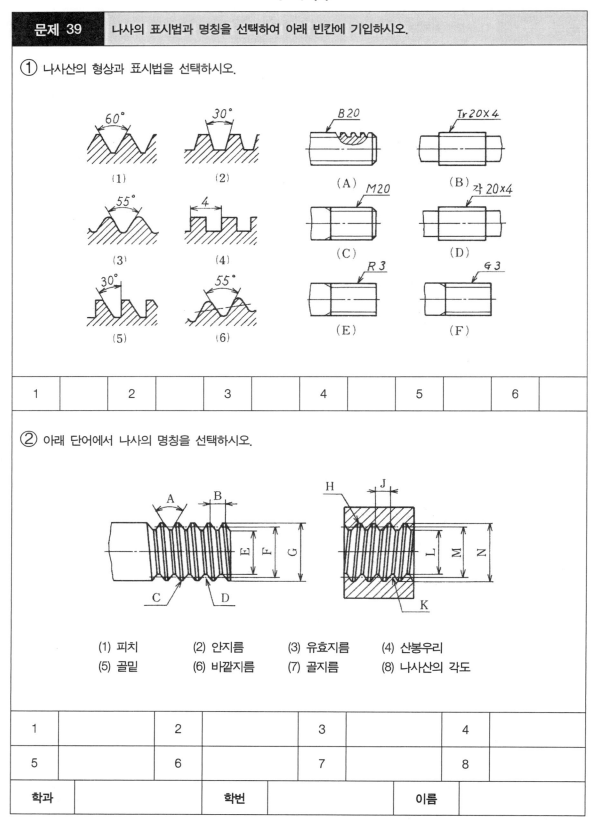

1		2		3		4		5		6	

② 아래 단어에서 나사의 명칭을 선택하시오.

(1) 피치   (2) 안지름   (3) 유효지름   (4) 산봉우리
(5) 골밑   (6) 바깥지름   (7) 골지름   (8) 나사산의 각도

1		2		3		4	
5		6		7		8	
학과		학번		이름			

나 사 (4)

문제 40	1~3의 각각의 나사에 오른쪽 표의 필요사항을 기입하시오.

①

(A)   (B)

	A 나사	B 나사
종류	유니파이 보통나사	유니파이 가는나사
호칭	½–13UNC	½–13UNF
등급	2A급	2A급
줄수	1줄	2줄
나사산의 감긴방향	오른쪽	왼쪽
나사산수(25.4mm에 대한)	13	13

②

(A)   (B)

	A 나사	B 나사
종류	미터 가는나사	미터 사다리꼴나사
바깥지름	12mm	12mm
등급	2급	
피치	1.5mm	2mm
줄수	1줄	2줄
나사산의 감긴방향	오른쪽	왼쪽

③

(A)   (B)

	A 나사	B 나사
종류	미터 보통나사	미터 보통나사
바깥지름	10mm	10mm
등급	1급	2급
줄수	2줄	2줄
나사산의 감긴방향	왼쪽	왼쪽
표면거칠기	6.3a	6.3a

④ 고정나사의 체결도를 그리시오.

고정나사의 뾰족끝
M6×11

학과		학번		이름	

나 사 (5)

문제 41	입체도를 참고하여 나사그림을 그리시오.

① F에서 본 그림을 정면도로 하고 나사는 전단면도로 하시오.

② 접시형 나사의 다듬질 단면도를 그리시오. 척도는 2 : 1로 한다.

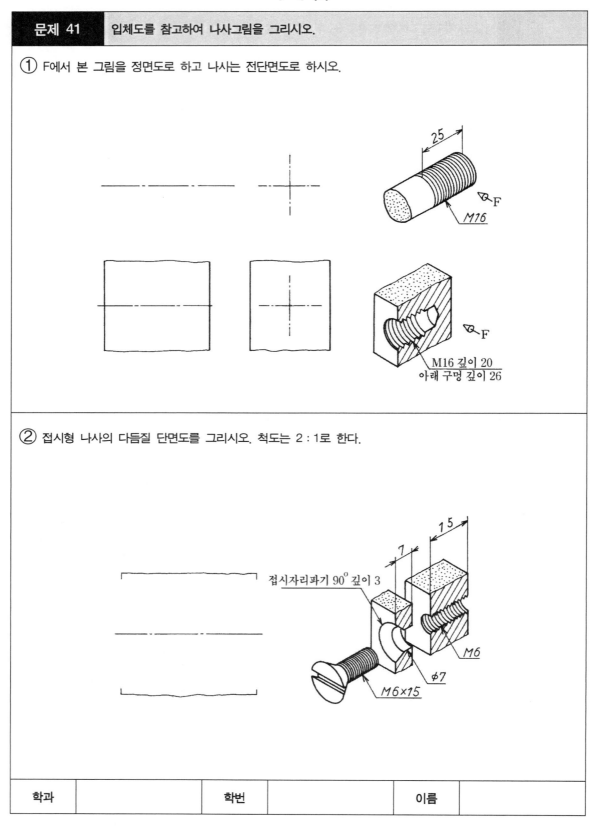

학과		학번		이름	

나 사 (6)

문제 42 입체도를 참고하여 그림을 완성하시오.

① 1부품과 2부품을 누르는 볼트로 결합하시오.

② 2개의 플랜지를 관통하는 볼트로 결합하시오.

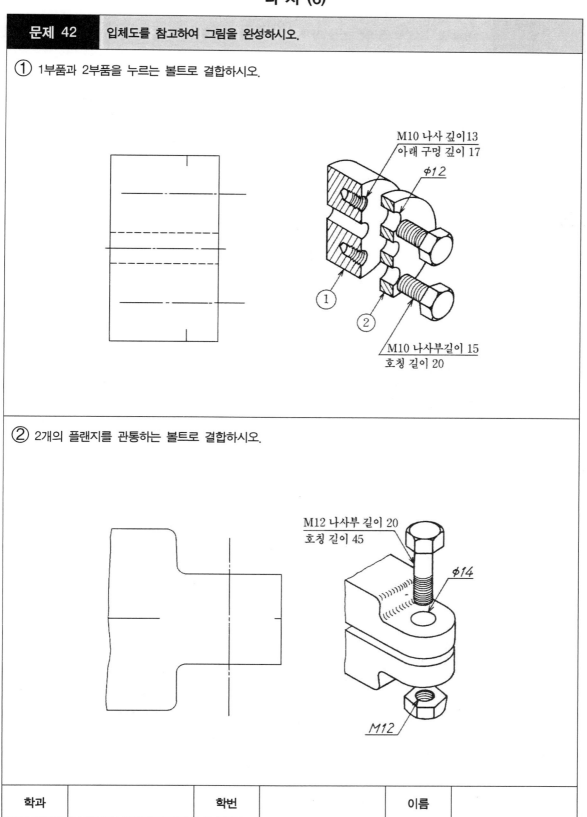

학과		학번		이름	

기 어 (1)

문제 43	기어의 표시법으로 올바른 것을 선택하여 아래 빈칸에 기입하시오.

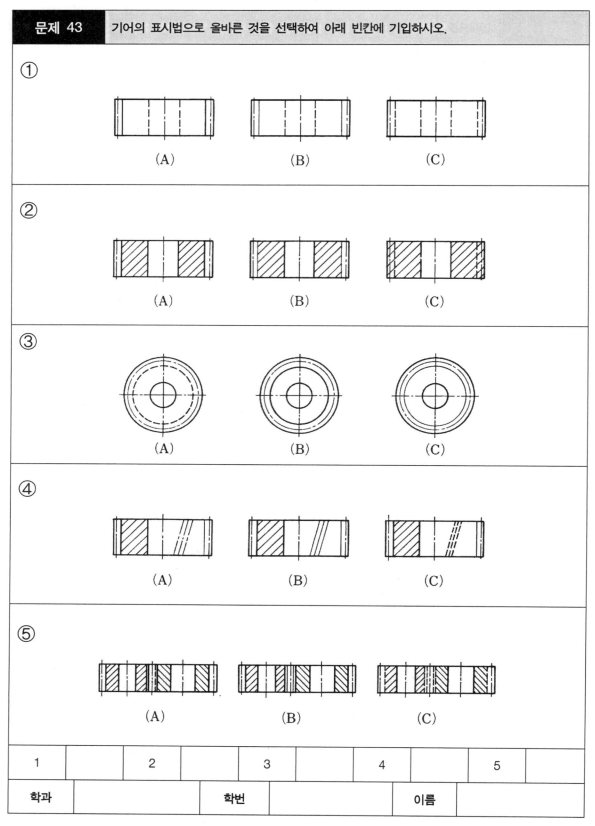

①   (A)   (B)   (C)

②   (A)   (B)   (C)

③   (A)   (B)   (C)

④   (A)   (B)   (C)

⑤   (A)   (B)   (C)

1		2		3		4		5	
학과			학번			이름			

기 어 (2)

| 문제 44 | 지시에 따라 표 또는 그림을 완성하시오. |

① 모듈 2.5, 잇수 40개의 표준 스퍼기어(평기어)의 명칭과 치수를 표에 기입하시오.

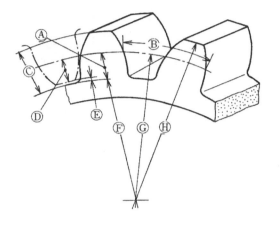

번호	명칭	치수
A		
B		
C		
D		
E		
F		
G		
H		

② 아래 그림의 표준 스퍼기어의 조립단면도를 그리시오. 단, 모듈은 2, 이나비(치폭)는 14mm로 한다.

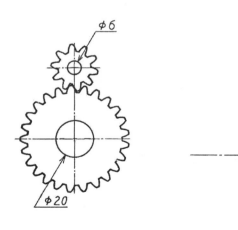

| 학과 | | 학번 | | 이름 | |

스프링 (1)

문제 45   지시에 따라 답하시오.

① 항목표(요목표)에 적합한 그림을 선택하시오.

항목표

재료의 지름	4
코일의 평균지름	16
총 감긴 수	5.5
감긴방향	오른쪽
자유높이	30

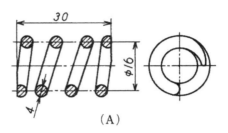

(A)

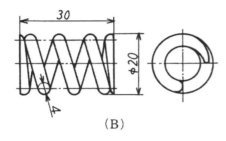

(B)

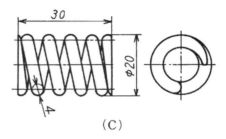

(C)

② 아래 그림을 참고하여 항목표를 작성하시오.

재료 : 스프링강 강재 6종

항목표

재료		
재료의 지름		
코일의 바깥지름		
코일의 평균지름		
유효 감긴 수		
총 감긴 수		
감긴방향		
자유높이		
부착시	하중	
	높이	
최대 하중시	하중	
	높이	

학과		학번		이름	

<u>스프링 (2)</u>

문제 46	항목표에 적합한 압축코일 스프링의 그림을 완성하시오.

① 외관정면도를 그리고 치수를 기입하시오.

항목표

재료		SUP6
재료의 지름		5
코일의 바깥지름		25
코일의 평균지름		20
유효 감긴 수		6.5
총 감긴 수		8.5
감긴 방향		오른쪽
자유높이		60
부착시	하중	12.5
	높이	52
최대 하중시	하중	30
	높이	44

② 지시에 따라 정면도를 그리시오.

항목표

재료	SWPA
재료의 바깥지름	4
코일의 평균지름	24
코일의 안지름	20
유효 감긴 수	5.5
총 감긴 수	7.5
감긴 방향	오른쪽
자유높이	60

외관생략도

단면도

학과		학번		이름	

구름베어링 (1)

문제 47	지시에 따라 답하시오.

① 구름베어링의 명칭을 우측 빈칸에 기입하시오.

번호	명 칭
A	
B	
C	
D	
E	
F	
G	
H	

(A)　(B)　(C)　(D)
(E)　(F)　(G)　(H)

② 아래 빈칸의 명칭에 적합한 구름베어링을 선택하여 기입하시오.

평면자리형 스러스트 볼베어링		앵귤러 볼베어링	
깊은홈 볼베어링		N형 원통 롤러베어링	
학과		학번		이름	

구름베어링 (2)

문제 48	지시에 따라 구름베어링의 정면도를 완성하시오.

① 치수에 의거하여 깊은홈 볼베어링의 그림을 그리시오.

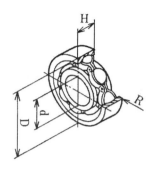

A 볼베어링   B 볼베어링

	A	B
D	50	47
d	22	25
H	14	12
R	1.5	1

② 치수에 의거하여 평면자리형 스러스트 볼베어링의 그림을 그리시오.

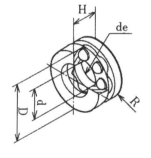

A 볼베어링   B 볼베어링

	A	B
D	52	52
d	30	25
de	32	27
H	16	18
R	1	1.5

학과		학번		이름	

용 접 (1)

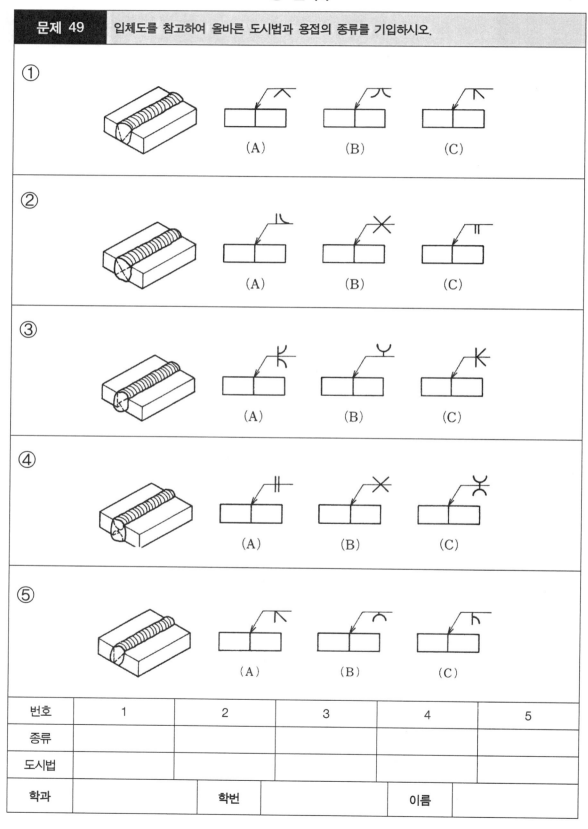

번호	1	2	3	4	5
종류					
도시법					

학과		학번		이름	

용 접 (2)

문제 50	지시에 따라 표를 완성하시오.

① 아래 그림을 참고하여 우측표에 용접기호와 종류를 기입하시오.

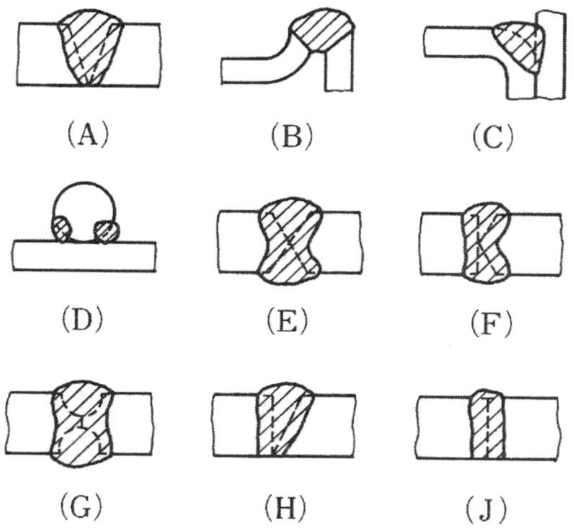

번호	기호	종류
A		
B		
C		
D		
E		
F		
G		
H		
J		

(A)　　　(B)　　　(C)

(D)　　　(E)　　　(F)

(G)　　　(H)　　　(J)

② 용접이음의 종류를 아래의 빈칸에 기입하시오.

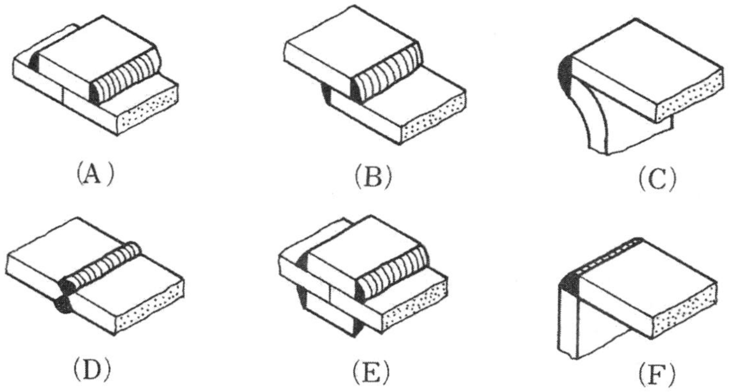

(A)　　　(B)　　　(C)

(D)　　　(E)　　　(F)

A		B		C	
D		E		F	

학과		학번		이름	

해 답

【문제 01】 척도 (1)

【문제 02】 척도 (2)

①

척도	A	B	C	D
1 : 1	90	30	36	15
1 : 2	180	60	72	30
1 : 3	270	90	108	45
1 : 5	450	150	180	75
2 : 1	45	15	18	7.5
10 : 1	9	3	3.6	1.5

②

【문제 03】 선 (1)

번호	명 칭	모 양	선의 종류
예	치수보조선	———————	가는실선
A	가상선	—·—·—·—	가는2점쇄선
B	은선	··············	굵은파선 가는파선
C	외형선	———————	굵은실선
D	해칭선	//////////	가는실선
E	파단선	〜〜〜	가는자유선
F	중심선	—·—·—·—	가는1점쇄선 가는실선
G	지시선	↙	가는실선
H	절단선	—·—·— ▲ ▲	가는1점쇄선
J	치수선	←——→	가는실선
K	치수보조선	———————	가는실선

【문제 04】 선 (2)

　1=C　　　2=D　　　　3=B　　　4=C　　　5=B

【문제 05】 선 (3)

　A=26, 27, 28, 29, 32, 33　　B=20, 22　　C=7, 6　　D=K, G
　E=18, 19, 23, 24　　F=16　　G=33, 30　　H=26, 33

【문제 06】 선 (4)

　① A=외형선　　　B=은선　　　C=외형선　　　D=외형선
　② 치수보조선=B　　외형선=F　　절단선=J　　가상선=H　　중심선=E
　　　은선=G　　　파단선=K　　지시선=A　　치수선=D　　해칭선=C

【문제 07】 평면도형 (1)

①
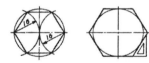

②
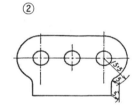

③
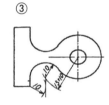

【문제 08】 평면도형 (2)

①
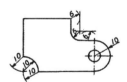

②

③
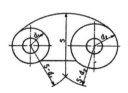

【문제 09】 투상법 (1)

①
　　A=제1각법
　　B=제3각법
　　C=제3각법
　　D=제3각법
　　E=제1각법
　　F=제1각법

②

【문제 10】 투상법 (2)

1=A   2=B   3=B   4=C   5=A   6=C

【문제 11】 투상법 (3)

1=H   2=G   3=C   4=B   5=R   6=F   8=D   9=S   10=E   11=A   12=M

【문제 12】 투상법 (4)

1=F   2=D   3=B

【문제 13】 투상법 (5)

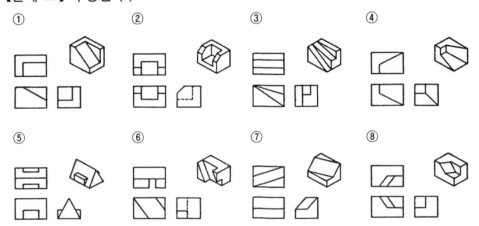

【문제 14】 투상법 (6)

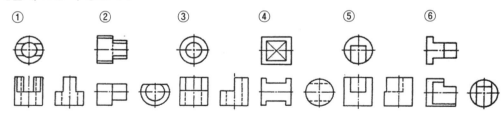

【문제 15】 투상법 (7)

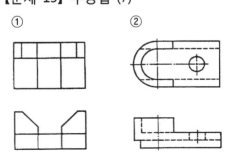

【문제 16】 투상법 (8)

① ②

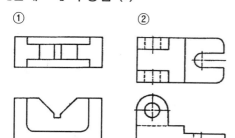

【문제 17】 특수투상법 · 보조투상법 (1)

1=B   2=A   3=C   4=A

【문제 18】 특수투상법 · 보조투상법 (2)

① ②

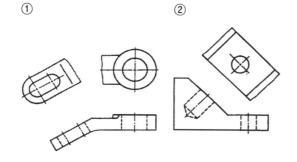

【문제 19】 단면법 (1)

1=C   2=C   3=A   4=A   5=B

【문제 20】 단면법 (2)

① ② ③ ④ ⑤ ⑥

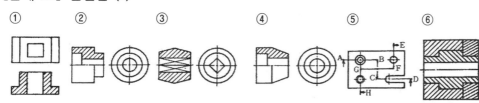

【문제 21】 단면법 (3)

① ②

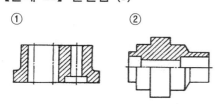

【문제 22】 단면법 (4)

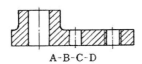

A-B-C-D

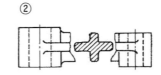

【문제 23】 단면법 (5)

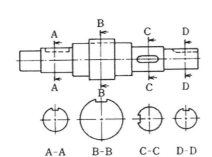

A-A   B-B   C-C   D-D

【문제 24】 단면법 (6)

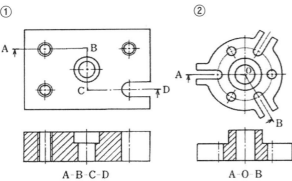

A-B-C-D   A-O-B

【문제 25】 치수기입법 (1)

1=A   2=C   3=B   4=A   5=C

【문제 26】 치수기입법 (2)

1=B   2=C   3=A   4=B   5=A

【문제 27】 치수기입법 (3)

① ② ③ ④ ⑤ ⑥

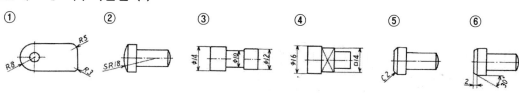

⑦ ⑧ ⑨ ⑩

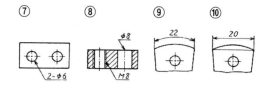

【문제 28】 치수기입법 (4)

① ② ③ ④ ⑤ ⑥ ⑦

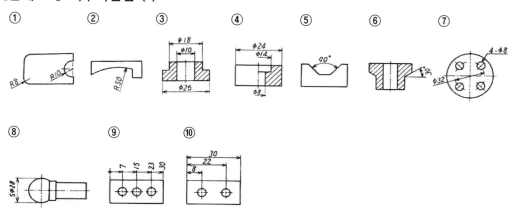

⑧ ⑨ ⑩

【문제 29】 치수기입법 (5)

① ②

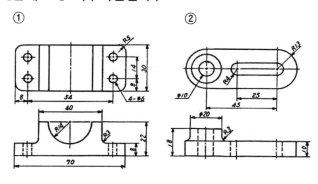

【문제 30】 치수기입법 (6)

① ②

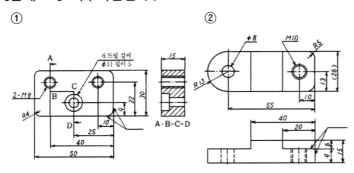

【문제 31】 표면거칠기 (1)

1=A   2=C   3=A   4=B   5=B

【문제 32】 표면거칠기 (2)

① ②

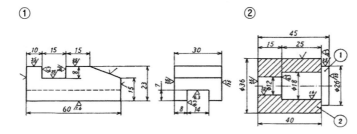

【문제 33】 치수공차와 다듬질 (1)

①

(A) 기준치수   D=32.000   d=32.000
(B) 최대허용치수   A=32.025   a=31.950
(C) 최소허용치수   B=32,000   b=31.911
(D) 치수공차   T=0.025   t=0.039
(E) 최대틈새   C=0.114   최소틈새 c=0.05

②

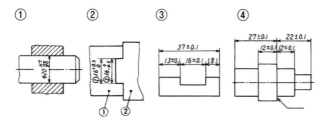

【문제 34】 치수공차와 다듬질 (2)

① ② ③ ④

【문제 35】기하공차 (1)

1=A   2=B   3=D   4=C   5=C   6=C

【문제 36】기하공차 (2)

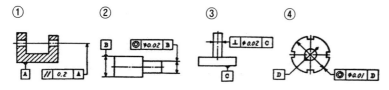

【문제 37】나사 (1)

1=C   2=B   3=A   4=B   5=C

【문제 38】나사 (2)

1=A   2=C   3=B   4=A   5=C

【문제 39】나사 (3)

① 1=C   2=B   3=F   4=D   5=A   6=E
② 1=B, J   2=L   3=F, M   4=C, K   5=D, H   6=G   7=E, N   8=A

【문제 40】나사 (4)

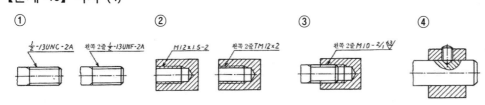

【문제 41】나사 (5)

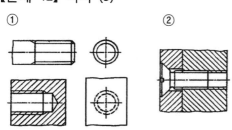

【문제 42】 나사 (6)

①   ②

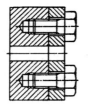   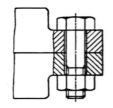

【문제 43】 기어 (1)

1=B   2=B   3=C   4=B   5=A

【문제 44】 기어 (2)

①

번호	명 칭	치수
A	이뿌리높이	3.125
B	원주피치	7.85
C	총이높이	5.625
D	이끝높이	2.5
E	클리어런스	0.625
F	이뿌리원지름	93.75
G	피치원지름	100
H	이끝원지름	105

②

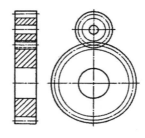

【문제 45】 스프링 (1)

① C   ②

항목표

재료		SUP6
재료의 지름		8
코일의 바깥지름		48
코일의 평균지름		40
유효 감긴 수		3.5
총 감긴 수		5.5
감긴방향		왼쪽
자유높이		80
부착시	하중	16
	높이	70
최대 하중시	하중	40
	높이	58

【문제 46】 스프링 (2)

①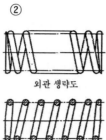

②

외관 생략도

단면도

【문제 47】 구름베어링 (1)

①

번호	명 칭
A	앵귤러 볼베어링
B	NJ형 원통 롤러베어링
C	원추(테이퍼) 롤러베어링
D	자동조심 볼베어링
E	NA형 침상(니들) 롤러베어링
F	깊은홈 볼베어링
G	평면자리형 스러스트 볼베어링
H	자동조심 롤러베어링

②
평면자리형 스러스트 볼베어링=B
앵귤러 볼베어링=A
깊은홈 볼베어링=D
N형 원통 롤러베어링=C

【문제 48】 구름베어링 (2)

①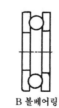

A 볼베어링   B 볼베어링

②

A 볼베어링   B 볼베어링

【문제 49】 용접 (1)

번호	1	2	3	4	5
종류	V형 그루브	X형 그루브	K형 그루브	양면 U형 그루브	✓형 그루브
도시법	A	B	C	C	A

【문제 50】 용접 (2)

①

번호	기호	종류
A	∨	V형
B	∟	한쪽 플랜지형
C	⌐	플레어 ∨형
D	K	플레어 K형
E	✕	X형
F	K	K형
G	⨯	양면 U형
H	∨	∨형
J	‖	I형

②
A=반쪽 덧댄 맞대기이음
B=겹치기이음
C=변두리이음
D=맞대기이음
E=양쪽 덧댄 맞대기이음
F=모서리이음

20.3 기계제도 연습문제 (2)

01. 선에 관한 문제
02. 투상법에 관한 문제
03. 단면법에 관한 문제
04. 보조투상법에 관한 문제
05. 특수투상법(회전투상법)에 관한 문제
06. 치수기입법에 관한 문제
07. 치수공차에 관한 문제
08. 표면거칠기에 관한 문제
09. 기하공차에 관한 문제
10. 나사제도에 관한 문제
11. 체결용 부품에 관한 문제
12. 기어제도에 관한 문제
13. 스프링제도에 관한 문제
14. 구름베어링제도에 관한 문제
15. 입체도에 관한 문제
16. 도면해석에 관한 문제
17. 해답

선 (1)

① 그림의 예를 참고하여, 굵기에 적합한 단어 및 선을 기입하시오.

번호	선의 명칭	종류	선의 모양	그림의 예
1	외형선	굵은실선		Ⓐ
2		가는실선 가는1점쇄선	———	Ⓑ
3	치수보조선	가는실선		Ⓒ
4			↕	Ⓓ
5		굵은1점쇄선 가는1점쇄선		Ⓔ
6			—·—·—·	Ⓕ
7		굵은파형의 가는실선 가는지그재그선		Ⓖ

	8		Ⓗ
	9	지시선 (참고선 포함)	Ⓙ
	10	가는실선	Ⓚ

② 문제 ①의 선의 명칭 (1)~(10)을 ○안에 기입하시오.

선	그리는 법	용도에 따라 선의 종류를 기입하시오.

도명	날짜	일 월	학번	이름	접수	01

투상법 (1)

2

정면도	평면도	우측면도
①	면 A	⑨
②	면 B	⑩
면 C	⑤	⑪
면 D	⑥	⑫
③	⑦	면 E
④	⑧	면 F

4

정면도	평면도	우측면도
①	면 A	⑨
②	원 B	⑩
③	면 C	⑪
면 D	⑥	⑫
④	⑦	면 E
⑤	⑧	면 F

1

정면도	평면도	우측면도
①	면 A	⑩
②	면 B	⑪
면 C	⑤	⑫
면 D	⑥	⑬
③	⑦	면 E
④	⑧	면 F
원 G	⑨	⑭

3

정면도	우측면도	정면도	우측면도
면 A	①	면 E	⑤
면 B	②	선 F	⑥
선 C	③	선 G	⑦
면 D	④	⑧	원 H

표 안의 번호에는 면·선·원의 구별을 기입하고, 그림에서 지시선에 따라 이름의 기호를 기입하시오.

그리는 법 | 투상법

접수 | 이름 | 학번 | 날짜 | 투상법 | 도명

02

월 일 월 일

투상법 (2)

① 정투상도에 대응하는 입체도(화살표 방향에서 본 그림)를 선택하시오.

② 정투상도에 대응하는 입체도(화살표 방향에서 본 그림)를 선택하시오.

도명		투상법		그리는법	지시에 따라 답을 기입하시오.		날짜	월 일	학번		이름		점수		03
1	2		3		4	5		6	1	2	3	4	5	6	7	8	9	10

투상법 (3)

투상법 (4)

투상법	점수	이름	학번	월 일	날짜	투상법	도명

그리는 법 부족한 선을 보충하여 그림을 완성 하시오.

투상법 (5)

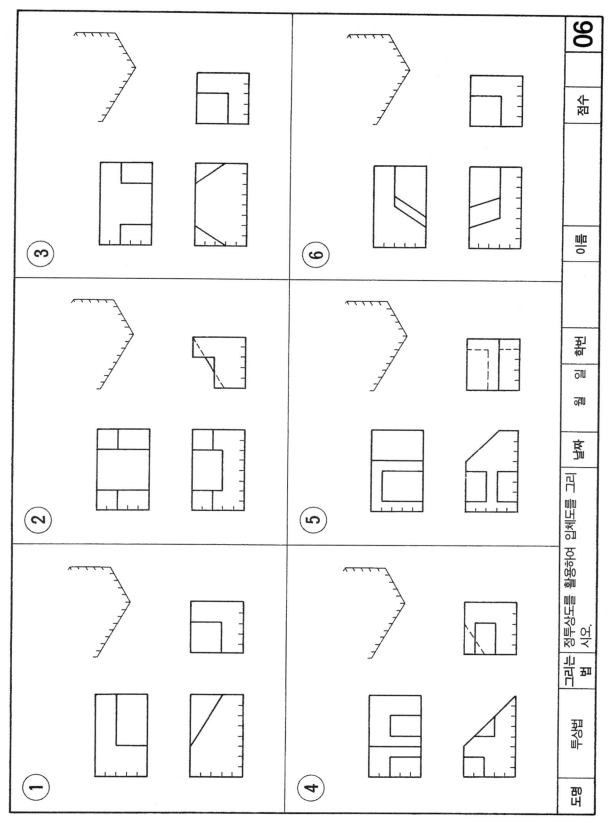

투상법 (6)

1 F에서 본 그림을 정면도로
선택하여 정면도, 평면도,
우측면도를 완성하시오.

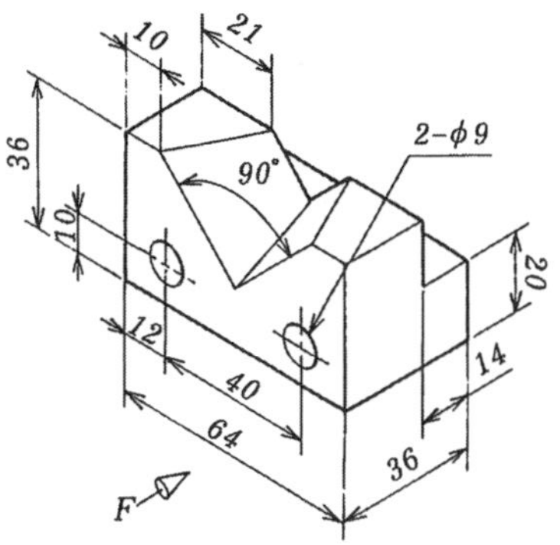

2 F에서 본 그림을 정면도로
선택하여 정면도, 평면도,
우측면도를 완성하시오.

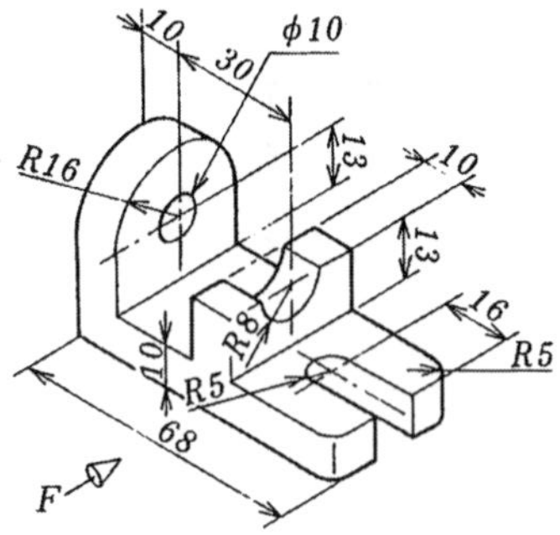

| 도명 | 투상법 | 그리는
법 | 입체도를 참고하여 정투상도를 완성
하시오. |
| --- | --- | --- | --- |
| 도명 | 투상법 | 날짜 | 월   일 | 학번 | 이름 | 점수 |

07

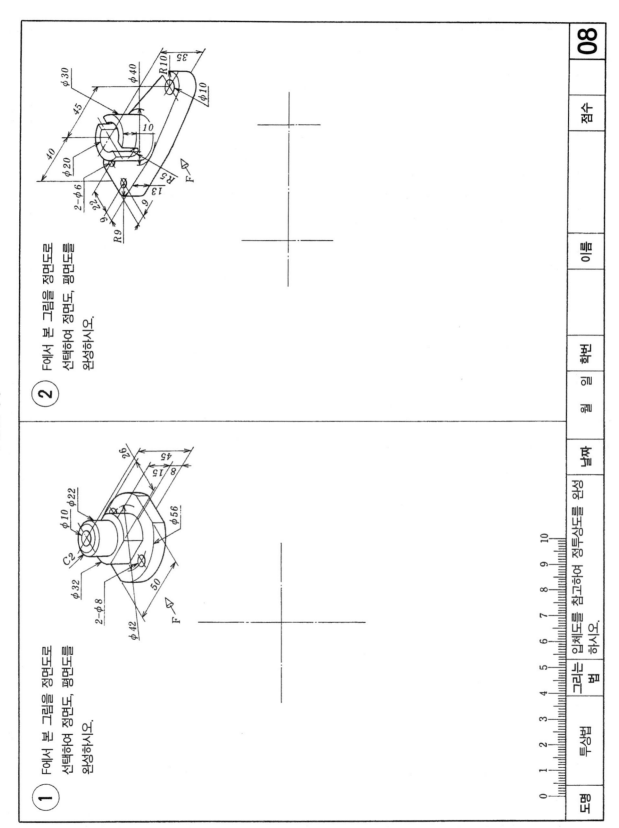

투상법 (7)

단면법 (1)

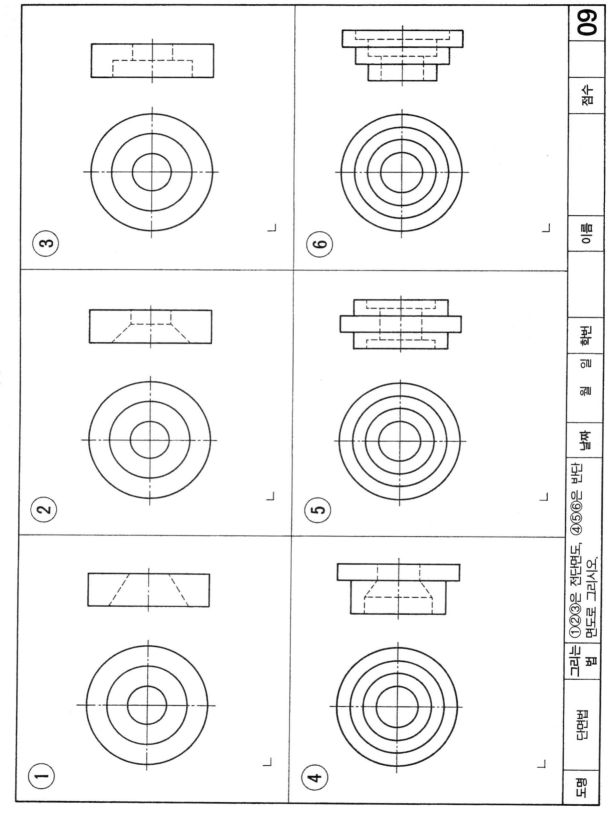

단면법 (2)

① 전단면도를 그리시오.

② 전단면도를 그리시오.

③ 윗부분을 반단면도로 그리시오.

④ 윗부분을 반단면도로 그리시오.

도명	단면법	그리는 법		재료		척도		학번		이름		점수
		그림을 따라서에 지시에 의하여 그리시오.										10

단면법 (3)

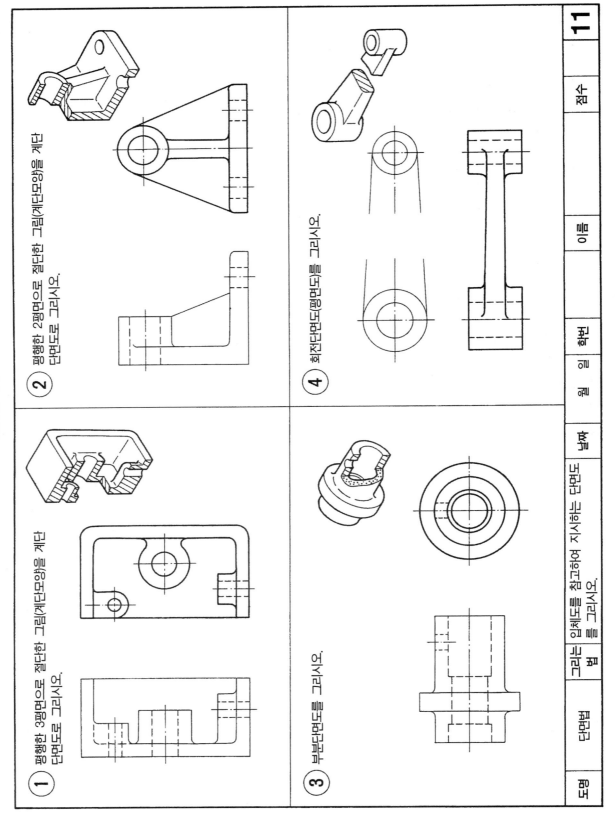

① 평행한 3평면으로 절단한 그림(계단모양)을 계단 단면도로 그리시오.

② 평행한 2평면으로 절단한 그림(계단모양)을 계단 단면도로 그리시오.

③ 부분단면도를 그리시오.

④ 회전단면도(평면도)를 그리시오.

접수	11
이름	
학번	
월 일	
날짜	
그리는 법	입체도를 참고하여 지시하는 단면도를 그리시오.
도명	단면법

단면법 (4)

① 정면도를 A-A로 절단한 단면도를 그리시오.

도명	그리는 법		날짜	학 일 년 반	이름	점수	12
단면법	평면	지시에 따라 그림을 완성하시오.					

단면법 (5)

① 평면도를 A−A에서, 우측면도를 B−B에서 절단한 단면도를 그리시오.

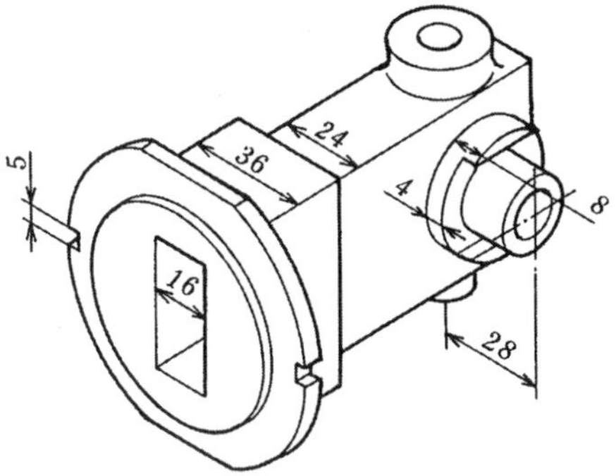

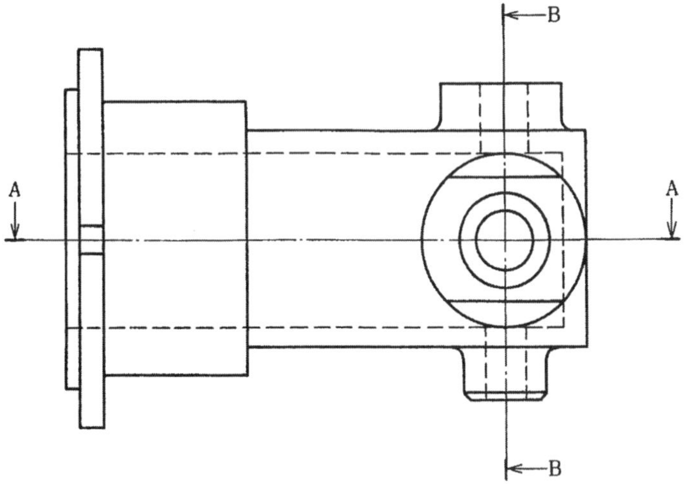

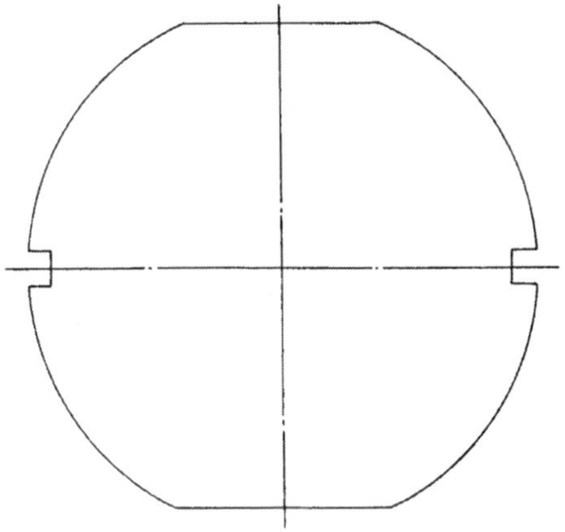

8

28

4

24

36

16

5

도형	단면법	그리는 법	재료	이름	화면	점수	13

지시에 따라 그림을 완성하시오.

A

B

B

A

0 1 2 3 4 5 6 7 8 9 10

보조투상법 (1)

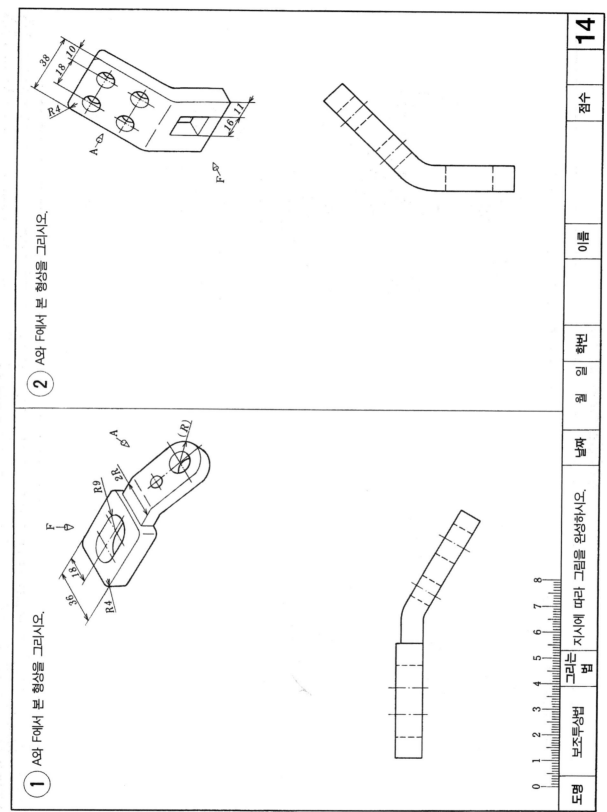

① A와 F에서 본 형상을 그리시오.

② A와 F에서 본 형상을 그리시오.

| 도명 | 보조투상법 | 그리는 법 | 지시에 따라 그림을 완성하시오. | 날짜 | 월 일 | 학번 | 이름 | 점수 | 14 |

특수투상법(회전투상법) (1)

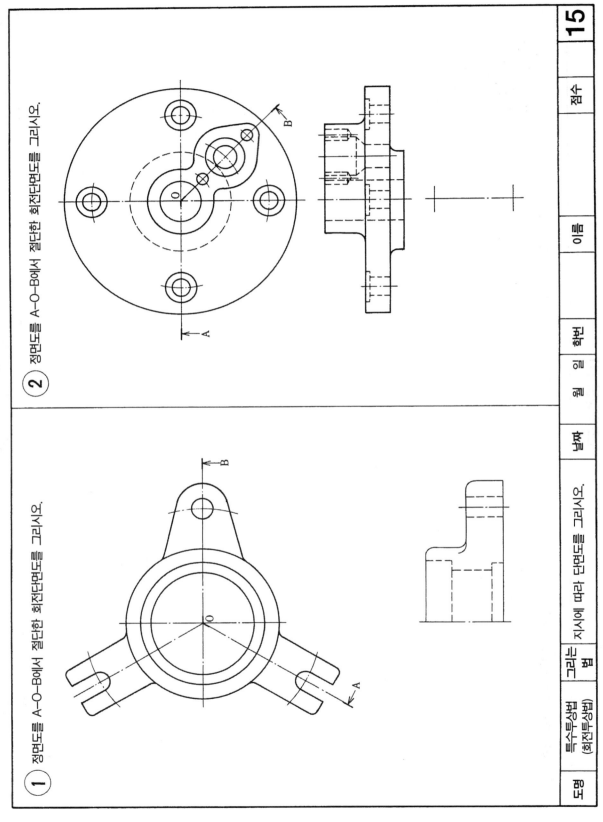

① 정면도를 A-O-B에서 절단한 회전단면도를 그리시오.

② 정면도를 A-O-B에서 절단한 회전단면도를 그리시오.

| 도면 | 특수투상법
(회전투상법) | 그리는
법 | 지시에 따라 단면도를 그리시오. | 날짜 | 월   일 | 학번 | 이름 | 점수 | 15 |

치수기입법 (1)

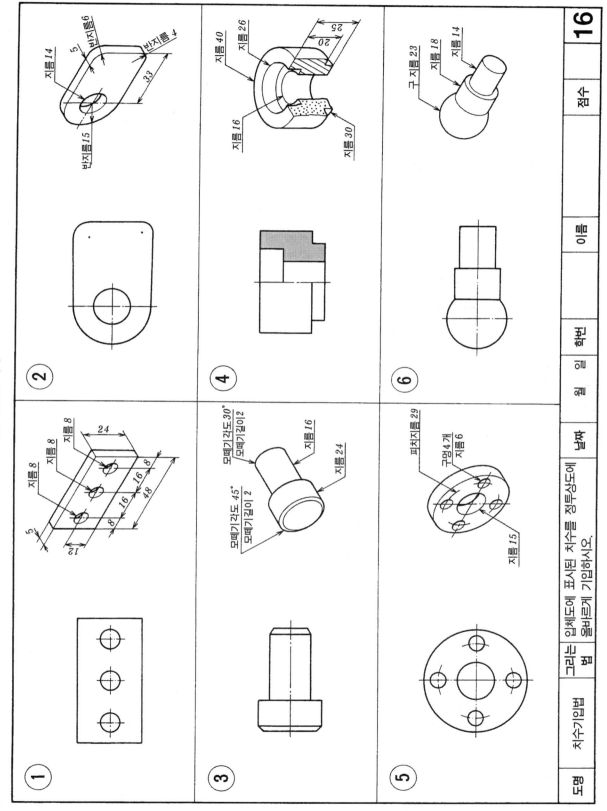

| 도명 | 치수기입법 | 그리는 법 | 입체도에 표시된 치수를 정투상도에 올바르게 기입하시오. | 날짜 | 월 일 | 학번 | 이름 | 점수 | 16 |

치수기입법 (2)

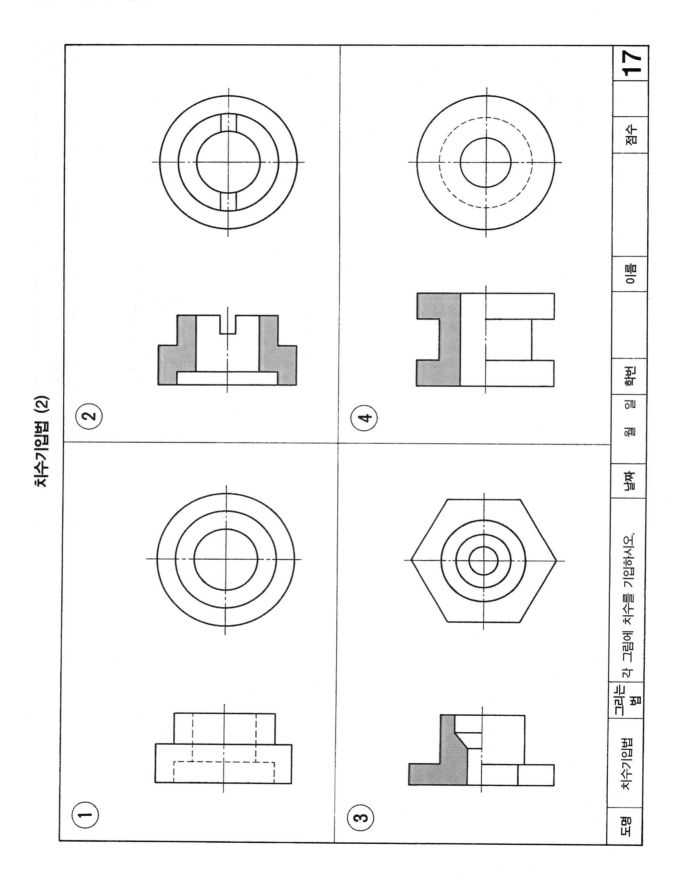

① ② ③ ④

17　접수　이름　학번　일　월　날짜　그리는 법　치수기입법　도명

각 그림에 치수를 기입하시오.

치수기입법 (3)

① ② 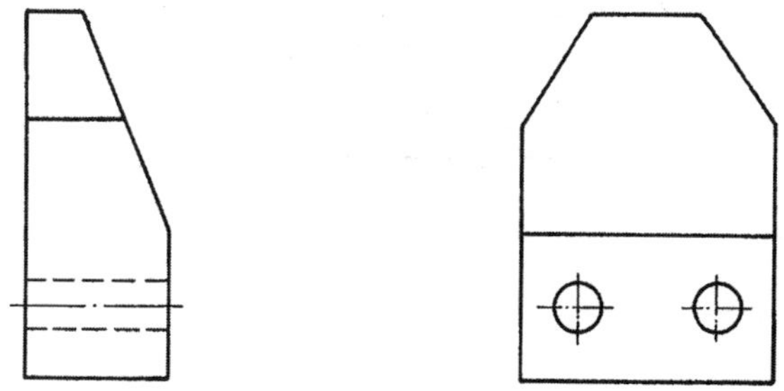 ③ 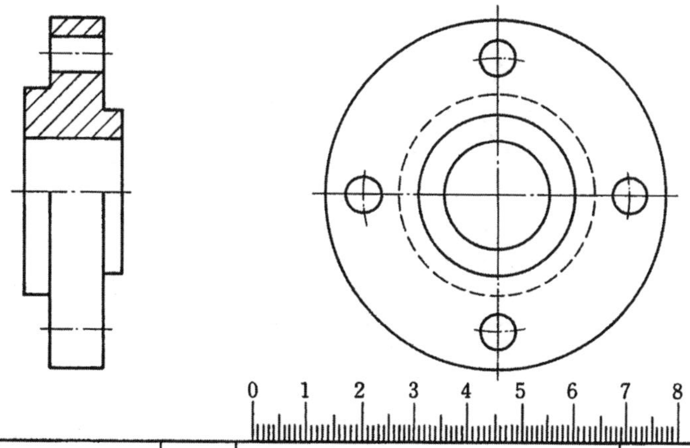 ④

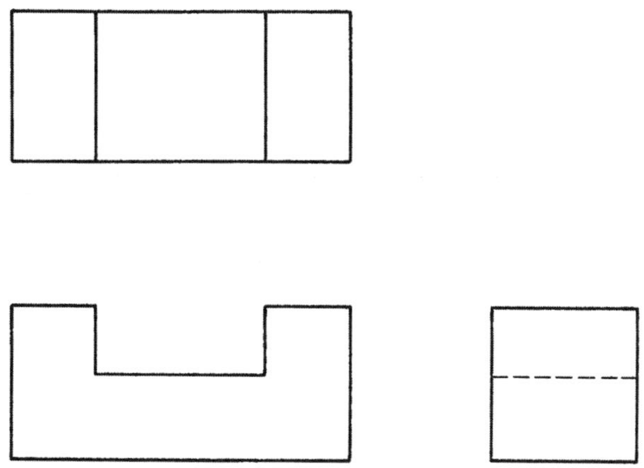

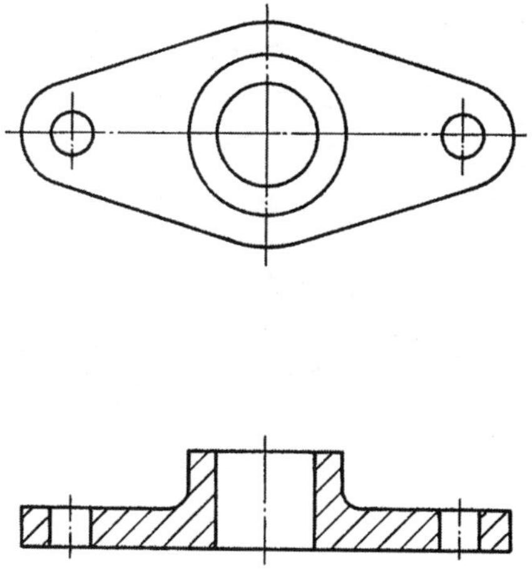

| 도명 | 치수기입법 | 그리는 법 | 아래의 눈금을 이용하여 치수를 기입하시오. | 날짜 | 월 일 | 학번 | 이름 | 점수 | 18 |

치수기입법 (4)

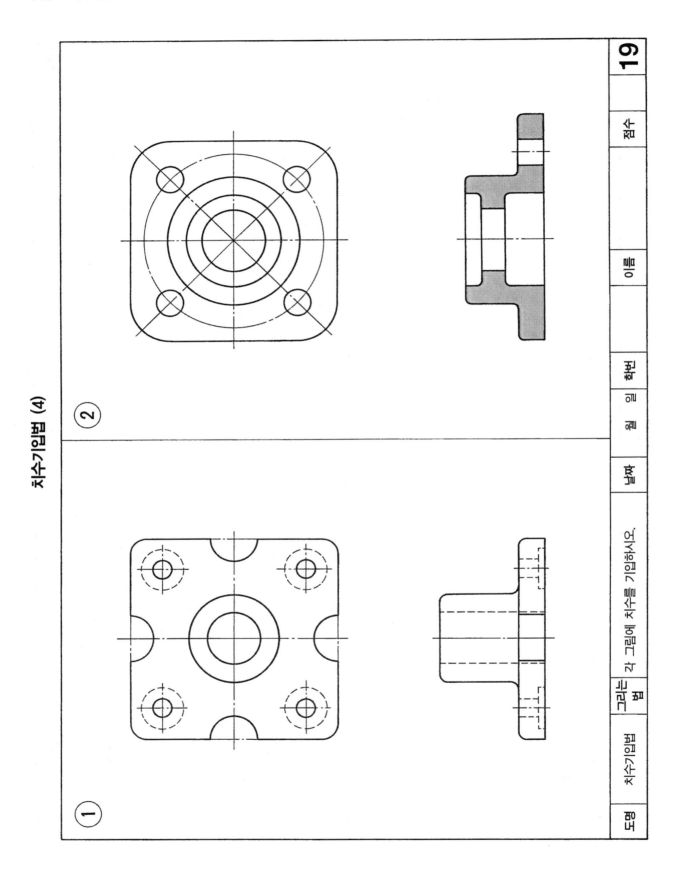

치수기입법	그리는 법	날짜	학번	이름	점수	19
도명	각 그림에 치수를 기입하시오.	월 일				

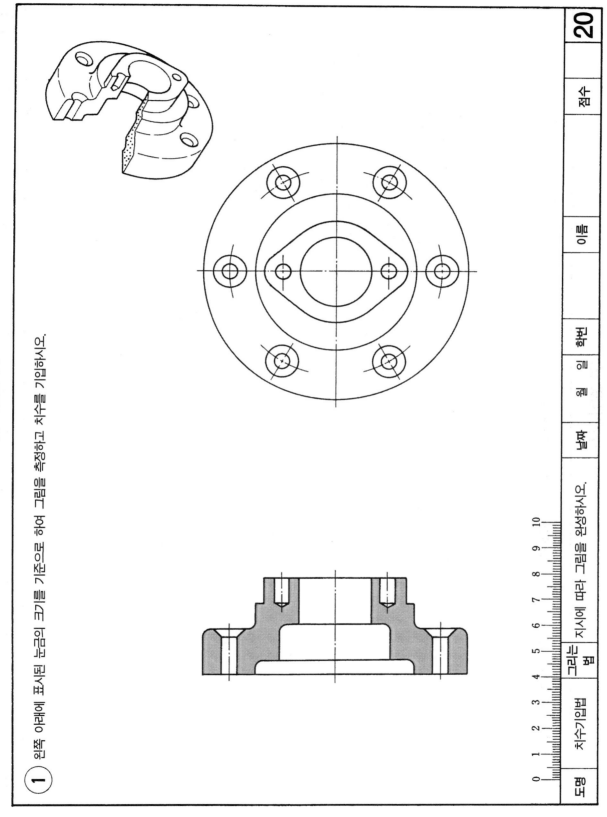

치수기입법 (5)

① 왼쪽 아래에 표시된 눈금의 크기를 기준으로 하여 그림을 측정하고 치수를 기입하시오.

| 도명 | 치수기입법 | 그리는 법 | 지시에 따라 그림을 완성하시오. | 날짜 | 월 | 일 | 학번 | 이름 | 점수 | 20 |

치수기입법 (6)

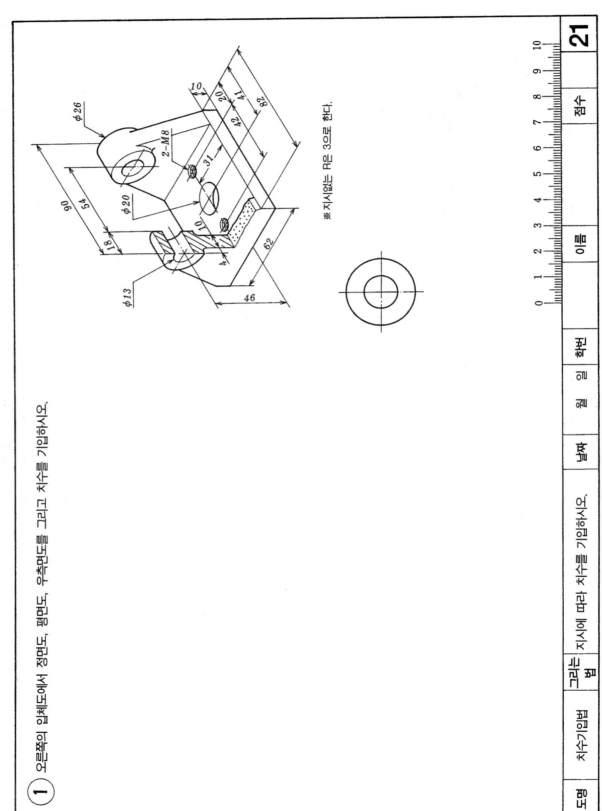

① 오른쪽의 입체도에서 정면도, 평면도, 우측면도를 그리고 치수를 기입하시오.

※ 지시없는 R은 3으로 한다.

| 도명 | 치수기입법 | 그리는 법 | 지시에 따라 치수를 기입하시오. | 날짜 | 월 | 일 | 학번 | 이름 | 점수 |

치수기입법 (7)

① 베어링 지지대 ①을 빼내 정면도, 평면도, 우측면도를 그리고 치수를 기입하시오.
단, 정면도는 전단면도로 할 것.

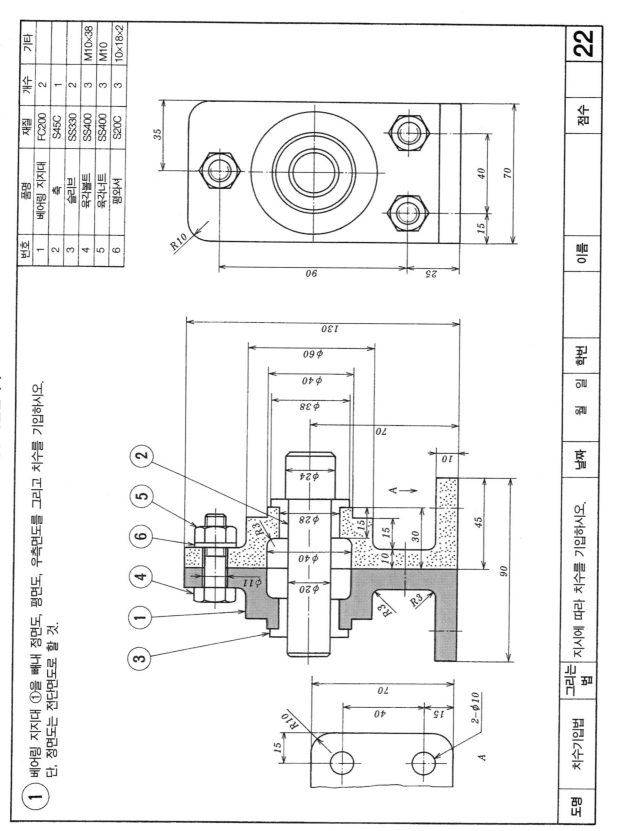

번호	품명	재질	개수	기타
1	베어링 지지대	FC200	2	
2	축	S45C	1	
3	슬리브	SS330	2	
4	육각볼트	SS400	3	M10×38
5	육각너트	SS400	3	M10
6	평와서	S20C	3	10×18×2

도명	치수기입법	그리는 법	지시에 따라 치수를 기입하시오.	날짜	월 일 일	학번	이름	점수	22

치수공차 (1)

① 치수를 정확하게 기입하시오.

(1) 114 + 0.30 − 0.1

(2) 103 + 0.01 − 0.01

(3) 520 − 0 − 0.02

(4) 85.0 + 0.01 − 0.02

(5) 720 + 0 − 0.01

(6) 680 − 0.02 + 0.01

② 상응하는 끼워맞춤에서 사용하는 구멍과 축의 공차기호(구멍은 영어 대문자, 축은 영어 소문자)를 치수로 표시하시오.

최대허용치수 최소허용치수

(1) 20 H 7

(2) 40 g 6

(3) 55 P 7

(4) 64 f 8

(5) 80 JS 7

(6) 120 e 9

③ 그림을 참고하여 각 치수를 구하시오.

$D = \phi 80 H7$ $d = \phi 80 g6$

(1) 구멍의 치수허용차 상 ___ 하 ___

(2) 축의 치수허용차 상 ___ 하 ___

(3) 구멍 · 축의 최대허용틈새 A ___ a ___

(4) 최대 · 최소 틈새 최대 ___ 최소 ___

(5) 치수공차 T ___ t ___

④ 입체도의 치수를 조립도에 기입하시오.

$\phi 16 H7$

$\phi 16 m6$

⑤ 각 부분에 모순이 없도록 X X 방향의 치수를 기입하시오.

18 ± 0.1
30 ± 0.1
16 ± 0.1
9 ± 0.1

(1)   (2)

⑥ 기준 A로부터 X X 방향의 치수를 기입하시오.

| 도명 | 치수공차 | 그리는 법 | 지시에 따라 치수를 기입하시오. | 날짜 | 월 일 | 학번 | 이름 | 점수 | 23 |

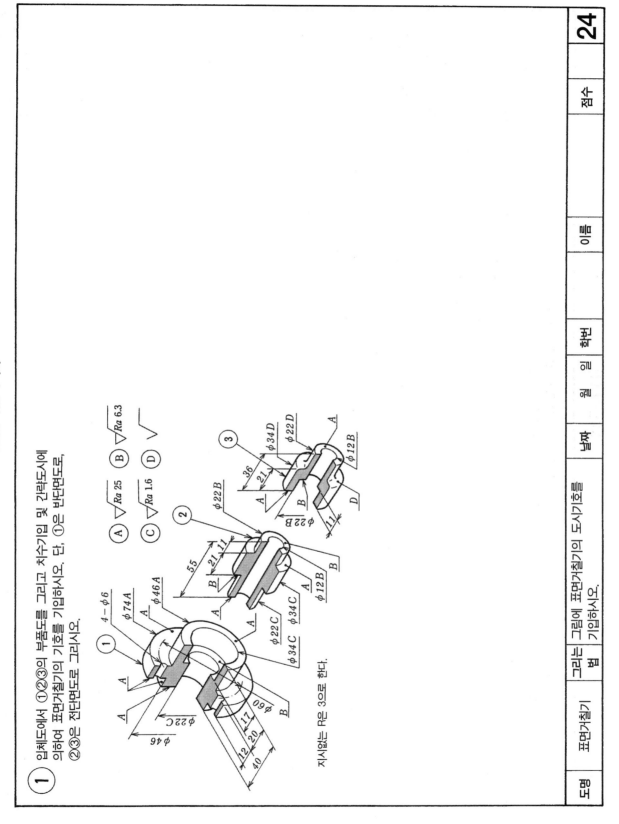

기하공차 (1)

25 | 점수 | 이름 | 학번 | 일 | 월 | 날짜 | 그리는 법 | 기하공차

① 다음 공란에 적합한 공차의 종류와 그림 기호를 기입하시오.

번호	공차의 종류	그림 기호
1	진직도 공차	◎
2	진직도 공차	
3	직각도 공차	⌐
4		⏀
5	대칭도 공차	
6		⬭
7	진원도 공차	
8		∠
9	원통도 공차	
10		⌒
11	평행도 공차	
12		↗
13		

② 입체도를 참고하여 정면도를 전단면도로 그리고, 치수와 기하공차를 기입하시오.

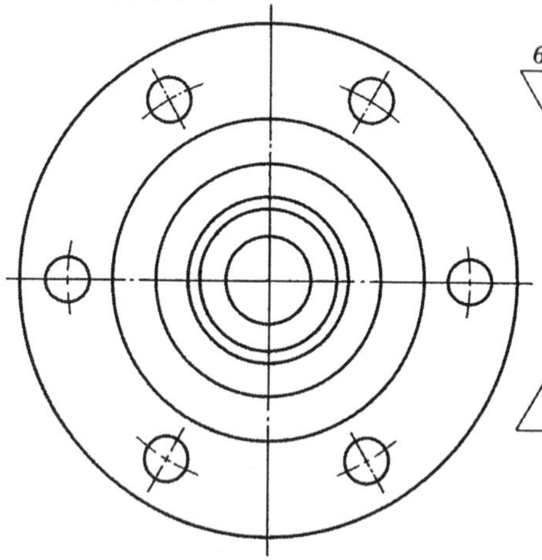

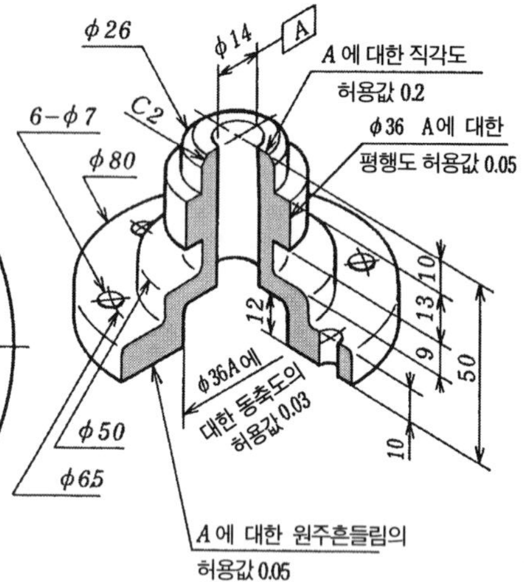

지시에 따라 그림을 완성하시오.

A 에 대한 직각도
허용값 0.2

φ36 A 에 대한
평행도 허용값 0.05

A 에 대한
평행도 허용값 0.05

50
13 10
9
10

A 에 대한 원주흔들림이
허용값 0.05

φ36A에
대한 동축도
허용값 0.03

12

φ14
□ A

φ26
C2

6-φ7

φ80

φ50
φ65

나사제도 (1)

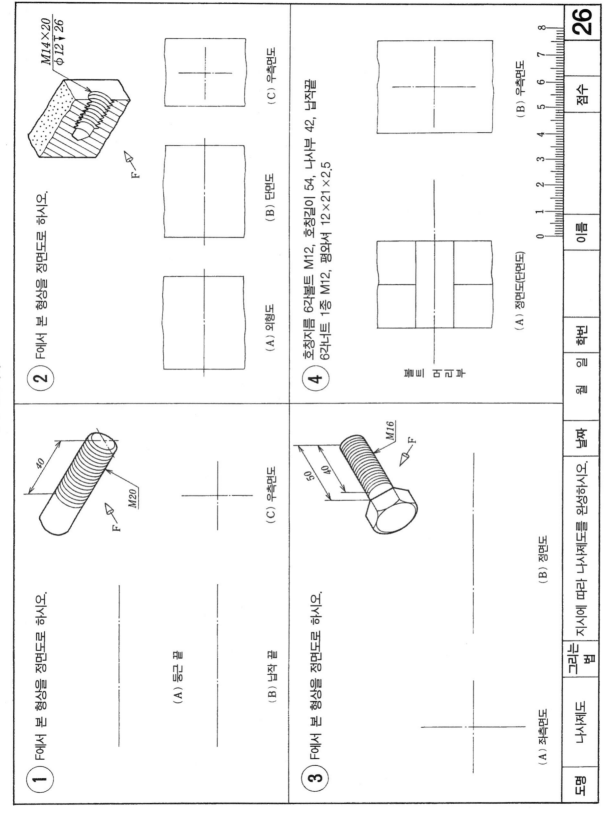

1 F에서 본 형상을 정면도로 하시오.

(A) 둥근 끝

(B) 납작 끝

(C) 우측면도

M20

40

2 F에서 본 형상을 정면도로 하시오.

M14×20
φ12▽26

(A) 외형도

(B) 단면도

(C) 우측면도

3 F에서 본 형상을 정면도로 하시오.

M16

50
40

(A) 좌측면도

(B) 정면도

4 호칭지름 6각볼트 M12, 호칭길이 54, 나사부 42, 납작끝
6각너트 1종 M12, 평와셔 12×21×2.5

볼트
머리부

(A) 정면도(단면도)

(B) 우측면도

도명	나사제도	그리는 법	지시에 따라 나사제도를 완성하시오.	날짜	월 일 월	학번	이름	점수	26

체결용 부품 (1)

1. 오른쪽에 지시된 조건으로 각종 나사를 그리시오.

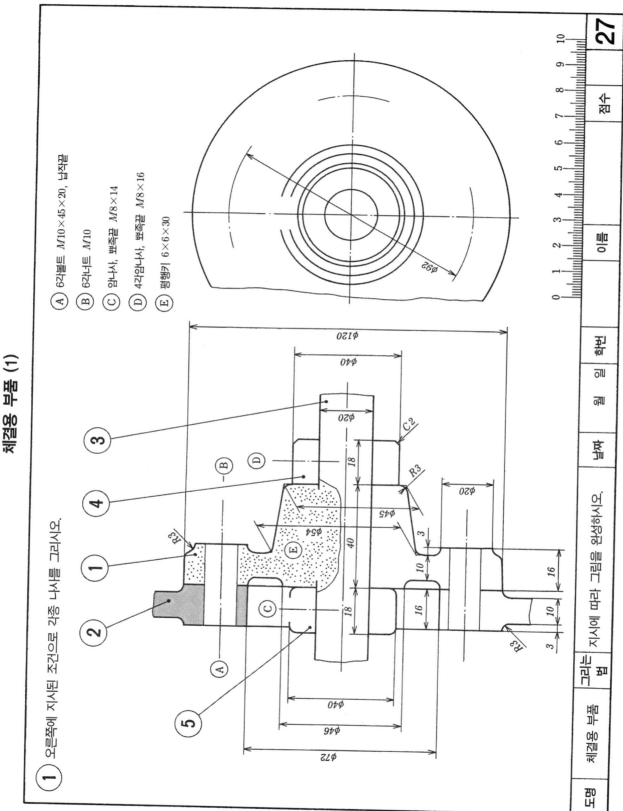

Ⓐ 6각볼트 M10×45×20, 납작골

Ⓑ 6각너트 M10

Ⓒ 암나사, 뾰족끝 M8×14

Ⓓ 4각암나사, 뾰족끝 M8×16

Ⓔ 평행키 6×6×30

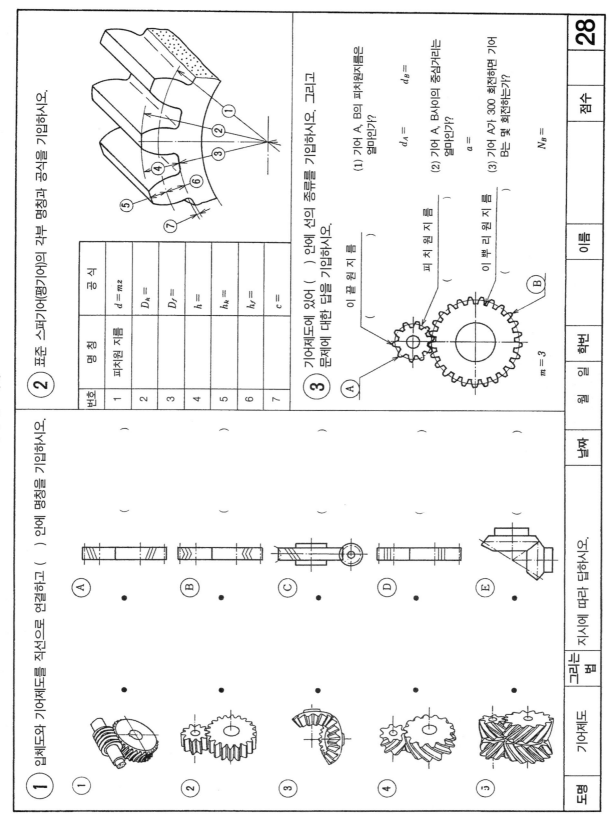

기어제도 (2)

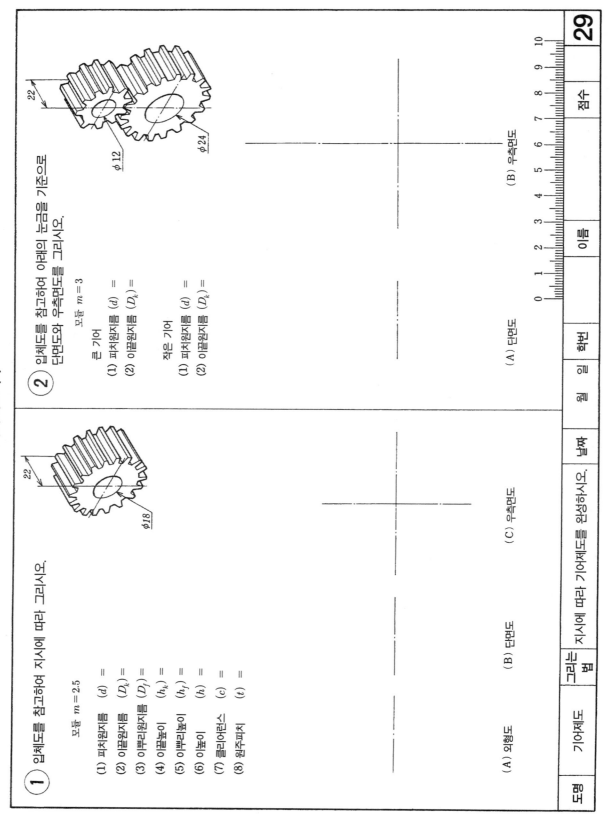

① 입체도를 참고하여 지시에 따라 그리시오.

모듈 $m = 2.5$

(1) 피치원지름 (d) =
(2) 이끝원지름 (D_k) =
(3) 이뿌리원지름 (D_f) =
(4) 이끝높이 (h_k) =
(5) 이뿌리높이 (h_f) =
(6) 이높이 (h) =
(7) 클리어런스 (c) =
(8) 원주피치 (t) =

(A) 외형도   (B) 단면도   (C) 우측면도

② 입체도를 참고하여 아래의 눈금을 기준으로 단면도와 우측면도를 그리시오.

모듈 $m = 3$

큰 기어
(1) 피치원지름 (d) =
(2) 이끝원지름 (D_k) =

작은 기어
(1) 피치원지름 (d) =
(2) 이끝원지름 (D_k) =

(A) 단면도   (B) 우측면도

| 도명 | 기어제도 | 그리는 법 | 지시에 따라 기어제도를 완성하시오. | 날짜 | 월 | 일 | 학번 | 이름 | 점수 | 29 |

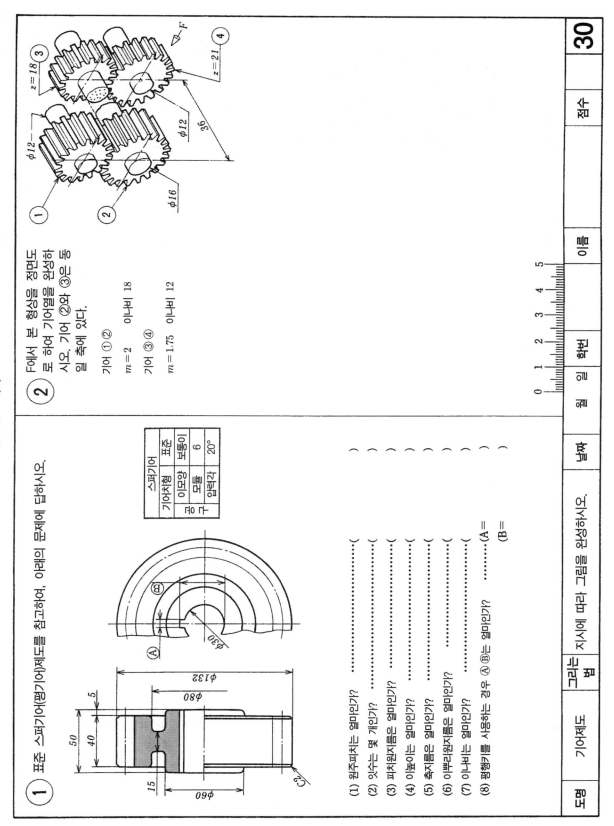

기어제도 (3)

① 표준 스퍼기어(평기어)제도를 참고하여, 아래의 문제에 답하시오.

스퍼기어		
기어치형	표준	
공구	이모양	보통이
	모듈	6
	압력각	20°

φ132
φ80
5
50
40
15
φ60
C2

Ⓐ
φ30
Ⓑ

(1) 원주피치는 얼마인가? ·········· ( )
(2) 잇수는 몇 개인가? ·········· ( )
(3) 피치원지름은 얼마인가? ·········· ( )
(4) 이높이는 얼마인가? ·········· ( )
(5) 축지름은 얼마인가? ·········· ( )
(6) 이뿌리원지름은 얼마인가? ·········· ( )
(7) 이나비는 얼마인가? ·········· ( )
(8) 평행키를 사용하는 경우 Ⓐ Ⓑ는 얼마인가? ·········· (A =)
　(B =)

② F에서 본 형상을 정면도로 하여 기어열을 완성하시오. 기어 ②와 ③은 동일 축에 있다.

기어 ① ②
　m = 2　　이나비 18
기어 ③ ④
　m = 1.75　이나비 12

z = 18 ③
z = 21 ④
F
φ12
φ12
36
φ16
①
②

도명	기어제도	그리는 법	지시에 따라 그림을 완성하시오.	날짜	월 일	학번	이름	점수	30

스프링제도 (1)

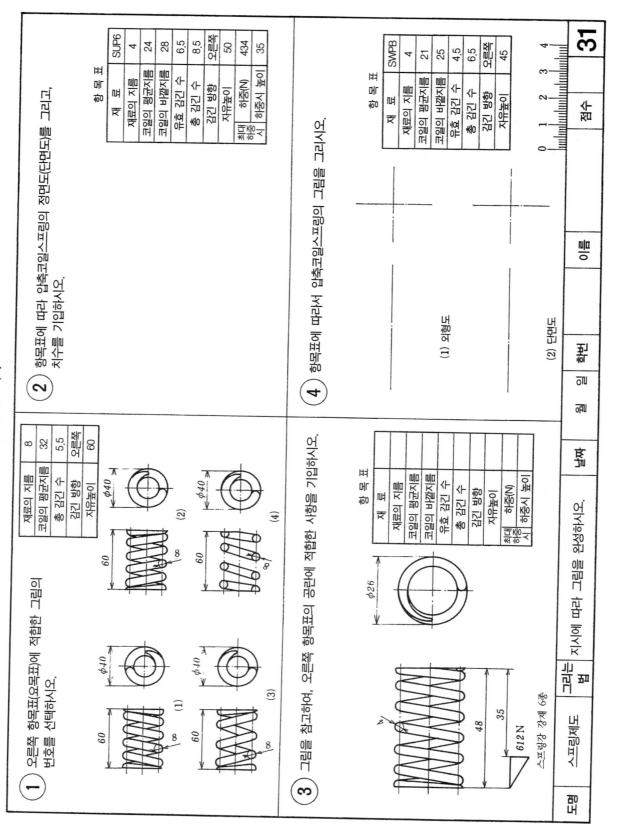

① 오른쪽 항목표(요목표)에 적합한 그림이 번호를 선택하시오.

② 항목표에 따라 압축코일스프링의 정면도(단면도)를 그리고, 치수를 기입하시오.

③ 그림을 참고하여, 오른쪽 항목표의 곤란에 적합한 사항을 기입하시오.

④ 항목표에 따라서 압축코일스프링의 그림을 그리시오.

항 목 표	
재 료	SUP6
재료의 지름	4
코일의 평균지름	24
코일의 바깥지름	28
유효 감긴 수	6.5
총 감긴 수	8.5
감긴 방향	오른쪽
자유높이	50
하중(N) 최대하중	434
하중시 높이	35

항 목 표	
재 료	SWPB
재료의 지름	4
코일의 평균지름	21
코일의 바깥지름	25
유효 감긴 수	4.5
총 감긴 수	6.5
감긴 방향	오른쪽
자유높이	45

재료의 지름	8
코일의 평균지름	32
총 감긴 수	5.5
감긴 방향	오른쪽
자유높이	60

항 목 표	
재 료	
재료의 지름	
코일의 평균지름	
코일의 바깥지름	
유효 감긴 수	
총 감긴 수	
감긴 방향	
자유높이	
하중(N) 최대하중	
하중시 높이	

(1) 외형도

(2) 단면도

스프링강 강재 6종

612 N

도명	스프링제도	그리는 법	지시에 따라 그림을 완성하시오.	점수							31
				날짜	월	일	학번	이름			

구름베어링제도 (1)

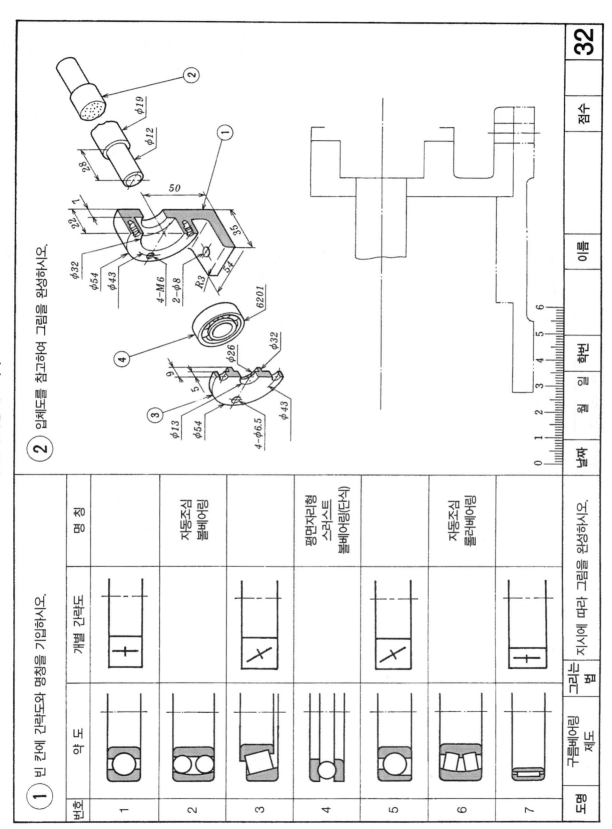

구름베어링제도 (2)

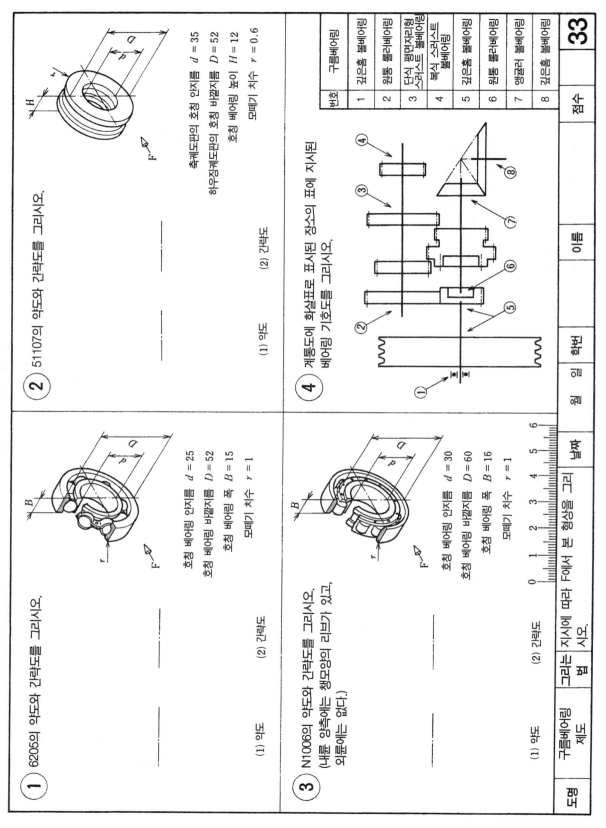

① 6205의 약도와 간략도를 그리시오.

호칭 베어링 안지름 $d = 25$
호칭 베어링 바깥지름 $D = 52$
호칭 베어링 폭 $B = 15$
모떼기 치수 $r = 1$

(1) 약도   (2) 간략도

② 51107의 약도와 간략도를 그리시오.

축계도편의 호칭 안지름 $d = 35$
하우징계도편의 호칭 바깥지름 $D = 52$
호칭 베어링 높이 $H = 12$
모떼기 치수 $r = 0.6$

(1) 약도   (2) 간략도

③ N1006의 약도와 간략도를 그리시오.
(내륜 양쪽에는 챔모양의 리브가 있고,
외륜에는 없다.)

호칭 베어링 안지름 $d = 30$
호칭 베어링 바깥지름 $D = 60$
호칭 베어링 폭 $B = 16$
모떼기 치수 $r = 1$

(1) 약도   (2) 간략도

④ 계통도에 화살표로 표시된 장소의 표에 지시된
베어링 기호도를 그리시오.

번호	구름베어링
1	깊은홈 볼베어링
2	원통 롤러베어링
3	단식 평면자리형 스러스트 볼베어링
4	복식 스러스트 볼베어링
5	깊은홈 볼베어링
6	원통 롤러베어링
7	앵귤러 볼베어링
8	깊은홈 볼베어링

| 도명 | 구름베어링
제도 | 그리는 자시에 따라 F에서 본 형상을 그리
법 시오. | | 날짜 | 월 일 | 학번 | 이름 | 점수 | 33 |

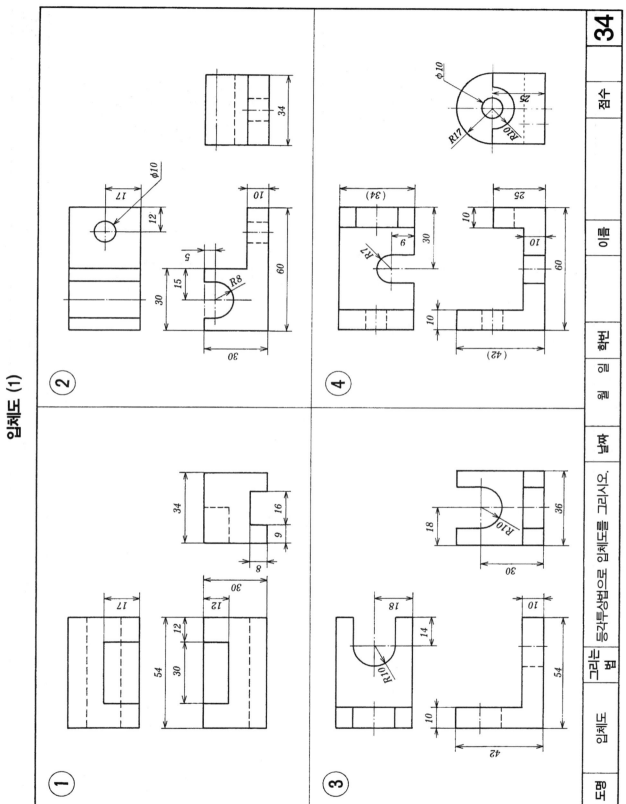

입체도 (2)

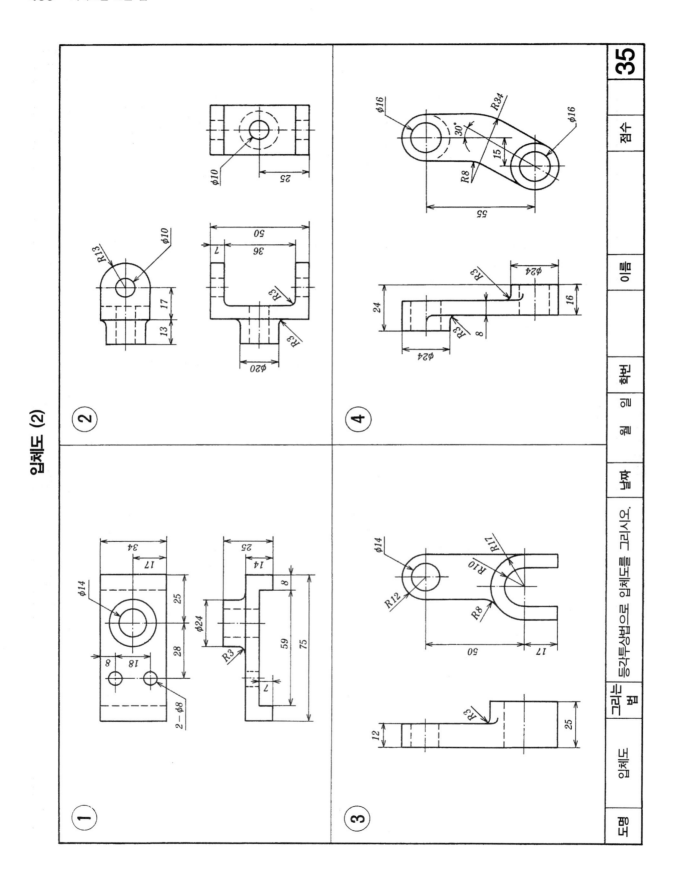

도면해석 (1)

① 왼쪽 그림을 이해하여, 적당한 숫자·용어를 오른쪽 밑줄 그어진 빈간에 기입하시오.

(1) 단면법의 종류는 무엇인가?

(2) 선 A B는 어떤 명칭의 선인가? ………

(3) 단면 부분에 해칭을 하시오.

(4) 선 A B 끝의 화살표 방향은 무엇을 나타내는가?

(5) C2는 어떤 의미인가?

(6) 나사구멍은 모두 몇 개인가?

(7) φ기호는 어떤 의미인가? ………

(8) 4 – M6의 의미는 무엇인가?

(9) 2 – φ8구멍은 어떤 공구로 작업을 하는가? ……

(10) 나사깊이는 얼마인가?

(11) 정면도에서 치수 12의 밑줄 친 선은 어떤 의미인가? ………

(12) 4 – M6의 아래구멍 깊이는 얼마인가?

(13) 평면도에서 치수 (40)의 ( )는 어떤 의미인가? ……

(14) 암나사의 최대허용치수를 무엇이라 하는가? ………

(15) 투상법은 제 몇 각법인가?

(16) 정면도에서 치수 25의 최대허용치수는 얼마인가?

(17) R부의 표시가 없는 원호의 치수는 몇 mm인가?

(18) 긴은지라피가의 지름은 얼마인가?

(19) 전체 표면거칠기는 어떤 기호인가? ………

(20) φ32H7의 치수기입에서 *H7*은 어떤 의미인가?

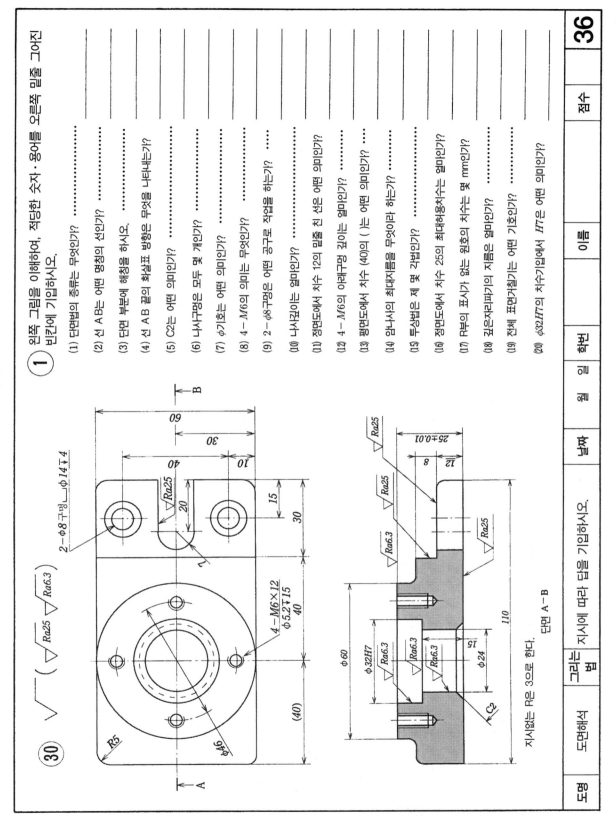

지시없는 R은 3으로 한다.

단면 A – B

도명	도면해석	그리는 법	지시에 따라 답을 기입하시오.	날짜	년 월 일	학번	이름	점수

36

해 답

【문제 01】

①

번호	선의 명칭	두께의 비율과 모양	
		굵기	선의 모양
1	외형선	굵은실선	———
2	중심선	가는1점쇄선	———
3	치수보조선	가는실선	———
4	치수선	가는실선	←———→
5	은선	굵은파선 또는 가는파선	– – – –

번호	선의 명칭	굵기	선의 모양
6	가상선	가는2점쇄선	— ·· — ·· —
7	파단선	파형의 가는실선 또는 지그재그선(가는자유선)	∿∿
8	절단선	가는1점쇄선	↑—·—↑
9	지시선 (참고선 포함)	가는실선	╱
10	해칭선	가는실선	/////

② 그림의 왼쪽 아래에서부터 오른쪽으로(시계 방향으로)

7, 9, 3, 10, 4, 6, 2,

4, 2, 1, 5, 8, 7, 6

【문제 02】

①

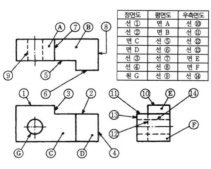

정면도	평면도	우측면도
선 ①	면 A	선 ⑩
선 ②	면 B	선 ⑪
면 C	선 ⑤	선 ⑫
면 D	선 ⑥	선 ⑬
선 ③	선 ⑦	면 E
선 ④	선 ⑧	면 F
원 G	선 ⑨	선 ⑭

②

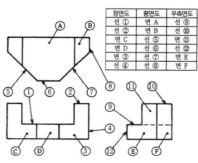

정면도	평면도	우측면도
선 ①	면 A	선 ⑨
선 ②	면 B	선 ⑩
면 C	선 ⑤	면 ⑪
면 D	선 ⑥	선 ⑫
면 ③	선 ⑦	면 E
선 ④	선 ⑧	면 F

③

정면도	우측면도	정면도	우측면도
면 A	원 ①	면 E	원 ⑤
면 B	원 ②	선 F	면 ⑥
선 C	면 ③	선 G	원 ⑦
면 D	원 ④	선 ⑧	원 H

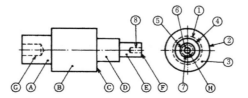

④

정면도	평면도	우측면도
선 ①	면 A	선 ⑨
선 ②	원 B	선 ⑩
선 ③	면 C	선 ⑪
면 D	선 ⑥	선 ⑫
선 ④	원 ⑦	면 E
선 ⑤	선 ⑧	면 F

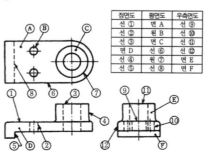

【문제 03】

① 1=D, 2=A, 3=B, 4=C, 5=D, 6=B

② 1=S, 2=D, 3=F, 4=N, 5=A, 6=J, 7=U, 8=H, 9=B, 10=R

【문제 04】

① 1=B, 2=B, 3=C

② 평면도   1, 2, 3, 4, 5, 6, 7, 8

   정면도   E, H, F, A, B, D, G, C

   입체도   ㄴ, ㄹ, ㅁ, ㄴ, ㄷ, ㄷ, ㄱ, ㅁ

【문제 05】

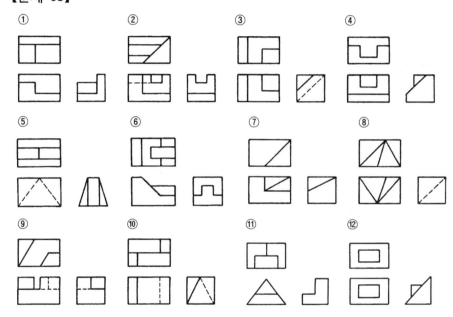

【문제 06】

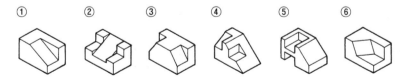

【문제 07】

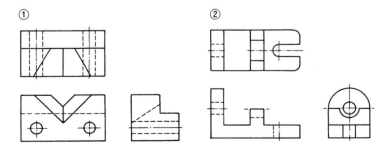

【문제 08】

① ②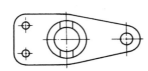

 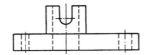

【문제 09】

① ② ③ ④ ⑤ ⑥

【문제 10】

①  ② ③ ④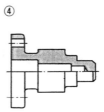

【문제 11】

① 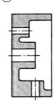 ②  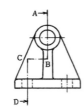 ③   ④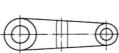

단면 A-B-C-D

【문제 12】

①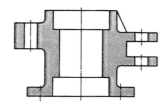

【문제 13】

①

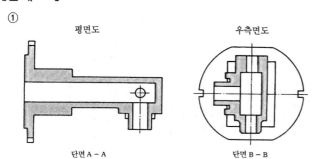

평면도   우측면도

단면 A – A   단면 B – B

【문제 14】

① ②

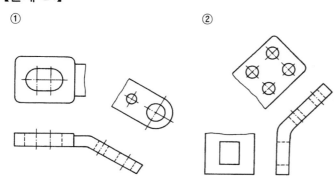

【문제 15】

① ②

단면 A – O – B   단면 A – O – B

【문제 16】

① ② ③ ④ ⑤ ⑥

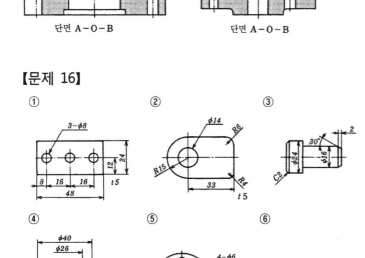

【문제 17】

①   ②   ③   ④

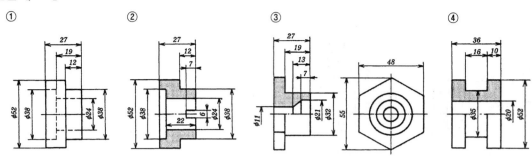

【문제 18】

①   ②

③   ④

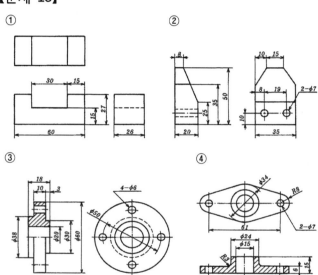

【문제 19】

①   ②

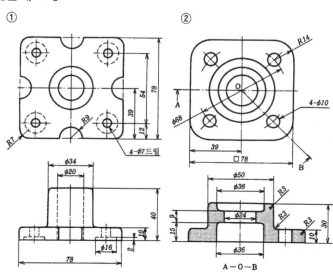

A－O－B

지시없는 R은 3으로 한다.

【문제 20】

①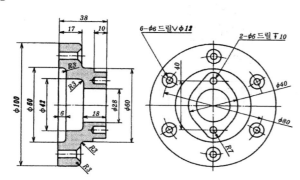

【문제 21】

①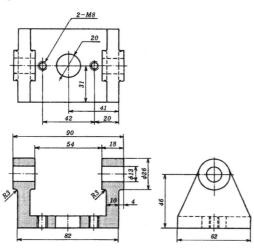

【문제 22】

①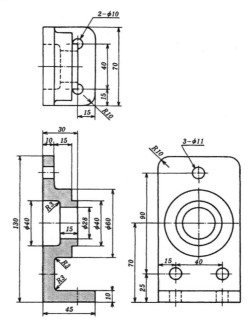

【문제 23】

① (1) $114^{+0.3}_{-0.1}$ (2) 103 ± 0.01 (3) $520^{0}_{-0.02}$ (4) $85^{+0.01}_{-0.02}$ (5) $720^{0}_{-0.01}$ (6) $680^{+0.01}_{-0.02}$

② (1) $20^{+0.021}_{0}$ 20.021   20.000   (2) $40^{-0.009}_{-0.025}$ 39.991   39.975   (3) $55^{-0.021}_{-0.051}$ 54.979   63.924

  (4) $64^{-0.030}_{-0.076}$ 63.97   63.924   (5) 80 ± 0.015 80.015   79.985   (6) $120^{+0.072}_{-0.159}$ 119.928   119.841

③ (1) 구멍의 치수허용차   상 $+0.030$ 하 0
  (2) 축의 치수허용차   상 -0.010 하 -0.029
  (3) 구멍·축의 최대허용치수 $A = 80.030$ $a = 79.99$
  (4) 최대·최소 틈새   최대 0.059   최소 0.01
  (5) 치수공차 $T = 0.030$ $t = 0.019$

④

⑤

⑥

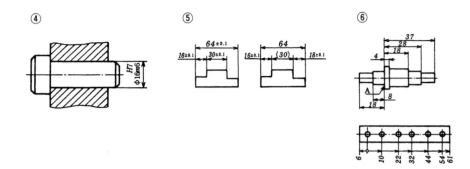

【문제 24】

①

②

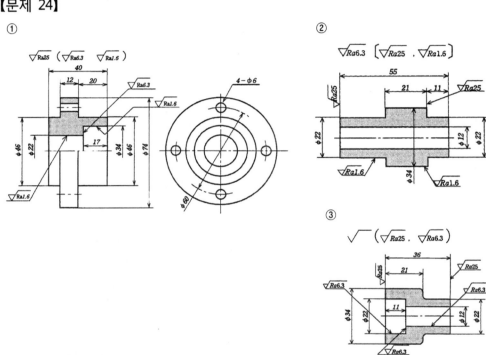

③

【문제 25】

①

②

번호	특 성	그림기호
1	동축도	◎
2	진직도	―
3	면의 윤곽도	⌒
4	직각도	⊥
5	위치도	⊕
6	대칭도	÷
7	평면도	▱
8	진원도	○
9	경사도	∠
10	원통도	⋈
11	선의 윤곽도	⌒
12	평행도	//
13	원주 흔들림	↗

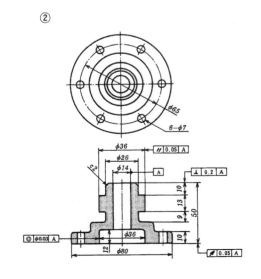

【문제 26】

① ②

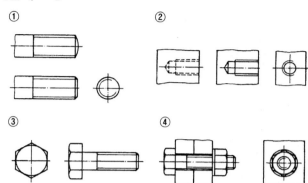

③ ④

【문제 27】

①

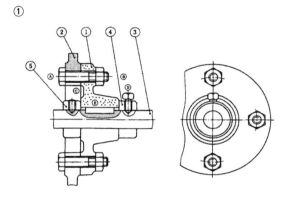

【문제 28】

①

①-ⓒ (웜 기어), ②-ⓓ (스퍼 기어), ③-ⓔ (직선 베벨 기어), ④-ⓐ (헬리컬 기어)
⑤-ⓑ (더블 헬리컬 기어)

②

번호	명 칭	공식
1	피치원지름	$d = mz$
2	이끝원지름	$D_k = m(2 + z)$
3	이뿌리원지름	$D_f = d(1.25m \times 2)$
4	이높이	$h = h_k + h_f$
5	이끝높이	$h_k = m$
6	이뿌리높이	$h_f = 1.25m$ 이상
7	클리어런스	$c = 0.25m$ 이상

③ 이끝원지름　　(굵은실선)
　이피치원지름　　(가는1점쇄선)
　이뿌리원지름　　(가는실선)

　(1) $d_A = 30$, $d_B = 75$　(2) $a = 52.5$　(3) $N_B = 120$회전

【문제 29】

① ②

(1) $d = 45$ (2) $D_k = 50$ (1) $d = 54$ (2) $D_k = 60$

(3) $D_f = 38.75$ (4) $h_k = 2.5$ (1) $d = 30$ (2) $D_k = 36$

(5) $h_f = 3.125$ (6) $h = 5.625$

(7) $c = 0.625$ (8) $t = 7.85$

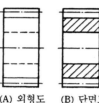 

(A) 외형도   (B) 단면도   (C) 우측면도

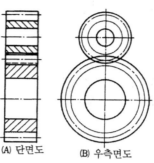

(A) 단면도   (B) 우측면도

【문제 30】

① ②

(1) 18.84

(2) 20

(3) 120

(4) 13.5

(5) $\phi 30$

(6) 105

(7) 40

(8) A=8, B=33.3

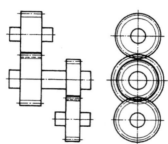

【문제 31】

① (2)

③ ②

재료	SUP6
재료의 지름	4
코일의 평균지름	22
코일의 바깥지름	26
유효 감긴 수	5
총 감긴 수	7
감긴 방향	왼쪽
자유높이	48
최대 하중 시 하중(N)	612
하중시 높이	35

④

【문제 32】

①

번호	약 도	간략도	명칭
1			깊은홈 볼베어링
2			자동조심 볼베어링
3			원추(테이퍼) 롤러베어링
4			평면자리형 스러스트 볼베어링(단식)
5			앵귤러 볼베어링
6			자동조심 롤러베어링
7			침상(니들) 롤러베어링

②

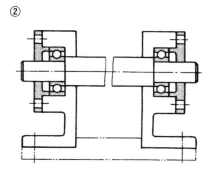

【문제 33】

① 　② 　③ 　④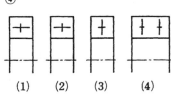

$d = 25$
$D = 52$
$B = 15$
$r = 1.5$

$d = 35$
$de = 37$
$D = 52$
$H = 12$
$r = 1$

$d = 30$
$D = 55$
$B = 13$
$r = 1.5$

【문제 34】

① 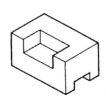　②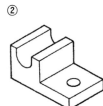

③ 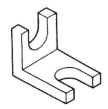　④

【문제 35】

①   ②   ③   ④

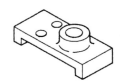  

【문제 36】

(1) 전단면도   (2) 절단선

(3) 단면 A-B 참고   (4) 보는 방향

(5) 45°로 2mm의 모떼기   (6) 4개

(7) 지름   (8) 지름 6mm의 미터보통나사가 4개소(군데)

(9) 드릴(drill)   (10) 12mm

(11) 도형과 치수가 일치하지 않는다(비례치수가 아님).

(12) 15mm   (13) 참고치수

(14) 골지름   (15) 제3각법

(16) 25.01mm   (17) 3mm

(18) $\phi14$ (19) $\sqrt{}$

(20) 구멍의 공차역 클래스로 구멍의 등급이 7등급

     (이는 상용하는 끼워맞춤에서의 구멍의 치수허용차를 말한다.)

저자 소개

이국환(李國煥)

- 한양대학교 공과대학 정밀기계공학과 졸업
- 한양대학교 공과대학 정밀기계공학과 대학원 졸업(계측제어 전공)
- 한국산업기술대학교 대학원 기계시스템설계 공학박사
- LG전자 중앙연구소 개발팀장
- ㈜에이브이브레인 대표이사
- 한국산업기술대학교 기계설계공학과 교수(기술거래사)
- 저서 : 제품설계·개발공학, 기계도면의 이해(Ⅰ)(Ⅱ),
　　　　설계사례 중심의 기구설계, AutoCAD,
　　　　3D CAD SolidWorks, 솔리드웍스를 활용한 해석(CAE),
　　　　제품개발과 기술사업화 전략, 미래창조를 위한 창의성
　　　　등 51권의 저서가 있다.

최신
기계도면 보는 법

2017년 3월 15일 제1판제1발행
2018년 12월 12일 제1판제2인쇄
2018년 12월 20일 제1판제2발행

공저자 이　국　환
발행인 나　영　찬

발행처 **기전연구사** ────────────

서울특별시 동대문구 천호대로4길 16(신설동 104-29)
전 화 : 2235-0791/2238-7744/2234-9703
FAX : 2252-4559
등 록 : 1974. 5. 13. 제5-12호

정가 23,000원